广厦建筑结构通用分析与设计程序教程

（第四版）

谈一评　主　编

李　静　童慧波　副主编

焦　柯　主　审

中国建筑工业出版社

图书在版编目（CIP）数据

广厦建筑结构通用分析与设计程序教程/谈一评主
编. —4版. —北京：中国建筑工业出版社，2019.3（2025.1重印）
ISBN 978-7-112-23253-6

Ⅰ.①广… Ⅱ.①谈… Ⅲ.①建筑结构-计算机辅
助设计-教材 Ⅳ.①TU311.41

中国版本图书馆 CIP 数据核字（2019）第 024201 号

本书采用广厦建筑结构 CAD2018 年最新版本 20.0 及现行规范编写。相对于
第三版对应的 18.0，本版增加了 Revit 建模和 Revit 施工图两个模块，书中配有完
整的例题、课堂练习题和综合练习题。书目的编排顺序按照程序的操作流程顺序
为主线。第 1 章：概述；第 2 章：建立结构模型；第 3 章：确定结构方案；第 4
章：结构计算方法及基本假定；第 5 章：GSSAP 总体信息解析；第 6 章：控制计
算结果；第 7 章：生成施工图、计算书和统计工程量；第 8 章：基础计算与设计；
第 9 章：广厦在 BIM 设计中的应用；第 10 章：砖混结构设计。

责任编辑：刘瑞霞 辛海丽
责任校对：芦欣甜

广厦建筑结构通用分析与设计程序教程
（第四版）
谈一评 主 编
李 静 童慧波 副主编
焦 柯 主 审

＊

中国建筑工业出版社出版、发行（北京海淀三里河路 9 号）
各地新华书店、建筑书店经销
霸州市顺浩图文科技发展有限公司制版
建工社（河北）印刷有限公司印刷

＊

开本：787×1092 毫米 1/16 印张：15½ 字数：376 千字
2019 年 4 月第四版 2025 年 1 月第十次印刷
定价：**49.00** 元
ISBN 978-7-112-23253-6
（33555）

前　言

　　由于广厦软件的不断完善升级，过去十多年"计算机辅助结构设计"课程中使用的教材《广厦建筑结构通用分析与设计程序教程》已经有些跟不上软件的步伐，本教材是《广厦建筑结构通用分析与设计程序教程》的第四版，采用广厦建筑结构 CAD2018 年最新版本 20.0 及现行规范编写。相对于第三版对应的 18.0，广厦增加了 Revit 建模和 Revit 施工图两个模块，还有一个管廊计算模块。由于管廊不属于本书涉及范围，Revit 建模和 Revit 施工图属于 BIM 设计部分，相对独立，而软件其余部分改动不大，故相比第三版，本书前面章节未做大的改动，仅增加一章介绍广厦在 BIM 设计中的应用。

　　学习和运用结构设计软件是结构专业学生的基本技能。由于目前软件的智能化程度很高，仅学习软件操作、计算和简单出施工图是很容易的，但要真正理解和驾驭它却并不容易，这其中有几个原因：其一，虽然学生在此之前已经学完了所有基础课程，却不知如何从建筑图开始做结构设计；其二，软件计算模块有大量的计算原理，有些原理和教科书中的本质相同但含义推广了，有些原理有一定难度，教科书并未做详细讲解，有些原理在教科书中处于分散割裂状态，并未统一讲解；其三，学生有时缺乏对软件计算结果的分析能力。本书针对上述几个问题在软件原理描述上做了一定的改进。

　　本书第二版中笔者已花费了大量笔墨对每个参数的概念、如何取值做了详细说明，但学生仍然对其理解困难并感到枯燥。因此，第三版对第二版的章节做了较大调整，突出结构概念的讲解。本版章节编排顺序以结构设计过程为主线，除第 1 章概述、第 10 章砖混结构设计以外，分为五大部分，第一部分第 2、3 章为结构模型的建立；第二部分第 4、5章为结构模型的原理与控制；第三部分第 6 章为结构模型的计算与计算结果分析；第四部分第 7 章为自动出图 GSPLOT 的参数解析；第五部分第 8 章为 AutoCAD 基础设计，第 9章为新增部分，介绍广厦在 BIM 设计中的应用。由于现在设计项目中砖混结构较少，本书将其作为附属部分在第 10 章单独列出。本书在每章后附有练习题和思考题，便于教学使用，同时在书中附有几种典型结构体系的例题，供读者参考借鉴。

　　本书的读者对象为大专院校土木工程专业的师生及建筑领域的结构设计、施工及管理人员。为了降低软件设计原理的学习难度，同时希望即使是相关专业的工程师在阅读本书后也能对结构设计工作有一定了解，笔者在行文时尽量少用公式，而改用较多的插图表示，并结合通俗化的语言编写，然而由于水平有限容易使得文字有时缺乏严谨性；同时尽管笔者已经对本书做过几轮校对仍可能有所错漏，如有以上问题敬请您给予批评指正。您可以通过广州工业大学或者深圳市广厦科技有限公司（www.gscad.com.cn）技术部0755-83997832与我们联系。

本书涉及的结构设计原理和方法，虽然是以广厦结构CAD软件为蓝本讲解，但就笔者所知其中大部分和其他结构设计软件采用的原理和方法相同，具有一定普遍性，因此对于采用不同结构设计软件的师生、结构设计、施工和管理人员也有一定参考价值。

深圳市广厦科技有限公司参与了本书部分章节的编写，并提出了很多建设性意见，在此予以感谢。

谈一评

2018 年 12 月

目　　录

第1章 概 述

1.1 广厦建筑结构CAD软件简介

1.1.1 建筑结构软件简介

随着我国建筑业的蓬勃发展及计算机处理能力的提高，我国建筑结构设计软件在近20年得到了长足的发展。目前主要的设计软件有PKPM、广厦、YJK等。广厦建筑结构CAD是唯一由设计院研发的软件，具备建模CAD、结构计算、基础设计、自动出图和自动概预算等模块的完整建筑结构设计软件，它不仅符合设计者的使用需求，也适用于结构设计软件的教学。

建筑结构设计软件的核心是有限元计算软件，广厦建筑结构CAD计算软件的发展大体如表1-1所示。目前主要使用的软件为：通用有限元计算软件GSSAP和弹塑性计算软件GSNAP，由于GSNAP不作为本科教学内容，因此本教材只介绍GSSAP部分。其他公司同类产品也在不断发展中，并不与广厦产品系列完全对应，如SATWE目前也具有通用有限元的功能，本处列出各类软件的简单介绍以使初学者对同类软件有所了解。

广厦建筑结构CAD计算软件的简单介绍 表1-1

名 称	原理及适用范围	其他公司类似产品
平面、空间框架程序	简单框架结构、钢框架、钢桁架等杆系结构计算	PKPM的PK
空间薄壁杆系计算程序SS	除杆系部分外，将墙剖分为窄条并假定为薄壁杆计算；适用于带简单规则的剪力墙的结构	PKPM的TAT
空间墙元杆系计算程序SSW	除杆系部分外，墙按壳元计算，适用于复杂的剪力墙结构	PKPM的SATWE
建筑结构通用分析与设计软件GSSAP	采用通用有限元计算，适用于包括转换、连体、空间网壳在内的各种复杂结构	PKPM的PMSAP，YJK公司的YJK，国外的ETABS等
建筑结构弹塑性静力和动力分析软件GSNAP	可计算大震下建筑结构的动力反应	PKPM的PUSHOVER，EPDA，SAUSAGE，国外的Perform-3D，Midas-Building等

1.1.2 软件的应用范围和设计功能

广厦建筑结构CAD适用于计算多种结构形式的建筑：框架结构、框架—剪力墙结构、剪力墙结构、筒体结构、空间钢构架、网架、网壳等；从使用的建筑材料上分为砌体结构、混凝土结构、混凝土—砌体混合结构、钢结构、钢—混凝土混合结构；从使用功能上除常见的住宅、办公楼等民用建筑外还可计算荷载较大的工业建筑及博物馆、体育馆等大空间的公共建筑。建筑平面可以是任意形式的，平面网格既可以是正交的也可以是斜交的。

程序可以处理弧墙、弧梁、圆柱及各类偏心、转角构件；可以计算多塔、错层、连体、转换层、厚板转换、斜撑、坡屋面等复杂建筑。楼板的计算可采用刚性板、膜元、板元或壳元计算模型；程序根据平面凹凸和开洞情况自动判定分块刚性楼板、弹性楼板和局部刚性楼板。梁、柱有 70 多种截面形式，7 种变截面类型。

程序可输入的荷载有恒荷载、活荷载、水土压力、预应力、雪荷载、温度应力、人防荷载、风荷载、地震作用和施工荷载 10 种工况，构件可作用 16 种荷载类型及 6 个荷载作用方向；风荷载可以自动分配到建筑外立面节点上；可同时计算 8 个方向的地震作用和 8 个方向风荷载，每个地震方向都单独计算偶然偏心、双向扭转、侧刚比、剪重比、刚重比、位移比、重力二阶效应、内力调整等参数；可准确计算楼层侧向刚度及转换层上下侧向刚度；可模拟真实施工顺序，指定任意单个构件模拟施工组号，进行后浇设计；可按实际建楼梯模型并参与空间分析，对楼梯构件进行抗震承载力验算。

1.1.3 广厦建筑结构 CAD 的安装

目前软件的最新版本是 20.0，可在广厦公司官方网站（www.gscad.com.cn）下载加密狗驱动和软件（图 1-1）。

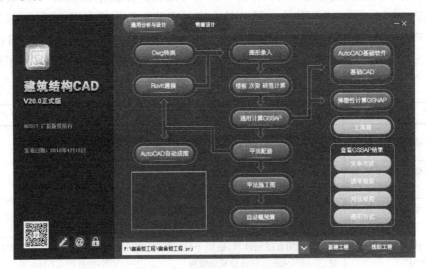

图 1-1 广厦结构 CAD 主菜单

1. 支持的操作系统有：Windows XP/VISTA/7/8/10。

2. 单机版安装

运行 GS20 安装包中的 Setup.exe，一直选择"继续"直至安装完毕，安装软件的同时就已经安装了驱动程序。

3. 网络版安装

像单机版一样安装 20.0。

网络版安装过程中若出现跨网段或者访问不到锁，可利用随盘安装的"Virbox 用户工具"检测问题所在并予以解决。

4. 云锁和软锁安装

20.0同样支持云锁和软锁，与硬件锁不同的是，云锁需要用户先在"Virbox用户工具"里面注册账号，然后把账号提交广厦公司，由广厦公司给予开通就可以使用了。

云锁需要时刻保持在线，软锁2周内至少要保持一次在线。

1.2 使用广厦结构CAD进行结构设计的基本流程

1. 为工程命名：点按【新建工程】，屏幕上出现如下对话框，指定目录并输入新工程名，系统默认.prj后缀，如图1-2所示。

2. 广厦程序结构设计的主要步骤：

1）【图形录入】建模、导荷载形成计算数据。输入总体信息；建立轴网；输入剪力墙柱、梁、板、砖墙结构构件和楼梯；加构件上荷载。程序自动进行导荷载并生成楼板、次梁、砖混和空间结构分析计算数据。

Dwg转换程序可将建筑平面图Dwg转换成广厦结构平面图，转换成广厦录入中的轴线、梁、柱、混凝土墙和砖墙。

图1-2 新建广厦工程对话框

Revit转换程序可将Revit模型和广厦模型互相转换，方便结构工程师与建筑、水暖电工程师在Revit模型下协作。

2）【楼板、次梁、砖混计算】计算所有标准层楼板、次梁的内力和配筋。砖混结构进行结构抗震、轴力、剪力、高厚比、局部受压验算，在这里可以查看砖混计算结果。

3）【通用计算GSSAP】计算剪力墙、柱、主梁的内力和配筋，查看GSSAP计算结果总信息。纯砖混结构不必采用空间分析计算，底框和混合结构的框架部分采用GSSAP计算。

4）使用【文本方式】和【图形方式】查看分析计算结果，需要时重新回到录入系统调整结构方案。

5）【平法配筋】设置构件【参数控制信息】后生成施工图配筋数据，并处理警告信息。

6）【AutoCAD自动成图】点【生成DWG图】生成施工图；在图纸上修改后，点【校核审查】审查图纸有无违反规范强条；最后点【分存DWG】导出最终图纸。

7）【AutoCAD基础软件】读入基础数据，设置基础总体信息。根据首层柱布置基础和计算结构的柱底力，进行基础设计。

8）在图形录入中导出建模简图、用【AutoCAD自动成图】中的【分存DWG】命令并导出计算简图、点【送审报告】导出模型的总控指标和相关图表。

注意：当工程在录入系统中进行了修改，必须重新生成结构计算数据并重新进行楼板、次梁、砖混及 GSSAP 计算。

1.3   初学者如何学习结构设计软件

结构设计是结构工程专业知识的综合运用，通过掌握结构设计软件对大学所学知识综合整理并融会贯通是这门课的意义所在。学习结构设计软件除学习软件操作外，更应学习其软件的设计计算原理，并区别与之前学习知识的原理异同。众所周知，教学出于循序渐进的目的会对结构做一些简化，例如在多数本科材料力学中假设梁只有弯曲变形，这只有在梁高远小于梁跨度的情况下才成立，而在实际工程中常存在深梁；又如混凝土教材中计算梁配筋时往往只考虑梁弯矩，而工程中坡屋面的斜梁是存在轴力的。如果不理解教科书中所学知识的前提条件，也就不能理解很多结构设计软件的计算结果，软件中也同样存在基本假定，应理解其适用的条件。

将之前所学的结构知识和软件得到的计算结果相印证将有利于软件的学习，实际工程的计算结果受多种因素的影响，而教科书中的概念只体现了其中的一个因素，所以初学者难以分析哪些因素是起决定性作用的。

初学者可从简单模型出发逐步过渡到复杂模型，每次理解一至两个问题。如理解梁计算结果，从建一根梁→两端固接、铰接→改用实际柱代替约束→建单榀单层连续梁→建单层框架结构→建多层框架加不均匀荷载，体会梁端节点位移带来的内力变化。

1) 对实际模型的计算结果不理解，可由复杂到简单模型来查找问题。可用二分法（删除一半模型重新计算，若对结果有影响则说明另外一半模型对此问题有影响。对另外一半模型继续二分…否则对当前一半模型继续二分）去消减模型；也可从内力组合公式中找到其对问题有影响的主要工况…总而言之减少需要分析的因素，才能找到问题所在，做出判断。

2) 多看位移图。建筑结构通常是超静定结构，在超静定结构中结构内力按刚度分配，没有受力就没有变形，从位移图中观察和理解结构的受力状态十分重要。

进一步理解主动设计对实际结构受力状态的影响。结构建模不只是将模型建出来可计算就行了，根据结构设计理念加强主要部分、削弱次要部分也是结构设计的重要工作。在 GSSAP 中已经对构件的属性参数根据规范设计要求做了大量自动判断，但仍有很多时候需要手动设置这些参数，如次梁搭接主梁时，为削弱次梁对主梁的扭矩，会对次梁端部点铰。初学者通常有个疑问：次梁有一定的截面刚度，主梁对它的转动约束是存在的，为何可以设为铰？因为点铰后梁端面筋为构造配筋，配筋量很少，当出现较大荷载后梁端面筋处混凝土可开裂，认为梁端是可转动的。再如连梁折减系数的设计，故意减少连梁配筋，在地震发生时连梁先破坏起耗能作用，使结构的整体刚度降低从而保证了两侧的剪力墙不破坏。

像不能片面理解教科书中的知识一样，同样也不能过分依赖有限元计算方法，软件针对不同问题有不同的计算方法，其中一些方法与过去手算方法基本上相同。例如在砖混计算中软件主要采用导荷计算，只有在底框上砖混和砖混结构中才采用有限元计算，因导荷计算在结构设计中历史悠久，虽然计算不一定精确但人们有足够的设计经验。框架和砖混混合时不得不采用有限元计算是因为没有更好的计算方法，砖墙作为砌体结构，其连续性不如钢筋混凝土墙，采用弹性连续体假定的壳单元对其模拟并非十分恰当。假使将来有针对砖墙的有限单元来模拟则另当别论，在目前情况下导荷方法可能是更好的方法，设计人员也应尽量避免底框上砖和砖混的混合结构方案。

第2章 建立结构模型

要建立结构模型，首先得熟悉建模软件——广厦图形录入。广厦图形录入是一个类似AutoCAD的平台，用过AutoCAD的很容易熟悉它，因此本书不打算罗列软件的所有命令，而是先对图形录入平台做整体介绍，然后以常用的命令为线索建立模型。本章的最后有一个学习例子，读者可用它来练习操作。更完备的命令说明可在广厦官方网站（www.gscad.com.cn）下载《广厦结构 CAD 系统说明书》并阅读。

2.1 图形录入界面概述

点击主菜单【图形录入】按钮，进入图形界面，功能区说明如图 2-1 所示。

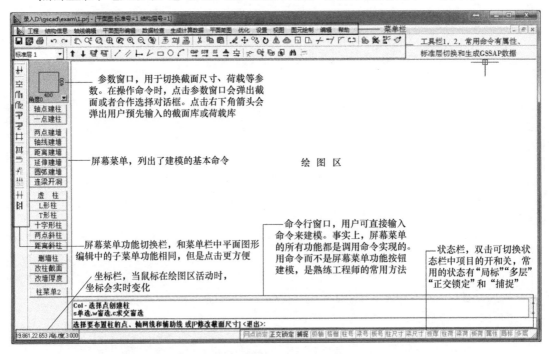

图 2-1 图形录入功能区说明

2.1.1 绘图区的鼠标操作

1. 平移、缩放和旋转：在平面、立面和三维视图中平移和缩放图形有两种方法：按住鼠标中键拖动为平移，滚动鼠标中键为缩放；点按工具栏中的平移、动态缩放、窗选缩放、显示全图、前一显示位置比例、放大一点和缩小一点按钮进行操作。

2. 旋转三维视图：鼠标左键拖动旋转三维视图，X 向拖动绕 Y 轴旋转，Y 向拖动绕

X 轴旋转。

3. 点选、窗选和交选：此操作为左键操作。当在绘图区选择构件时，有下列三种选择方法，点选：鼠标直接点中构件；窗选：鼠标点击绘图区，从左上角拖动鼠标到右下角，再次点击鼠标结束选择，只有完全落入窗选框的构件才能被选中；交选：鼠标点击绘图区，从右下角拖动鼠标到左上角，再次点击鼠标结束选择，只要与交选框相交的构件都会被选中。

2.1.2 简化命令与功能键

1. 所有操作基于命令模式。可在命令行输入命令，而菜单功能和功能键实际上也是在调用命令。用户可定制简化命令名以提高输入效率：用文本编辑器打开广厦安装文件夹中的 sscad.pgp 文件，增加或者删改已有的简化命令，保存后重新进入图形录入即可使用自定义的简化命令。

2. 功能键（表 2-1）

图形录入功能键说明　　　　　　　　　　　　　　表 2-1

功能键	对应命令	对应菜单命令	说明
F1	help		帮助
F2	OsnapSet	【设置】—【捕捉点】	弹出捕捉点设定对话框(图 2-2)，设置要捕捉的点类型
F3	Osnap	双击状态栏【捕捉】	开或关对特征点的捕捉
F4	ShowNode		开或关节点图的显示
F5	AxisMesh		开或关辅助线
F6	Warn		开或关红色警告
F7	ShowGrid		开或关格栅显示
F8	Ortho	双击状态栏【正交锁定】	开或关正交锁定,使橡皮线总是在当前直角坐标系的 X 或 Y 方向上
F9	Snap		开或关网点捕捉
F10	Polar		开或关极轴追踪
Ctrl+X	CutClip		剪切
Ctrl+C	CopyClip		复制
Ctrl+V	PasteClip		粘贴

2.1.3 绘图视图

1. 打开多个绘图窗口：点击菜单【视图】—【开 1/2/3/4 个窗口】。程序允许最多同时打开 4 个窗口，每个窗口都可设置为平面视图、立面视图和三维视图，如图 2-3 所示。有些命令可在不同视图间切换操作，如命令【两点斜柱】可在不同视图选择不同的两点。

2. 平面视图：点击菜单【视图】—【设置平面视图】或点击工具栏 1 中【设置平面视图】按钮，弹出图 2-4 对话框，输入结构层号，当前活动窗口中显示输入的结构层号所对应的平面图。多窗口时不同窗口中可显示不同结构层的平面图，以方便层间斜柱输入。

7

图 2-2　捕捉点设定对话框

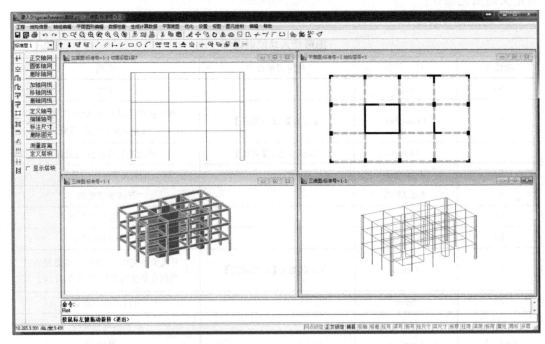

图 2-3　多窗口显示图

3. 立面视图：点击菜单【视图】—【设置立面视图】或点击工具栏【设置立面视图】按钮，根据命令行提示选择梁、墙段、轴线或轴号确定立面位置，然后在命令行输入要显示的起始和结尾标准层号，再按回车即可显示该位置的立面图。立面图的观察方向如图 2-5 所示。

图 2-4　结构层号

4. 三维视图：点击菜单【视图】—【设置三维视图】或点击工具栏【设置三维视图】按钮，弹出图 2-6 所示对话框。在对话框中选择观察方向及要观察的起始、结尾标准层号，点击【确定】按钮即可显示模型的三维视图。若只是观察模型，可按实体模式显示，若要在三维模式下选择构件，则宜选择单线模式显示。

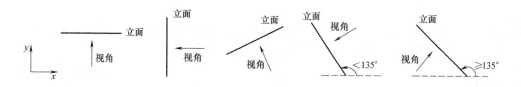

图 2-5　立面图的视角示意图

5. 设置三维视图 XY 向显示范围：三维视图还可部分显示。点击菜单【视图】—【设置三维视图 XY 向显示范围】，根据命令行提示在平面视图中选择出一个多边形范围。再次点击菜单【视图】—【设置三维视图】即可显示部分三维视图。此方法可观察一个局部范围而不被其他构件遮挡。若要再次选择显示所有构件，可重新点击菜单【视图】—【设置三维视图 XY 向显示范围】，在命令行输入"A"并回车。

6. 设定图形范围：点击菜单【设置】—【设定图形界限】，然后在绘图区点选图形范围。图形范围是图形录入打开工程时缺省显示在绘图区的范围。在使用 DWG 导入工程时常致工程坐标远不在当前绘图区范围内，此时可先【显示全图】，然后

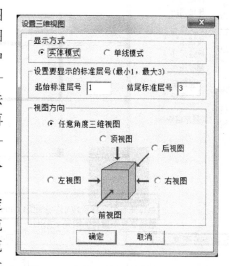

图 2-6　选择三维视图模式的对话框

打开【多层】，移动工程模型到坐标零点附近，然后再设定图形范围。关闭工程文件，再次打开即可使工程缺省显示在当前绘图区。

7. 设置多层修改：双击状态栏中的【多层】可以开关多层修改功能。

2.2　广厦结构 CAD 的各种坐标系定义

无论是建立模型还是分析结果，都要考虑其参考坐标系。坐标系既有与整个模型保持一致的整体坐标系，也有基于构件坐标系的构件局部坐标系。而整体坐标系有可能有多个。

2.2.1　图形录入中的整体坐标系

在图形录入中多次按 TAB 键，可切换出总体坐标系，如图 2-7 所示。

事实上，模型数据的存储和保存，是基于总体坐标系的，图 2-7 右侧的梁构件属性中显示的坐标值即是总体坐标。

除了上述的总体坐标系外，在按 TAB 键切换时，图形录入还会显示多个局部坐标系，以方便建模笛卡儿，例如按极坐标输入对基于圆弧布置的模型很方便。图 2-8 是极坐标系的例子，其中构件的边与圆弧轴线的弧线或切线平行。

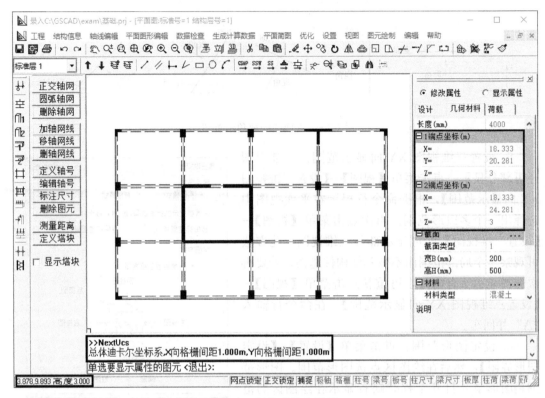

图 2-7 切换总体坐标系

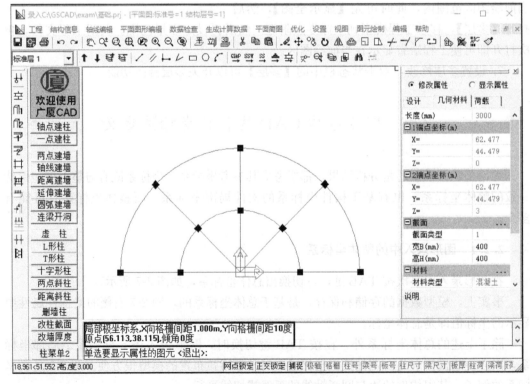

图 2-8 切换局部坐标系

某些情况下，在总体坐标系下建模会比较繁琐。如图 2-8 所示的模型中，有些柱与整体坐标系的坐标轴有夹角，此时在整体坐标系下建模就需要旋转柱或输入夹角，但在局部坐标系下建模就比较方便快捷。局部坐标系的来源有两种，如图 2-9 所示，一是建立正交轴网或圆弧轴网时，软件会自动生成一个基于该轴网的局部坐标系；二是可以通过【定义局部坐标系】的命令，自己定义需要的局部坐标系。

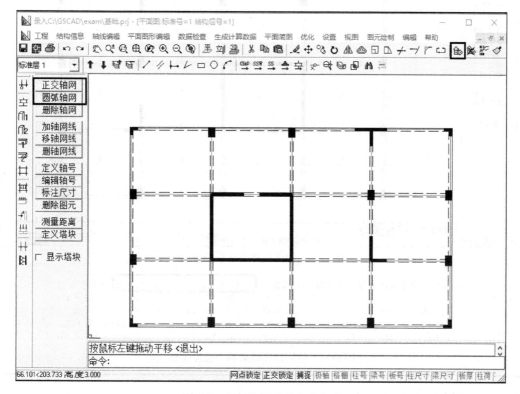

图 2-9 局部坐标系的生成方式

2.2.2 图形录入中的构件局部坐标系

双击状态栏中的【局标】，可以切换出构件的局部坐标，如图 2-10 所示。其中不分段每一构件都有一组局部坐标（1，2，3）。由于图 2-10 是平面图，故局部坐标 3 未显示，只能看到局标 1、2 的两个箭头。图中的方向标注在软件中并未标出，但可根据右手法则判定：大拇指从电脑屏幕内指向屏幕外表示局标 3，四指总是从局标 1 转 90°到局标 2。

局部坐标在荷载输入时使用比较多。

2.2.3 计算结果中采用的坐标系

对于整体结构的计算结果（例如：质心和刚心）总是基于总体坐标系；对于构件的计算结果（例如配筋结果）总是基于构件局部坐标系的（图 2-11、图 2-12）。

通常在表示柱配筋时以 B 边和 H 边配筋来表示，输入时把短边输为 B 边，长边输为 H 边，B 边为柱局标 1 平行的边，H 边为柱局标 2 平行的边，这二者略有区别，值得注意的是如果输入了一个扁柱，其计算配筋所表示的实际位置要以软件的定义为准。

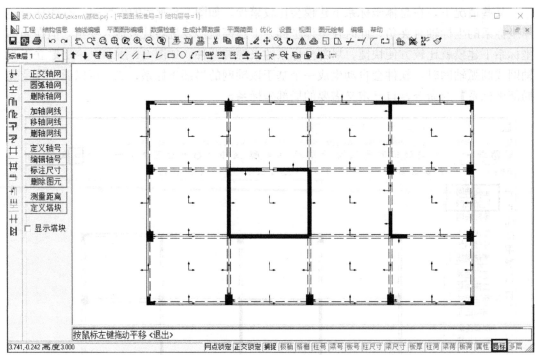

图 2-10　构件局部坐标系的方向

层号	塔号	恒载(kN)	活载(kN)	重量(kN)	质量(kN)	质量比	质心(X,Y)(m)		刚心(X,Y)(m)		偏心率(X,Y)	
1	1	4114	480	4594	4354	1.00	8.358	18.245	7.704	18.890	0.144	0.131
2	1	4114	480	4594	4354	1.00	8.358	18.245	7.704	18.890	0.144	0.131
3	1	4114	480	4594	4354	1.00	8.358	18.245	7.704	18.890	0.144	0.131
4	1	4114	480	4594	4354	1.00	8.358	18.245	7.704	18.890	0.144	0.131

图 2-11　整体计算结果基于总体坐标

```
柱号=    1 (矩形)宽=400 高=600
         B 边长度=3000 H 边长度=3000 B 边长度系数=1.00 H 边长度系数=1.00
         设计属性:框架柱,非转换柱,边柱,抗震等级=2,三维杆
         材料属性:混凝土C25,主筋=360,箍筋或墙分布筋=270,保护层=30,热膨胀系数=1×10⁻⁵
```

轴压比 $N/(A_c \times f_c)$	N(kN)	M_x(kN·m)	M_y(kN·m)	V_x(kN)	V_y(kN)	T(kN·m)	组合公式
0.91	2605.07	-83.66	-56.14	-58.24	54.95	1.85	(30)

下端 B 边配筋面积(mm²)	N(kN)	M_x(kN·m)	M_y(kN·m)	V_x(kN)	V_y(kN)	T(kN·m)	组合公式
480.00	2793.06	-5.16	-22.00	-24.29	4.13	-0.14	(2)

下端 H 边配筋面积(mm²)	N(kN)	M_x(kN·m)	M_y(kN·m)	V_x(kN)	V_y(kN)	T(kN·m)	组合公式
591.54	2793.06	-5.16	-22.00	-24.29	4.13	-0.14	(2)

上端 B 边配筋面积(mm²)	N(kN)	M_x(kN·m)	M_y(kN·m)	V_x(kN)	V_y(kN)	T(kN·m)	组合公式
480.00	2768.76	6.80	48.44	-24.29	4.13	-0.14	(2)

上端 H 边配筋面积(mm²)	N(kN)	M_x(kN·m)	M_y(kN·m)	V_x(kN)	V_y(kN)	T(kN·m)	组合公式
826.00	2768.76	6.80	48.44	-24.29	4.13	-0.14	(2)

沿 B 边加密箍(mm²/m)	N(kN)	M_x(kN·m)	M_y(kN·m)	V_x(kN)	V_y(kN)	T(kN·m)	组合公式
0.00	2793.06	-5.16	-22.00	-24.29	4.13	-0.14	(2)

沿 H 边加密箍(mm²/m)	N(kN)	M_x(kN·m)	M_y(kN·m)	V_x(kN)	V_y(kN)	T(kN·m)	组合公式
0.00	2793.06	-5.16	-22.00	-24.29	4.13	-0.14	(2)

沿 B 边节点箍(mm²/m)	最大 V_{jB}(kN)	求箍 V_j(kN)	上柱 N(kN)
0.00	140.69	140.69	2348.31

沿 H 边节点箍(mm²/m)	最大 V_{jH}(kN)	求箍 V_j(kN)	上柱 N(kN)
0.00	114.19	114.19	2348.31

最小剪跨比=4.61 最小配筋率=0.85

图 2-12　配筋结果基于构件局部坐标系

2.3 规划工程模型

建立结构计算模型前需要先做规划，这包含以下几个方面的内容：结构体系、楼层信息、柱网信息、材料信息等。其中结构体系的确定将在 3.2 节介绍，这里先介绍楼层等信息。

2.3.1 确定结构层数

楼层信息：即模型需要分多少层建立，楼层之间的相互关系等。点击菜单【结构信息】—【GSSAP 总体信息】，在弹出的对话框中输入结构计算总层数，如图 2-13 所示。

结构计算总层数包括楼层数、地下室、地梁层以及鞭梢小楼层，参考 5.1.1 节。

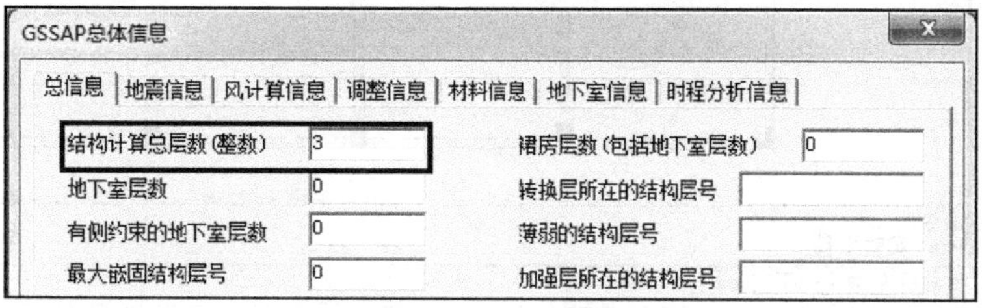

图 2-13　结构计算总层数

标准层：一栋建筑的楼层数可能很多，具有相同平面布置、构件尺寸、荷载信息的结构层可划为一个标准层，建模时通常只需输入几个标准层，再将其与结构层对应起来，就能快速完成模型的输入。

点击菜单【结构信息】—【各层信息】，在图 2-14 所示对话框中输入标准层—结构层对应关系。在对话框中，可以一次多选（按 Shift 键连续选或 Ctrl 键跳选）并按鼠标右键编辑表格。

当遇到与坡屋面同一层还有楼面时，如果建两层则会多出一结构层，其中坡屋面屋檐处的柱至少要比梁高（计算要求，和实际情况相比有一定近似）。

当遇到夹层面积比较大时，会将夹层也建为一标准层，则结构层数也会多出一结构层。此时会有一些跨层柱，只需层层输入即可，跨层柱的计算长度程序自动判断。

当遇到多塔模型，且塔间楼层高度不在同一标高时，可将每个塔分别建不同的标准层，然后在图 2-15 所示表格中填写对应的塔块号：至少要有三个塔，底盘共有层单独为塔 1，底盘以上分别填塔 2，塔 3…同时从塔 3 开始底部楼层的下端层号应落到底盘上。注意：鞭梢小楼不必定为多塔；模型不支持塔上再分塔。

如果多塔模型的塔间楼层高度同高时，更方便的输入方法：图 2-15 中的塔块号都填1，通过 InputTower 命令（或者点击屏幕菜单【轴网】—【定义塔块】），可在屏幕内直接指定塔块范围（需要层层指定）。

2.3.2 材料输入

材料的输入分总信息控制材料信息和层控制材料信息。点击菜单【结构信息】—

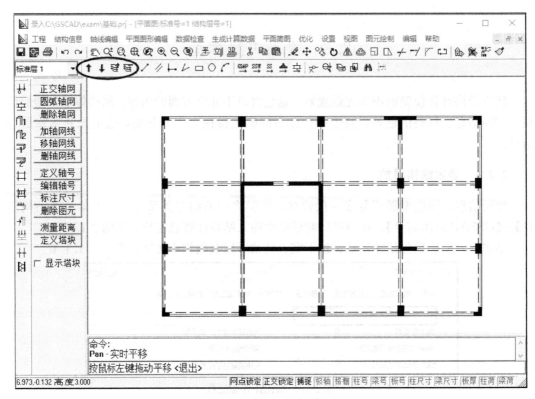

图 2-14　标准层的输入、切换和增删

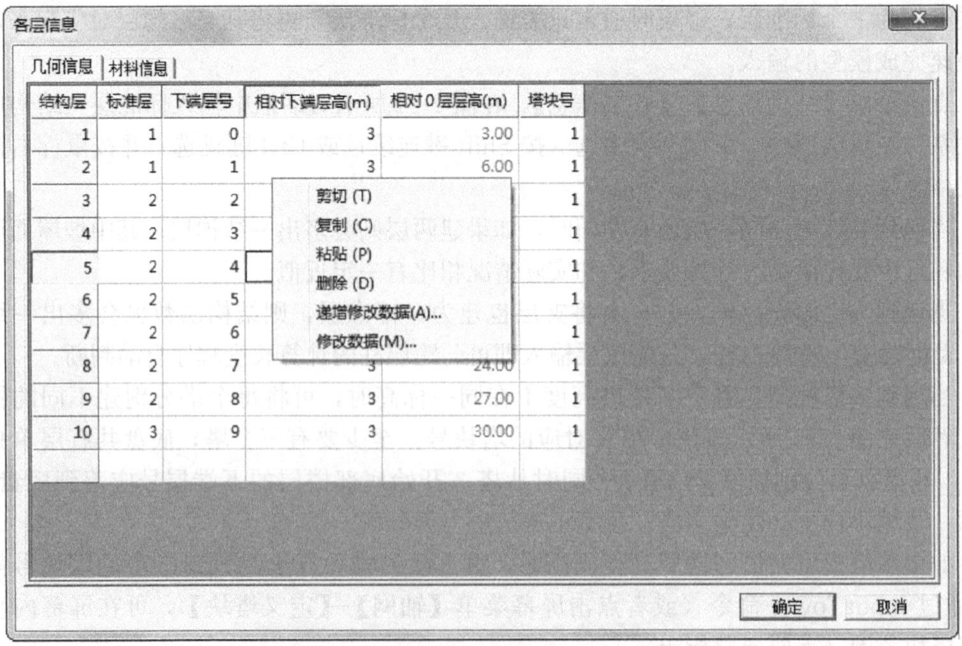

图 2-15　编辑标准层—结构层对应关系

【GSSAP 总体信息】，切换到如图 2-16 所示，材料信息选项，如图 2-17 所示。从图中可知，容重、钢筋级别、保护层厚度、钢材信息是按整个模型控制的，混凝土、砂浆砌块等级是按层控制的。同时，还可通过对构件属性的修改，实现特殊构件与总信息或者本层材料信息的不同。

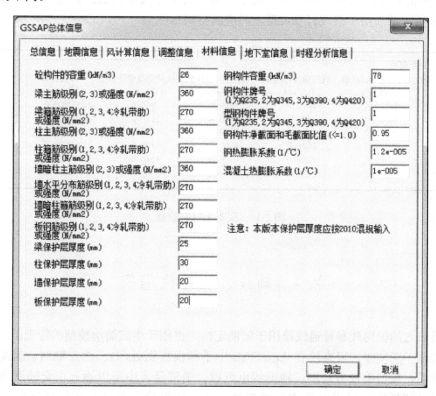

图 2-16　GSSAP 总信息中的材料信息

结构层	剪力墙柱砼等级	梁砼等级	板砼等级	砂浆强度等级	砌块强度等级	钢管混凝土柱砼弹性模量（≤80为砼等级）(kN/m2)	钢管混凝土柱砼抗压设计强度(kN/m2)	钢管混凝土柱钢管钢牌号(1-Q235,2-Q345 3-Q390,4-Q420)
1	25	20	20	5	7.5	25	0	1
2	25	20	20	5	7.5	25	0	1
3	25	20	20	5	7.5	25	0	1
4	25	20	20	5	7.5	25	0	1
5	25	20	20	5	7.5	25	0	1
6	25	20	20	5	7.5	25	0	1
7	25	20	20	5	7.5	25	0	1
8	25	20	20	5	7.5	25	0	1
9	25	20	20	5	7.5	25	0	1
10	25	20	20	5	7.5	25	0	1

图 2-17　各层信息中的材料信息

输入混凝土等级时，可以输入 C18 和 C22 等非标准的混凝土等级，计算时其相关参数按线性插值处理。如果遇到轻型混凝土，可点击菜单【结构信息】—【设置材料信息】，在图 2-18 所示的表格中修改轻型混凝土对应的材料指标。

混凝土材料属性：

强度等级	抗压强度标准值 （kN/m²）	抗拉强度标准值 （kN/m²）	抗压强度设计值 （kN/m²）	抗拉强度设计值 （kN/m²）	弹性模量 （kN/m²）
C15	10000.0	1270.0	7200.0	910.0	22000000.0
C20	13400.0	1540.0	9600.0	1100.0	25500000.0
C25	16700.0	1780.0	11900.0	1270.0	28000000.0
C30	20100.0	2010.0	14300.0	1430.0	30000000.0
C35	23400.0	2200.0	16700.0	1570.0	31500000.0
……					

图 2-18　混凝土材料信息

2.4　轴线、辅助线编辑

图形录入的轴网线和普通线段用于辅助定位，也用于生成简单模型的施工图轴线（复杂模型的施工图轴线，可直接在 AutoCAD 中手画模板图处理）。注意轴网、辅助线不影响计算结果，模型中没有轴网、辅助线也可以。图形录入中可以输入正交轴网和圆弧轴网，非圆形的弧线可采用多段直线逼近的方式。如果建筑图已有画好的轴网线可通过 DWG 转换功能将轴网线导入到模型里来。

2.4.1　正交轴网

点击屏幕菜单【轴网】—【正交轴网】，通常在弹出的对话框中选择开间输入页，如图 2-19 所示。可在区域①处双击常用值选择预订的开间或进深尺寸；也可在区域②中直接输入尺寸，图中的"4000×5"表示连续 5 段 4000mm 开间。点击【确定】按钮，然后鼠标在绘图区点击轴网插入点，绘出轴网如图 2-20 水平轴网部分。

在真实工程中，经常要碰到多个轴网拼接。例如图 2-20 所示斜交轴网部分，其插入点在 a 点。可再次运行【正交轴网】命令，在图 2-21 中区域③处输入转角"45"，在区域④处鼠标左键选择定位点 b，然后点击【确定】按钮，在绘图区选择图 2-20 所示 a 点为插入点，绘出如图 2-20 所示斜交轴网。

2.4.2　圆弧轴网

点击屏幕菜单【轴网】—【圆弧轴网】，在弹出对话框中选择开间输入，如图 2-22 所示。在区域①处选择预订的开间或进深尺寸，也可在区域②中直接输入尺寸，图中"4200×3"表示连续 3 段间距 4200mm 的圆弧开间。在区域③处输入第一条弧线与圆心距离以及转角，在区域④处选择插入点，点击【确定】按钮，然后鼠标在绘图区点击轴网插入点即可将所绘圆弧轴网插入绘图区。

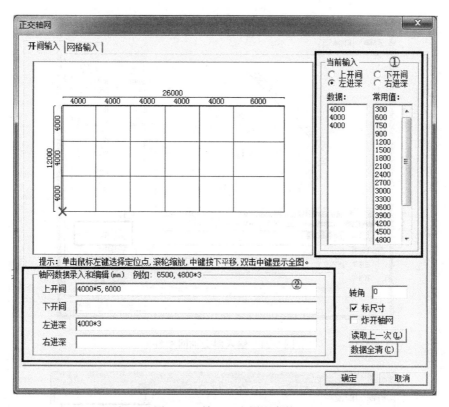

图 2-19　输入正交周围参数

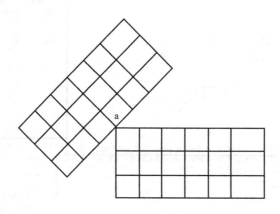

图 2-20　正交轴网

2.4.3　轴网菜单的其他命令

【加轴网线】在已有轴网上添加一条轴网线。

【移轴网线】在已有轴网上沿轴网所在局部坐标系平移一条轴网线。

【删轴网线】删除已有轴网上的轴网线。

【定义轴号】给轴线定义轴号，点选一条轴线输入起始的轴线编号。

【编辑轴号】对轴号进行编辑。

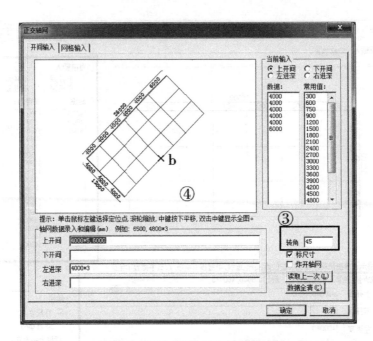

图 2-21　输入斜交轴网参数

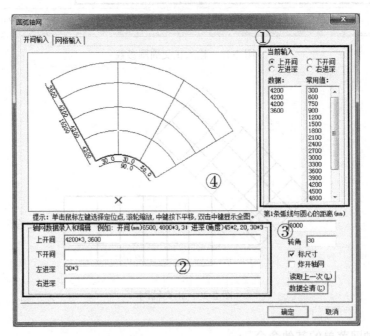

图 2-22　输入圆弧轴网参数

【标注尺寸】标注任意轴线间的距离。

【删除图元】删除辅助线、轴号和尺寸线。

【测量距离】测量点、辅助线、直线梁和墙之间的距离。

【定义塔块】采用多边形定义塔块范围（刚性区域），一个平面最多指定十个塔块。

【显示塔块】显示指定的塔块范围和塔块号。

2.4.4　辅助线命令

辅助线命令在水平工具栏 2 中（图 2-1），它们有：

【两点线段】在绘图区选择两点绘制一条直线段。

【平行线段】绘制一组平行直线。

【距离线段】根据已知辅助线或轴网线的距离绘制直线。

【辐射线段】绘制一组辐射状直线。

【矩形线段】绘制矩形闭合直线。

【圆线段】绘制一组同心圆。

【弧形线段】绘制圆弧段。

2.5　结构构件编辑

结构构件包括墙柱、梁、板，在输入时需按墙柱—梁—板的顺序输入。

2.5.1　墙柱编辑

墙柱屏幕菜单分为【剪力墙柱几何菜单 1】和【剪力墙柱几何菜单 2】两部分，【剪力墙柱几何菜单 1】主要为墙柱录入命令，【剪力墙柱几何菜单 2】主要为墙柱修改命令，以下简称菜单【柱 1】，【柱 2】。

1. 轴点建柱：点击屏幕菜单【柱 1】—【轴点建柱】，再点击参数窗口（图 2-1），弹出柱截面对话框如图 2-23 所示。其中，"截面"区可选择截面形状，"截面尺寸"区可输入

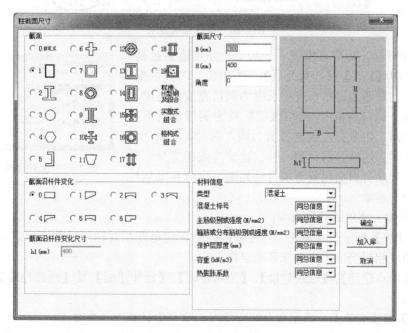

图 2-23　截面尺寸对话框

截面尺寸，"截面沿杆件变化"指构件变截面。点击【确定】完成截面尺寸确定。在绘图区选择轴线的端点或交点，完成柱的输入。

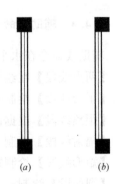

2. 柱和梁墙边对齐：假设有轴线对齐的200mm宽梁，要求柱边与梁边对齐，如图2-24（a）。点击屏幕菜单【柱2】—【X向左平】，在命令行窗口中输入左边线与轴线的距离100，回车【确定】后在绘图区窗选要左对齐的柱，其效果如图2-24（b）所示。其他对齐命令类似。

图 2-24　柱偏心对齐
(a) 对齐前；(b) 对齐后

3. 异形柱输入：目前只支持【L形柱】、【T形柱】、【十字形柱】三种异形柱形式，在输入异形柱时，可通过鼠标点击刚输入的异形柱，让异形柱旋转至需要的角度。

4. 两点建墙：以L形剪力墙为例。点击屏幕菜单【柱2】—【两点建墙】，再点击参数窗口，弹出墙截面对话框如图2-25所示。点击【确定】完成截面尺寸修改。确保【正交锁定】已打开，在绘图区选择第1点，然后鼠标水平向2点位置移动，接着在命令行输入墙长度并回车即可输入水平墙；同理可输入竖直墙，效果如图2-26所示。

图 2-25　墙截面尺寸输入框

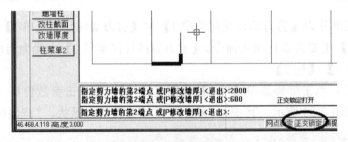

图 2-26　两点建墙效果

5. 连梁开洞：将剪力墙肢一分为二，并用连梁连接。点击屏幕菜单【柱1】—【连梁开洞】，弹出图2-27对话框，连梁宽度自动默认为墙厚，连梁长度为洞口宽度，连梁高度为"层高－洞口高度"。离墙肢端距离为洞口边与剪力墙一端的距离，用鼠标左键选择剪力墙左右端，用鼠标右键为墙中开洞。连梁开洞只是一种快速建连梁的方法，是否为连梁，程序会根据规范要求自动判断，也可在梁属性中将其指定为连梁。

图 2-27　连梁开洞对话框

6. 墙柱输入菜单的其他命令：

【一点建柱】任意位置建柱。点在轴网内时，柱角度相对轴网局部坐标定位；在轴网外时，柱角度相对当前用户坐标系来定位。

共有【两点建墙】、【轴线建墙】、【距离建墙】、【延伸建墙】及【圆弧建墙】5种方式布置剪力墙。

【虚柱】布置虚节点。指定节点的定位点，节点为计算的一个节点。

【两点斜柱】指定输入斜柱的两个点及相对该层的标高建立斜柱，可在平面、立面、三维图中输入。【两点斜柱】命令主要用来输入斜撑构件，坡屋面中的斜梁不用斜柱命令形成。【距离斜柱】用于已有杆件的某点为斜柱的一端点输入斜柱，可在平面、立面、三维图输入。

【删墙柱】墙柱多余时可进行删除。如果墙柱支承的梁板已建好，删除墙柱后，其上的梁板等构件也要删除重建，否则计算可能出错。

【改柱截面】修改柱截面尺寸。

【改墙厚度】修改剪力墙厚度。

【偏心对齐】修改墙、柱、梁、砖墙中线或边线对齐。

【移动墙柱】墙柱移动距离 X，Y（mm，mm）以向上或向右正值，相反为负值。并按提示确定与之相连的构件是否联动。

【换柱截面】可将大量同一截面尺寸的柱替换为另一种截面尺寸。可多层修改。

【换墙截面】可将大量同一截面尺寸的墙替换为另一种截面尺寸。可多层修改。

【改异形柱】修改异形柱截面尺寸。

【墙上开洞】在剪力墙的任意高度开洞口，此功能与连梁开洞有所不同，洞底不需落到楼面。

【删墙上洞】删除在剪力墙上开的洞口。

【长度系数】可设置 X、Y 向计算长度系数，0 按规范自动计算，X、Y 向分别指柱的 B 边、H 边。也可手工在墙柱属性中指定长度系数。程序通常自动判断单边、双边跨层柱的计算长度，一般不需要手工指定长度系数去调整。

【修改标高】修改墙柱相对于本层的标高。若在墙柱、梁板输好后调整柱标高，程序将自动调高相关梁板标高，可用于坡屋面。而坡屋面梁、板导荷时将根据斜率自动增大梁板的均布荷载和分布荷载，故不需要手工调大荷载。

【抗震等级】总体信息指定整个结构墙柱的抗震等级，若平面中某墙、柱抗震等级与总体信息中不同可在此设置，相应的计算和构造程序自动处理，缺省为每根墙柱的抗震等级为-1，表示与总体信息中的设置相同。此设置也可在构件属性中调整。

【布置柱帽】板柱结构为抵抗柱对板的冲切可在柱上端布置柱帽，若当前板厚能满足冲切要求则布置暗柱帽，同时板应指定为壳单元。

【删除柱帽】柱帽布置有误可以进行删除。

【设柱连接】设置柱隔震减震单元，只在弹塑性分析 GSNAP 中使用。

【设墙隔震】设置墙隔震减震单元，只在弹塑性分析 GSNAP 中使用。

2.5.2 梁编辑

梁屏幕菜单分为【梁几何菜单 1】和【梁几何菜单 2】两部分，【梁几何菜单 1】为梁录入命令，【梁几何菜单 2】为梁修改命令。

梁分为主梁和次梁，主梁和次梁都进入通用有限元 GSSAP 分析。按次梁建模的梁，程序在出图时会强制按次梁出图。若全按主梁建模，程序则会根据受力自动判断主次梁，故通常可全按主梁建模。

有 5 种快速输入梁方法：两点主、次梁、轴线主、次梁、距离主、次梁、圆弧主、次梁和延伸布置悬臂梁。

【两点主梁】选择两点在其连线建主梁。用于在剪力墙、柱和砖墙相交点间建主梁。

【距离主梁】根据构件的左右端距离建主梁。

【轴线主梁】沿选择的轴网线或辅助线建立主梁。

【圆弧主梁】沿圆或者弧线建立主梁。

【两点次梁】、【距离次梁】、【轴线次梁】、【圆弧次梁】与建立主梁方法相同。

【建悬臂梁】创建有内跨梁的悬臂主梁。

【两点斜梁】、【距离斜梁】与建立【两点斜柱】、【距离斜柱】方法相同。注意：形成坡屋面的最佳办法是先布置好柱、梁、板，然后用【改柱标高】命令去修改变化的柱标高，此时相应的梁板会同时修改为斜梁、斜板。如果遇到特别复杂的坡屋面，才用【斜梁】命令去布置斜梁，用【角点布板】命令去布置板。

【删梁】可以删除输入有误的梁。

【清理虚柱】清理多余虚柱，自动合并主次梁。

【改梁截面】修改某一梁的截面尺寸。可多标准层修改。

【改梁标高】修改梁相对楼面的标高。可多标准层修改。

【移梁】输入移动距离，然后选择需要移动的梁。

【偏心对齐】有梁边对齐和梁中对齐两种选择，先选择参考物，然后选择要对齐的梁。

【指定悬臂】将已经建模的梁指定为悬臂梁，悬臂梁梁端弯矩不调幅。

【指定铰接】指定或取消梁端铰接边界条件。可多层同时指定。

【抗震等级】在总体信息中可指定整个结构梁的抗震等级，若平面中某根梁的抗震等级与总体信息中的不同，可在此设置，相应的计算和构造由程序自动处理，也可以在构件属性中设置。缺省为每根梁的抗震等级为−1，表示与总体信息中的设置相同。

【换梁截面】可将大量同一截面尺寸的梁替换为另一种截面尺寸。

【内力增大】、【连梁折减】、【增大梁刚】、【增梁中弯】、【折减梁扭】、【梁端调幅】该调整系数用于不按总体信息中取值，只对特定梁的调幅系数，也可从构件属性中调整。

【梁侧开洞】选择需要开洞的梁，然后设置洞口大小，用于梁中需要穿管设计。

【删梁洞口】删除输入有误的梁侧洞口。

【设梁连接】设置梁隔震、减震单元，只在弹塑性分析 GSNAP 中使用。

2.5.3　板编辑

点击屏幕菜单【板几何菜单】，切换到板输入菜单。

【改板截面】修改已布置现浇板的厚度或截面形式，如实心板改空心板。

【修改标高】修改已布置现浇板的标高。

【修改边界】修改板的边界条件，板的边界条件有固定、简支、自由三种。修改的边界将影响【楼板、次梁、砖混计算】中板的计算结果，不影响 GSSAP 板壳单元的计算结果。

【布现浇板】自动布置现浇板或指定区域布置现浇板。现浇板有实心板和空心板两种。

注：当不能布板时应进行检查：（1）查看板边梁是否封闭；（2）选择"主菜单—数据检查"；（3）按F4显示构件的连接关系图，检查封闭区域周边节点与杆件连接关系，每个节点应显示为空心圆圈，当有线穿过时此线表示此处的杆件有问题，删除重新输入。

【角点布板】以选择的角为边界点进行布板，通常用于输入层间板，或者补充楼梯板。

空心板的设置如图2-28所示。

现浇空心楼板是一种预制空腔的钢筋混凝土楼板，空腔可采用两端封闭的高强复合薄壁管或高强复合薄壁箱体。钢筋混凝土板掏空板厚中间部分的混凝土形成双向连续的现浇空心楼板，不影响楼板的承载能力，在减轻楼板自重及混凝土用量的同时，因荷载减轻、地震力降低使钢筋用量减少。现浇空心楼板既保持了楼板平面内受力连续、刚度好的特点，又保持平面外结构厚度大、刚度好的优点。4m左右跨度为实心板的应用范围，8～12m跨度为空心板的应用范围，适合于商业和工业建筑。

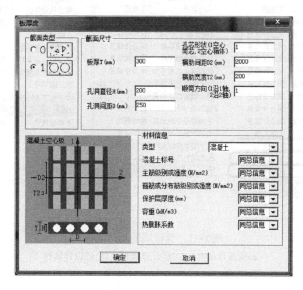

图2-28 空心板设置

【布预制板】选择预制板型号，按横向或竖向放置预制板，见图2-29。

【删板】删除已布的板。

【飘板】飘出的板外沿用虚梁（宽度$B=0$）围成，见图2-30。飘板的导荷模式采用按周长导荷。

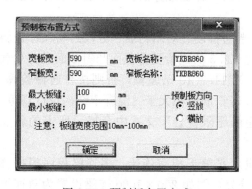

图2-29 预制板布置方式

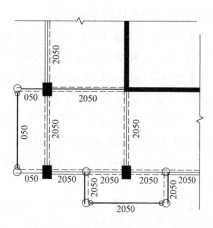

图2-30 飘板的输入

23

2.5.4 构件属性编辑

点击水平工具栏 1 的属性按钮（图 2-1），选择构件，会显示构件的属性，见图 2-31。

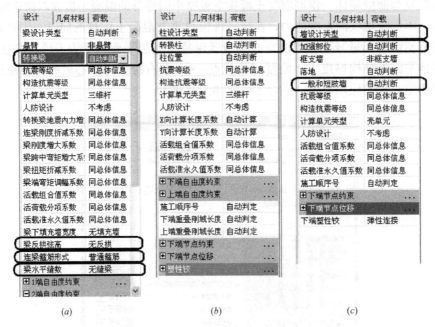

(a)   *(b)*   *(c)*

图 2-31　梁柱墙的设计属性

（*a*）梁设计属性　（*b*）柱设计属性　（*c*）墙设计属性

1. 梁设计属性

【转换梁】托柱的梁为转换梁，托墙的梁为框支梁。框支梁控制适用于所有转换梁；转换梁属性有三个选择：非转换梁、转换梁和框支梁。在"生成 GSSAP 计算数据"时，转换梁和框支梁由程序自动判断，也可人工设置。在"图形方式—构件信息—梁设计属性"中可查询自动判断的结果。

程序对转换梁和框支梁分别按相应抗震措施处理：最小配筋率、加密区箍筋的最小面积配筋率、最小抗剪截面验算。

【梁反拱弦高】反拱是设计人员对挠度过大梁的一种处理办法。当平法配筋计算挠度不满足时，会自动扣除此处输入的梁反拱弦高。

【连梁箍筋形式】可选择连梁的箍筋形式：普通箍筋、对角斜筋、分段封闭和综合斜筋。连梁受弯承载力扣除斜筋的承载力，跨高比<2.5 的连梁受剪截面和斜截面受剪承载力按《混凝土结构设计规范》GB 50010—2010 第 11.7.10 条验算，否则按普通箍验算。当连梁的箍筋形式选择对角斜筋或综合斜筋时，若斜筋面积大于《混凝土结构设计规范》GB 50010—2010 第 11.7.11 的构造要求，"超筋超限警告"文本中会提示所需的斜筋面积。

【梁水平缝数】跨高比<2 的高连梁，宜设水平缝形成双连梁、多连梁程序根据缝数×梁宽等效为连梁的计算宽度，高度按缝数等分，例如 200×1000 连梁设置为双连梁时，将等效为 400×500 的截面参与计算。得到的纵筋和箍筋须手工等分给各小连梁。

采用特殊配箍方式提高了连梁的抗剪能力，而设水平缝形成双连梁或多连梁减少了抗弯刚度以减少连梁承担的剪力。连梁抗剪承载力不够时建议优先选择多连梁，多连梁和特殊配箍方式可同时选择。

2. 柱设计属性

【转换柱】托转换梁的柱为转换柱，托框支梁的柱为框支柱。

转换柱属性有三个选择：非转换柱、转换柱和框支柱。转换柱和框支柱由程序自动判断，也可人工设置。在【生成 GSSAP 计算数据】时自动判断，判断原则为托墙的柱为框支柱，录入系统的设计属性中可查看到判定结果。对于柱 A 托梁，梁再托柱 B 情况，程序判断柱 A 是转换柱，在【图形方式—构件信息—墙柱设计属性】中可查询自动判断的结果。高层结构的转换柱和所有结构转换墙的框支柱分别按相应抗震措施处理。

3. 墙的设计属性

【墙设计类型】剪力墙两端和洞口两侧应设置边缘构件，边缘构件包括暗柱、端柱和翼墙。若墙肢底截面的轴压比大于表 2-2 的规定一、二、三级抗震墙，以及部分框支抗震墙结构的落地抗震墙，则应在底部加强部位及相邻的上一层设置约束边缘构件，在以上的其他部位墙肢两端设置构造边缘构件。

抗震墙设置构造边缘构件的最大轴压比 表 2-2

抗震等级或烈度	一级（9 度）	一级（7、8 度）	二、三级
轴压比	0.1	0.2	0.3

注：参考《建筑抗震设计规范》GB 50011—2010 表 6.4.5-1。

【加强部位】剪力墙底部加强区的控制高度：

1）从地下室顶板起算，有侧约束地下室向下延伸一层，若有侧约束地下室层数等于最大嵌固层不再向下延伸。

2）部分框支抗震墙结构的抗震墙，其底部加强部位的高度，可取框支层及其以上二层的高度和落地抗震墙总高度的 1/10 二者的较大值；其他结构的抗震墙，其底部加强部位的高度可取墙肢总高度的 1/10 和底部二层中二者的较大值，房屋高度不大于 24m 时，底部加强部位可取底部一层。

当结构计算嵌固端位于地下一层底板及以下时，底部加强部位尚宜向下延伸到地下部分的计算嵌固端。

【短肢墙】短肢剪力墙是指截面厚度不大于 300mm、各肢截面高度与厚度之比的最大值大于 4 小于 8 的剪力墙。程序会自动判定短肢剪力墙，也可在此处强制指定为短肢剪力墙。

2.6 荷载编辑

2.6.1 板荷载编辑

点击屏幕菜单【板荷载编辑】，切换到板荷载菜单。快速输入常见的板恒、活均载采用【修改荷载】命令，输入其他类型荷载，或者输入复杂的荷载采用【加板荷载】命令。

1. 修改荷载

除预制板外，程序自动计算剪力墙、柱、现浇板、梁和砖混结构中砖墙的自重。框架结构中填充砖墙作为梁上荷载输入。板荷载分恒载和活载，恒载一般指装修荷载，活载指使用荷载，按《建筑结构荷载规范》GB 50009—2012确定结构不同部位的板荷载值，且输入值均为标准值。

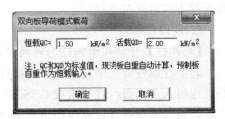

图 2-32　修改荷载对话框

点击屏幕菜单【板荷载编辑】—【修改荷载】，再点击参数窗口，弹出修改荷载对话框如图 2-32 所示。点击【确定】按钮修改荷载值。

点击【板荷载编辑】上的图 2-33 所示的 5 种导荷模式，可切换板的导荷模式。它们分别是：双向板导荷模式、单向板长边导荷模式、单向板短边导荷模式、面积分配法导荷模式和周长分配法导荷模式。前三种用于近似矩形的板，后两种用于非规则的板，若板边有虚梁，则只能用周长分配法导荷。若板为壳元，则因板无须导荷而此时板导荷方式无用。

在绘图区选择板，则板荷或板导荷模式将被设置给板（命令行中可根据提示设置是单独修改板荷、板导荷还是同时修改板荷和板导荷）。

2. 加板荷载

点击屏幕菜单【板荷载编辑】—【加板荷载】，再点击参数窗口，弹出对话框如图 2-34 所示。图中有均布面载、均匀升温、温度梯度和风荷载四种荷载类型，其中均匀升温不需方向，风方向由所选工况决定，风荷载工况数由【GSSAP 总体信息】—【风计算信息】中风方向决定；其他荷载类型的方向可以有 6 个：局部坐标的 1、2、3 轴和总体坐标的 X、Y、−Z（重力方向）轴。可选择的 12 种工况有：重力恒载、重力活载、水压力、土压力、预应力、雪荷载、升温、降温、人防、施工、消防和风荷载。可预先输入

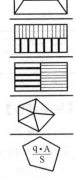

图 2-33　导荷模式

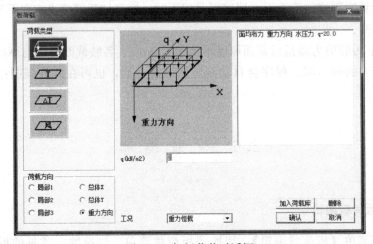

图 2-34　加板荷载对话框

一些荷载到荷载库，供布置荷载时快速选择。

点击【确定】按钮，在绘图区选择板，程序将板荷载赋到板上。

3. 其他板荷载命令

【各板同载】所有板取指定荷载模式或恒载、活载大小进行加载，适用于初次布置板荷载。

【删板荷载】删除输入有误的板上荷载。

【改板局标】修改板的局部坐标方向。用于不规则板，因为板配筋方向和板局标方向一致，若不规则板的缺省局标方向不一定合理，可用此命令调整。

2.6.2 梁荷载编辑

由于梁自重由程序自动计算，板荷载会自动导到周边梁、墙上，故需要输入的梁上荷载为梁上填充墙荷载、其他没有输入构件的自重换算成的荷载或者其他外加荷载。所有输入荷载均为标准值。

【加梁荷载】点击屏幕菜单【梁荷载编辑】—【加梁荷载】，再点击参数窗口，弹出对话框如图 2-35 所示。图中有 10 种荷载类型，其中均匀升温不需方向，风方向由所选工况决定，风荷载工况数由 "GSSAP 总体信息—风计算信息" 中风方向决定，其他荷载的方向可以有 6 个：局部坐标的 1、2、3 轴和总体坐标的 X、Y、一Z（重力方向）轴。注意：弯矩也是矢量，其方向为弯曲面的法线方向（右手法则，四肢绕弯矩旋转方向，大拇指方向即弯矩方向）。可选择的 12 种工况为：重力恒载、重力活载、水压力、土压力、预应力、雪荷载、升温、降温、人防、施工、消防和风荷载。可预先输入一些荷载到荷载库，供布置荷载时快速选择。

点击【确定】按钮，在绘图区选择梁，程序将梁荷载附到梁上。对于集中荷载或者分布荷载，其参数中的距离为鼠标选择梁时，从鼠标点在梁的某一端的端点开始计算的距离。

【删梁荷载】删除梁上已加的荷载。

【修改荷载】修改已加荷载的大小、类型、方向等。

【换梁荷载】用另一不同的荷载替换梁上已加的荷载，可用于大量替换相同荷载。

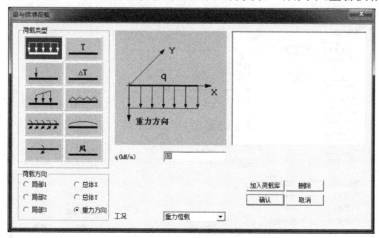

图 2-35　梁与砖墙荷载

2.6.3 墙柱荷载编辑

由于墙柱自重由程序自动计算，故需要输入的墙柱上荷载为没有输入构件的自重换算成的荷载或者其他外加荷载，所有输入荷载均为标准值。

【加柱荷载】点击屏幕菜单【剪力墙柱荷载】—【加柱荷载】，再点击参数窗口，弹出对话框如图 2-36 所示。图中信息基本和图 2-35 梁荷载对话框相似，此处不再赘述。请注意在输入集中荷载或者分布荷载时，图 2-36 中的距离 L 是从柱的底端算起（通常柱的始端是下端，除非斜柱时是倒过来建模的），因此若输入柱顶荷载，L 值应等于柱所在层高。

点击【确定】按钮，在绘图区选择柱，程序将柱荷载赋到柱上。

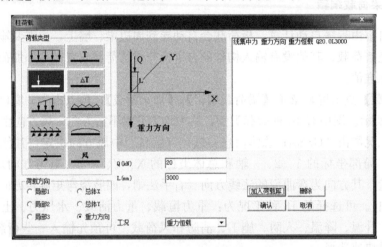

图 2-36 柱荷载

【加墙荷载】点击屏幕菜单【剪力墙柱荷载编辑】—【加墙荷载】，再点击参数窗口，弹出对话框如图 2-37 所示。图中有 7 种荷载类型，其中线荷载是指墙顶线荷载，面荷载一般为地下室的侧土荷载、水池的水侧压力等，温度和风荷载与板上荷载的类似。

点击【确定】按钮，在绘图区选择墙，程序将墙荷载赋到墙上。

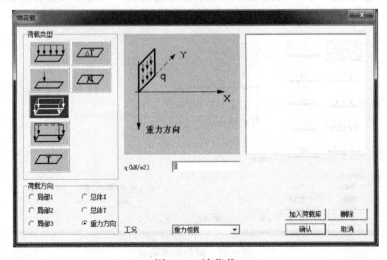

图 2-37 墙荷载

【删除荷载】删除剪力墙肢或柱上荷载。

【改墙方向】修改剪力墙局标 1 方向。由于 GSSAP 中不包含圆弧壳，故计算圆形水池时需要将侧壁剖分为多段墙去逼近。通过本命令可将每段墙局标 1 均指向池外。这样布置侧水荷载时只需同时将所有侧墙布置为局标 1 方向的相同荷载即可。

【增加吊车】、【删除吊车】用于布置厂房的吊车荷载。

【换柱荷载】用另一不同的荷载替换柱上已加的荷载，可用于大量替换相同荷载。

【换墙荷载】用另一不同的荷载替换墙上已加的荷载，可用于大量替换相同荷载。

2.7 楼梯编辑

《建筑抗震设计规范》GB 50011—2010 中要求计算中应考虑楼梯构件的影响。楼梯具有斜撑的受力状态，有较强的局部抗侧刚度，导致结构（特别是框架结构）抗侧刚度分布不均匀，从而使结构在地震力作用下产生较大扭转，楼梯自身由于刚度较强产生的地震力对楼梯间边的墙柱、梁有明显影响，同时楼梯是关键的安全通道，本身宜考虑抗震计算。故必须将楼梯输入到模型中参与整体计算。

2.7.1 输入楼梯

点击屏幕菜单【平面图形编辑】—【楼梯输入】，在绘图区选择一点自动寻找楼梯间，楼梯间是一块由梁和墙围成的封闭区域，楼梯间可为三角形和四边形等任意多边形，内角不一定 90°。

如果区域不封闭，则命令行出现提示“没有自动寻找到楼梯间，原因可能为楼梯间梁墙没有形成封闭”，按 F4 检查楼梯间周边节点情况，修改后再重新寻找楼梯间。

如果区域内已有板，会提示“是否删除楼梯间已有的板”，选择【否】，则命令行出现提示“请选择其他楼梯间！”，需重新选择楼梯间或者取消命令。

如果选择的楼梯间正确，程序会弹出楼梯输入对话框，如图 2-38 所示。

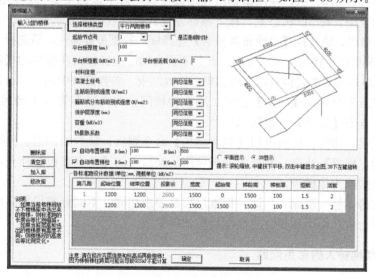

图 2-38 楼梯输入对话框

首先选择楼梯类型，可选的12种楼梯类型见图2-39。

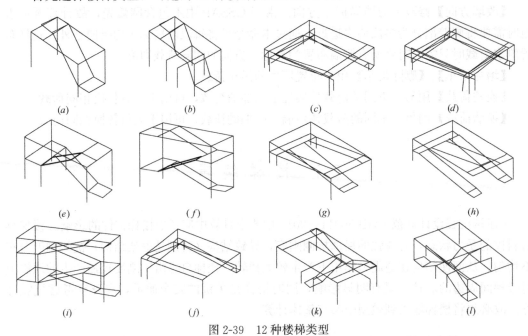

图 2-39　12 种楼梯类型

(a) 单跑直楼梯；(b) 双跑直楼梯；(c) 三跑转角楼梯；(d) 四跑转角楼梯；(e) 平行双跑楼梯
(f) 平行三跑楼梯；(g) 双分平行楼梯（一）；(h) 双分平行楼梯（二）；(i) 平行四跑楼梯
(j) 双跑转角楼梯；(k) 双分转角楼梯（一）；(l) 双分转角楼梯（二）

在参数窗口中，楼梯间的角点按逆时针编号，楼梯起始节点号是指楼梯起始板所在的楼梯间的角点号，如选择了【是否是顺时针】选择框，则楼梯从起始节点号开始按顺时针旋转，否则按逆时针旋转。

通过表格输入楼梯板，程序自动形成平台板，可事先输入楼梯板和平台板材料，所有梯板构件自重程序自动计算，不需荷载输入。

可按平面或者 3D 显示，使用鼠标滚轮缩放窗口，按下鼠标中键可平移图形，双击鼠标中键则显示全图，在 3D 状态下，按下鼠标左键并拖动可旋转显示图形。

若要布置梯梁，请选择【自动布置梯梁】选择框；若要布置梯柱，请选择【自动布置梯柱】选择框，梯梁搭在楼层平面梁上时，此处不再自动形成梯柱；在楼梯的【各标准跑设计数据表】中，单击或双击表格数据即可编辑。修改结束，参数窗口中同步显示修改效果。

输入完毕点击对话框【确定】按钮，则在楼梯间位置自动布置好了楼梯板、平台板、梯梁和梯柱，点击【取消】按钮取消选择。

多余的梯梁、梯柱、梯板可用【删除楼梯】命令删除，缺少的梯梁、梯柱可用【一点梯柱】和【两点梯梁】补充，缺少的梯板可用板编辑中的【角点布板】补充，同时将板属性中板设计类型改为楼梯板。

本命令支持多标准层输入，同一标准层层高要求相同，不同标准层层高可不相同，形成楼梯板、平台板、梯梁和梯柱时高度会按比例缩放。

2.7.2　楼梯输入的常见问题

交叉楼梯的输入需要在同一个矩形楼梯间中输入两遍"单跑直楼梯"或者"平行两跑

楼梯"，两遍输入的起始节点号不同，第一遍的起始节点号是 2，第二遍的起始节点号就是 4。图 2-40 是两遍"平行两跑楼梯"形成的交叉楼梯。

楼梯输入必须在楼层层高确定后输入，若在【各层信息】中改变了层高，则楼梯有可能高于或低于楼层，需要将相关楼梯删除重建。输入楼梯应注意避免梯宽过宽导致重叠，每跑起始位置和终止位置过于精确，导致模型产生一些很窄的楼梯板。应尽量使楼梯各构件的搭接关系准确，例如有梯梁梯柱的地方就要输入梯梁、梯柱，缺少构件的楼梯模型在计算时可能产生不真实的振动，而这些不真实振动有可能造成周边梁柱非真实超筋。

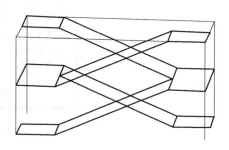

图 2-40　交叉楼梯

楼梯底部若无梯梁支撑，最下一块楼梯板将自动固接。

2.8　数 据 检 查

图形录入有两步数检。第一步：编辑完每一标准层，进行数据检查，检查本层数据是否合理，利用【层间编辑】工具可对多个标准层同时进行检查；第二步：生成 GSSAP 结构计算数据进行导荷载，检查竖向构件数据的合理性。数检有错误时程序会生成警告信息文件，警告信息表中的内容分为警告信息和错误信息，错误信息必须改正，警告信息（前加 * 号）则提示为非正常情况，设计者应视情况决定改正与否。

在录入系统中点击【数据检查】和生成计算数据的警告对话框中的警告条文，程序自动把对应的梁、柱墙、板移到屏幕正中，光标自动移到警告的梁、柱墙、板上，若对应的标准层不在录入中将自动调入。

数检没有严重错误才能进入【楼板、次梁和砖混计算】和【通用计算 GSSAP】，点击水平工具栏中【生成 GSSAP 数据文件】按钮，生成 GSSAP 数据，方可进行下一步计算。

如需基础设计，则需要点击水平工具栏【生成基础 CAD 接口文件】，这样在基础 CAD 模块中才能导入结构底层的墙柱定位尺寸。

2.9　打 印 计 算 简 图

图形录入中通常需要打印的简图为荷载图。可点击菜单【工程】—【批量生成 DWG 文件】，出现图 2-41 所示对话框，点击【确定】后程序将简图导出为 DWG 格式文件，可用 AutoCAD 等程序编辑并打印。

也可点击屏幕菜单【平面简图】菜单，在软件中查看计算简图。点击【平面简图】菜单—【构件警告】，根据命令行提示输入"R"并回车，可读入、录入和后续计算和配筋得到的警告信息，并将有警告的构件显示为红色。当鼠标在这些构件上浮动时，程序会给出

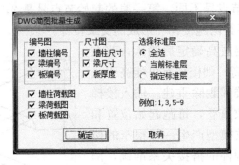

图 2-41　批量导出计算简图

具体的错误提示信息。

2.10　其他命令操作

2.10.1　层间拷贝

编辑完一个标准层之后，跳到另外一个标准层编辑的时候会自动出现图 2-42 提示框。

此时，可以选择将已经编辑完成的任一标准层全部复制到即将编辑的标准层中。另外，也可以选择菜单【平面图形编辑】—【层间拷贝】，选择部分内容进行层间拷贝。

2.10.2　插入工程

选择水平工具栏【插入工程】按钮，可以以一个模型为基础，把多个结构模型拼装成一个工程，用于大型复杂工程的多人合作作业。

2.10.3　寻找构件

此功能方便用户检查构件，选择水平工具栏【寻找构件】按钮，出现图 2-43 对话框。

图 2-42　跨层复制提示

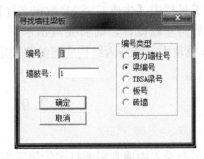

图 2-43　寻找构件

2.10.4　层间修改

选择状态栏【多层修改】开关，可以进行多层同时操作，例如数据检查、构件建模等。

2.11 例　题

下面以一个框架—剪力墙结构的例题来说明建模和设计的过程。

例题： 某 12 层综合办公楼，标准层平面如图 2-44 所示，屋面平面如图 2-45 所示属丙类建筑。抗震设防烈度为 7 度，场地类别 Ⅱ 类，设计地震分组为第一组，基本风压 $\omega_o=0.5\mathrm{kN/m^2}$，地面粗糙度为 B 类。工程的建筑平、剖面示意图见图 2-44～图 2-46，地下室一层，层高 4m，首层 3.6m，二～十二层层高均为 3.3m，楼电梯间层高 3.1m，剪力墙门洞高均取 2.2m，内、外围护墙选用加气混凝土砌块，墙厚 190mm。

解： 一、结构布置

经过对建筑高度、使用要求、材料用量、抗震要求、造价等因素综合考虑后，采用钢筋混凝土框架—剪力墙结构。

混凝土强度等级选用：梁、板：C25；墙、柱地下室层为 C35，二～十四层为 C30。

按照建筑设计确定的轴线尺寸和结构布置原则进行布置。剪力墙除电梯井及楼梯间布置外，在②、⑥、⑨轴各设一道墙。二～十二层结构布置平面图如图 2-46 所示。

二、确定柱截面尺寸

本结构框架抗震等级为三级，查《建筑抗震设计规范》GB 50011—2010 表 6.3.6，轴压比限值 $\mu_N=0.90$；办公楼荷载相对小，取 $q_k=12\mathrm{kN/m^2}$；楼层数 $n=13$（主体结构）；弯矩对中柱影响较小，取弯矩影响调整系数 $\alpha=1.1$；地下室墙柱采用 C35 混凝土，$f_c=16.7\mathrm{N/mm^2}$，首层墙柱采用 C30 混凝土，$f_c=14.3\mathrm{N/mm^2}$；恒、活载分项系数的加权平均值 $\bar\gamma=1.25$。

地下室层中柱负荷面积：$A=5.4\times\left(\dfrac{7.2}{2}+\dfrac{8.4}{2}\right)=42.12\mathrm{m^2}$

$$A_c=\frac{\alpha\cdot\bar\gamma\cdot q_k\cdot A\cdot n}{\mu_N\cdot f_c}=\frac{1.1\times1.25\times12\mathrm{kN/m^2}\times42.12\mathrm{m^2}\times13\times10^3}{0.90\times16.7\mathrm{N/mm^2}}=601113.77\mathrm{mm^2}$$

边长为 0.77m，于是柱边长取 $a=0.8$m。

地下室层边柱负荷面积 $A=5.4\times8.4/2=22.68\mathrm{m^2}$，取 $a=1.2$，其余参数与中柱相同。

$A_c=a^2=0.3531\mathrm{m^2}$ 于是柱边长取 $a=0.6$m。

用与地下室层类似的做法可得各层柱截面尺寸，考虑到各柱尺寸不宜相差太大以及柱抗侧移刚度应有一定保证，柱子沿竖向变一次截面，因此初选柱截面尺寸为：

第二标准层，即二～六层中柱 $800\times800\mathrm{mm^2}$，边柱 $600\times600\mathrm{mm^2}$；

第三标准层，即七～十二层中柱 $600\times600\mathrm{mm^2}$，边柱 $500\times500\mathrm{mm^2}$；剪力墙厚 250mm。

标准层划分：未考虑基础梁层，则地下室一层、地面十二层、出屋面小塔楼一层，故结构计算总层数为 14 层，建模时标准层数为五个，第一标准层为地下室层；第二标准层为二～六层；第三标准层为七～十一层；第四标准层为天面层；第五标准层为出屋面小塔楼层。

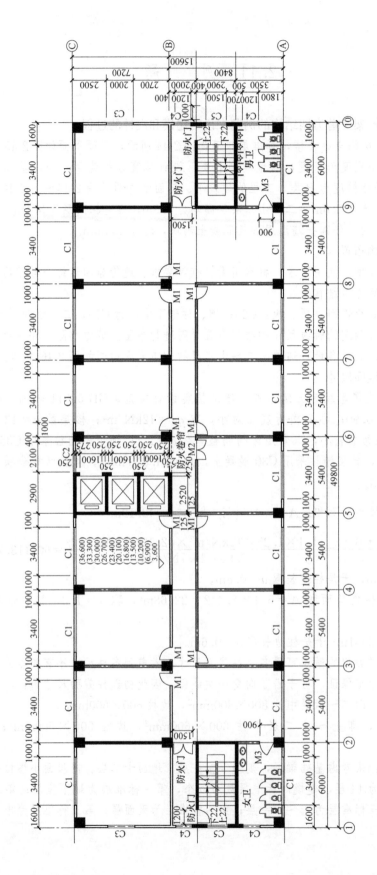

图 2-44 二~十二层平面图 (1 : 100)

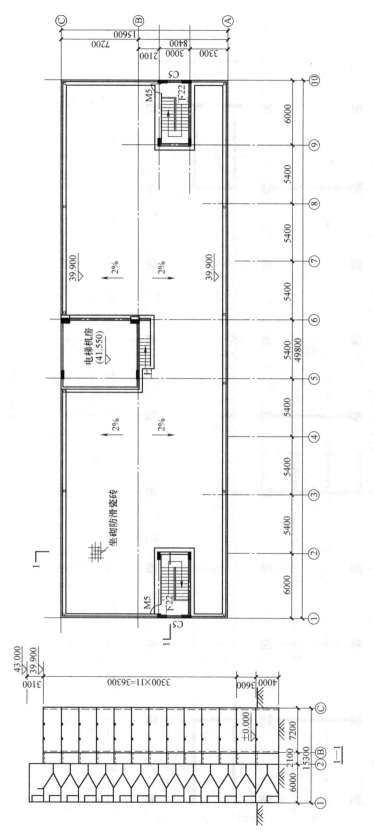

图 2-45　屋面平面图及剖面图（1：100）

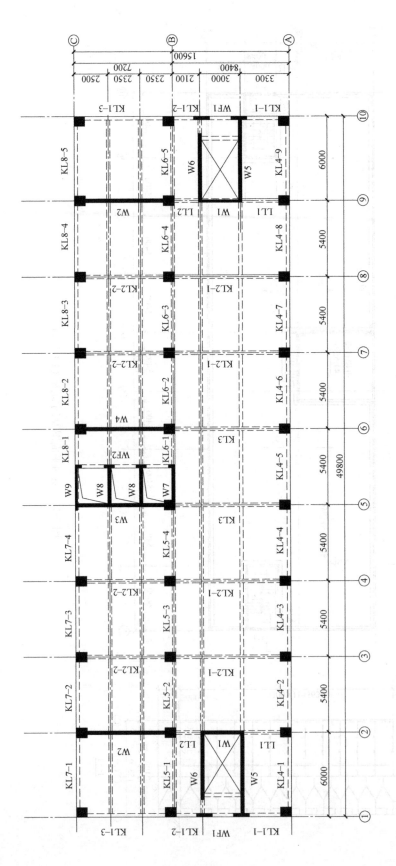

图 2-46　二~十二层结构布置图 (1∶100)

三、布置墙、柱及连梁开洞

1. 确定柱截面尺寸

进入柱截面尺寸菜单，见图 2-23，1、3 默认为混凝土柱；12 默认为钢管混凝土柱；13、14、15、16 默认为型钢混凝土柱；其余默认为钢柱。

选择本设计的柱截面尺寸：$B \times H$：800×800（一～六层中柱）、600×600（一～六层边柱、七～十四层中柱）、500×500（七～十三层边柱、十四层柱）加入库，见图 2-47。

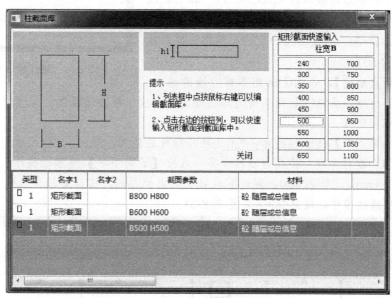

图 2-47　柱截面库

选定 800×800mm^2 柱截面，点按【轴点建柱】，窗选 Ⓑ 轴线布柱；选定 600×600mm^2 柱截面，点按【轴点建柱】，窗选 Ⓐ、Ⓒ 轴线布柱，见图 2-48。

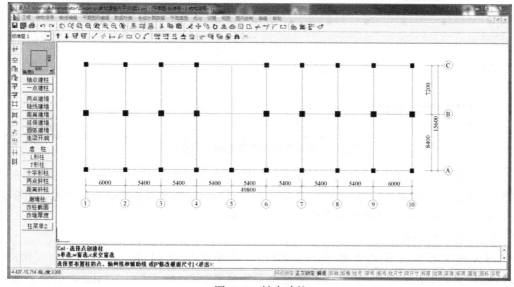

图 2-48　轴点建柱

2. 确定墙截面尺寸

按【轴线建墙】，点选墙厚对话框，弹出图 2-49 修改墙体厚度为 250mm，偏心Ⓐ＝0，点选②、⑤、⑥、⑨轴线的Ⓑ-Ⓒ段布置剪力墙（图 2-50）。

点按【距离建墙】，点选①轴-Ⓐ—Ⓑ段轴线的下端，提示栏提示：离左/下部距离，输入 3300，将鼠标移到②轴-Ⓐ—Ⓑ段轴线的下端，同样按提示输入3300。完成了一条墙的输入，点选②轴-Ⓐ—Ⓑ段轴线的上端，提示栏提示：离右/上部距离，输入 2100，将鼠标移到②轴-Ⓐ—Ⓑ段轴线的上端，同样按提示输入 2100（图 2-50）。

图 2-49 轴线建墙参数

点按【两点建墙】，点选①轴两条剪力墙的端点，形成一段新剪力墙，点选②轴两条剪力墙的端点，形成了剪力墙筒体。同理建立右边楼梯间筒体和电梯间筒体。

点按【Y向上平】提示栏提示："上边线与轴线的距离"（mm），输入 0，窗选Ⓒ轴线上的电梯井墙，该剪力墙外边线与轴线平齐。点按【Y向下平】提示栏提示："上边线与轴线的距离"（mm），输入 100，窗选Ⓑ轴线上的电梯井墙，该剪力墙外边线与轴线相距100mm（轴线通过墙中，墙厚200），见图 2-51。

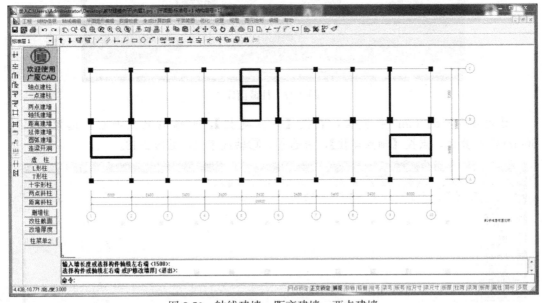

图 2-50 轴线建墙、距离建墙、两点建墙

点按【连梁开洞】，弹出图 2-27 对话框，离墙肢端距离：0；连梁长度：1200；连梁高度：（层高－洞口高＝3600－2200＝1400）。点选①—②轴线楼梯间剪力墙左端，出现洞口。同理处理另一楼梯间和电梯间的洞口，见图 2-52。

3. 确定梁截面尺寸

横向框架梁最大计算跨度 $l_b = 8.275$m，梁高取 $h_b = (1/10 \sim 1/18)l_b = 0.828 \sim 0.460$m，梁宽度 $b = (1/2 \sim 1/4)h_b$，初选地下室梁宽 250mm；梁高 800mm；其余各层梁截面 250×700mm^2。

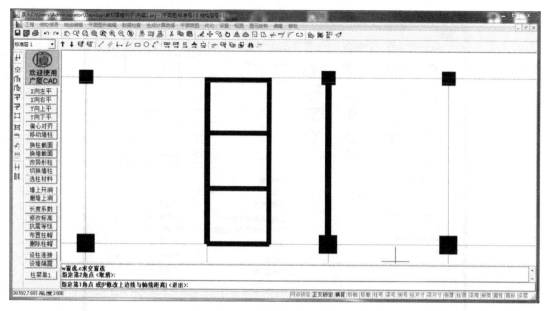

图 2-51　Y 向上平、Y 向下平

对纵向框架梁与横向类似的计算，可取截面尺寸：地下室 $250 \times 500 \text{mm}^2$，其余层为 $250 \times 450 \text{mm}^2$。$LL_1$、$LL_2$ 取 $250 \times 400 \text{mm}^2$，其他非框架梁取 $200 \times 400 \text{mm}^2$。

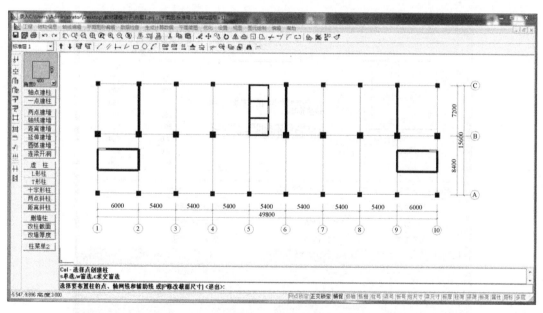

图 2-52　连梁开洞

布置主、次梁：

进入梁截面菜单，见图 2-53。

将选择的梁截面加入梁截面库，见图 2-54。

选择需要的截面，点按【轴线主梁】，选择要布置主梁的轴线，布主梁后显绿色。选择次梁截面，点按【距离次梁】、【两点次梁】布置次梁，布次梁后显蓝色，见图 2-55。

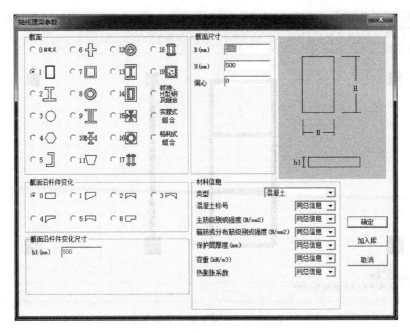

图 2-53　选择梁截面尺寸

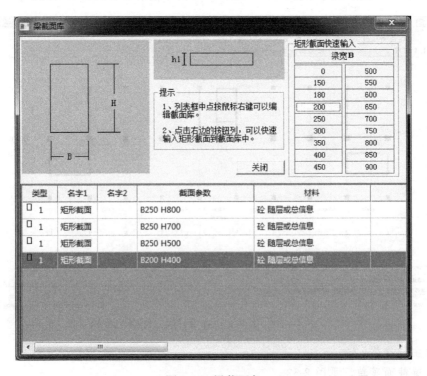

图 2-54　梁截面库

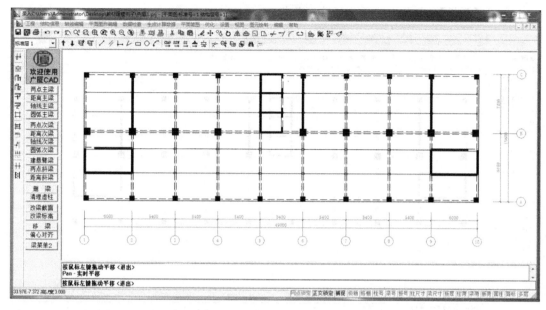

图 2-55　轴线主梁、距离次梁、两点次梁

四、确定板厚

根据《高层建筑混凝土结构技术规程》JGJ 3—2010 板的最小厚度不小于 80mm、顶层屋面板的板厚取 120mm，地下室顶板厚取 160mm。楼板按双向板短向跨度的 1/50 考虑，板厚 $h \geqslant L/50 = 3300/50 = 66mm$；考虑到保证结构的整体性，楼板厚选 $h = 100mm$。

布置现浇板：点按板厚窗，弹出图 2-56 板厚度对话框，输入板厚 100mm，默认板标高为 0mm（相对本层标高）。

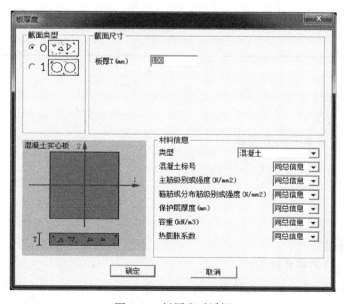

图 2-56　板厚度对话框

点按【布现浇板】，窗选整个结构布现浇板（图 2-57）。

点按【删板】，删除电梯间、楼梯间的板。

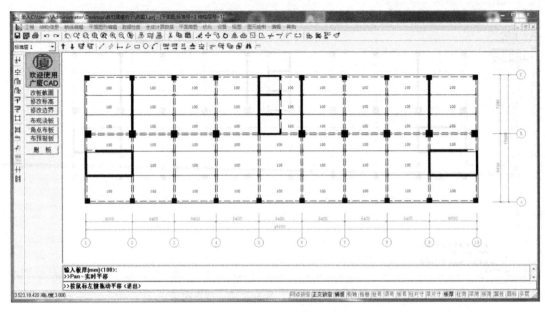

图 2-57　布现浇板、删板、改板厚

五、加板上荷载

楼板荷载计算

1）楼面荷载标准值

活载：（按办公楼取值）	2.0kN/m^2
恒载：20mm 花岗石面层，水泥浆抹缝	$0.02 \times 28 = 0.56 \text{kN/m}^2 \approx 0.6 \text{kN/m}^2$
30mm 1：3 干硬水泥砂浆	$0.03 \times 20 = 0.6 \text{kN/m}^2$
板底粉刷	0.36kN/m^2

恒载合计　　　　　　　　　　　　　　　　　　　　　　1.56kN/m^2

2）天面荷载标准值

活载：（上人屋面）	2.0kN/m^2
恒载：二毡三油加现浇保温层	2.86kN/m^2
板底粉刷	0.36kN/m^2

恒载合计　　　　　　　　　　　　　　　　　　　　　　3.22kN/m^2

3）电梯机房地面

活载：（按电梯间荷载取值）	7.0kN/m^2
恒载：30mm 1：3 干硬水泥砂浆	$0.03 \times 20 = 0.6 \text{kN/m}^2$

布板荷载（图 2-58）。

六、加梁上荷载

梁上隔墙荷载计算：

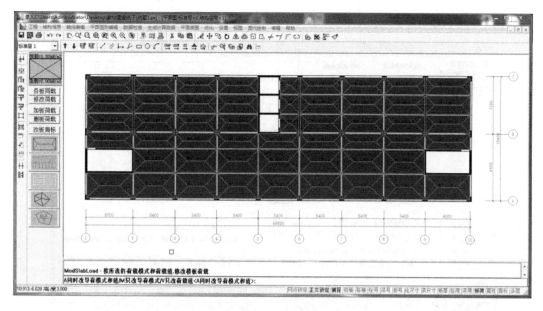

图 2-58　板荷载录入

内外围护墙自重

1) 外围护墙（每单位面积自重）

瓷砖墙面	$0.5kN/m^2$
190 厚蒸压粉煤灰加气混凝土砌块	$0.19 \times 8.5 = 1.615kN/m^2$
石灰粗砂粉刷层	$0.36kN/m^2$
合计：	$2.475kN/m^2$
首层横墙上	$(3.6-0.7) \times 2.475 = 7.177kN/m$
首层纵墙上	$(3.6-0.45) \times 2.475 = 7.796kN/m$
标准层横墙上	$(3.3-0.7) \times 2.475 = 6.435kN/m$
标准层纵墙上	$(3.3-0.45) \times 2.475 = 7.054kN/m$

2) 内隔墙（每单位面积自重）

石灰粗砂粉刷层	$0.36 \times 2 = 0.720kN/m^2$
190 厚蒸压粉煤灰加气混凝土砌块	$0.19 \times 8.5 = 1.615kN/m^2$
合计：	$2.335kN/m^2$
首层横墙上	$(3.6-0.7) \times 2.335 = 6.77kN/m$
首层纵墙上	$(3.6-0.45) \times 2.335 = 7.355kN/m$
标准层横墙上	$(3.3-0.7) \times 2.335 = 6.07kN/m$
标准层纵墙上	$(3.3-0.45) \times 2.335 = 6.655kN/m$
梯梁均布荷载（扣除梯间楼板传递的荷载）	$7.17kN/m$
扶手（0.9m 高）传来集中荷载	$3.35kN$

七、加墙柱荷载：该例题没有外加墙、柱荷载。

八、楼梯编辑

楼梯设计数据见图 2-59。

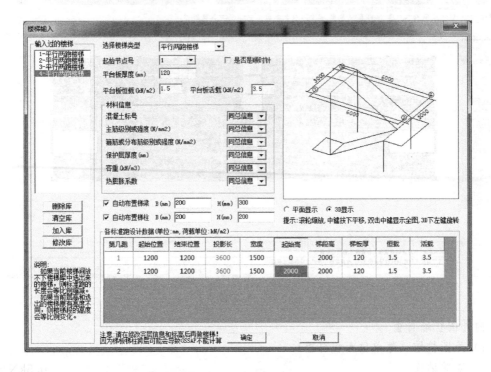

图 2-59 楼梯设计数据

在图 2-60 选择楼梯类型下拉框里面选择【平行两跑楼梯】。

起始节点号下拉框选择楼梯起始位置，图 2-61 数字表示节点号，起始节点号选择 1，旋转方向为逆时针。平板台厚度取 120mm，恒载 1.5kN/m²，活载按《建筑结构荷载规范》GB 50009—2012 取 3.5kN/m²（图 2-62）。

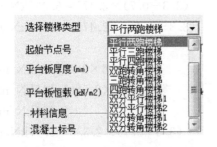

图 2-60 选择楼梯类型

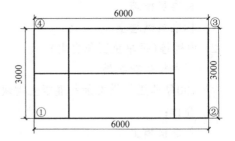

图 2-61 楼梯俯视图

保存该层信息，进入第二标准层，程序提示第二标准层与哪层相同？输入 1，即与第一标准层相同。在第二标准层修改构件尺寸和梁、板上荷载；存盘生成第二标准层。

同理生成其他标准层。

进行【数据检查】通过后保存数据，生成 GSSAP 计算数据，生成基础 CAD 数据。

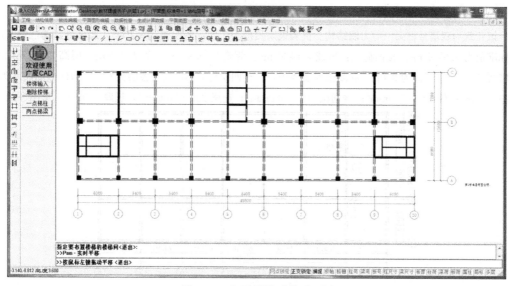

图 2-62 布置楼梯后的平面图

练习与思考题

课堂练习题:

课堂练习题一(练习点):建立轴网;墙柱、梁、板输入;荷载输入;建立标准层,修改已有标准层;修改构件截面。

15 层框架—剪力墙结构,上面 2 层为纯框架。设计抗震设防烈度为 7 度,场地类别为Ⅱ类,地震分组为一组,风压标准值为 $0.3kN/m^2$。楼面荷载:恒载 $1.5kN/m^2$、活载 $2.5kN/m^2$。一、二层层高为 3.9m。三~十五层层高为 3.0m。混凝土强度等级:一~十层墙、柱为 C30,十一~十五层墙、柱为 C25。梁、板全部为 C25。墙截面均为 250mm 厚;柱截面:一~十三层为 $600×600mm^2$,十四、十五层为 $500×500mm^2$;梁截面均为 $300×500mm^2$,板厚为 150mm,见图 2-63。试建立此建筑物的计算模型。

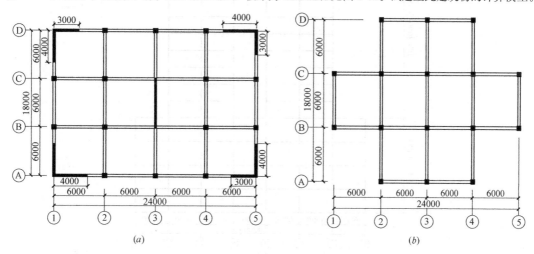

(a)   (b)

图 2-63 标准层结构布置图

(a)第一标准层结构布置图;(b)第二标准层结构布置图

课堂练习题二（练习点）：设置塔块、下端连接号、标准层的划分。

该建筑为双塔楼框架-剪力墙结构。抗震设防烈度为 7 度，场地类别为 II 类，地震分组为二组，风压标准值为 0.5kN/m²。楼面荷载：恒载 2.0kN/m²、活载 2.5kN/m²。底盘共 4 层，层高为 4.2m；两个塔楼各 10 层，层高为 3.0m。混凝土强度等级：一～四层为 C30，其余各层为 C25。构件截面尺寸为：墙厚 200mm；柱 500×500mm²；普通梁 300×500mm²，连梁 200×700mm²，板厚 150mm，见图 2-64。

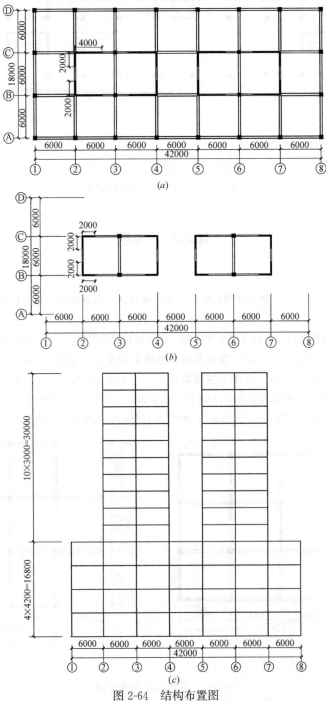

图 2-64 结构布置图

(a) 第一标准层结构平面布置图；(b) 第二标准层结构平面布置图；(c) 剖面图

课堂练习题三（练习点）：建立轴网、墙柱、圆柱、斜柱、梁输入；荷载输入；修改平面。

该建筑为纯框架结构。一层中部有 4 根跨两层的连层圆柱，且在二层和顶层有斜柱。抗震设防烈度为 7 度，场地类别为Ⅱ类，地震分组为一组，风压标准值为 0.3kN/m²。楼面荷载：恒载 2.0kN/m²、活载 2.5kN/m²。构件截面尺寸：普通柱及斜柱为 400×400mm²，连层柱为直径 600mm 的圆柱；梁为 300×500mm²，板厚 120mm。底层层高为 4.5m，其余层层高为 3.0m。混凝土强度等级：一~三层为 C30，其余各层为 C25，见图 2-65。

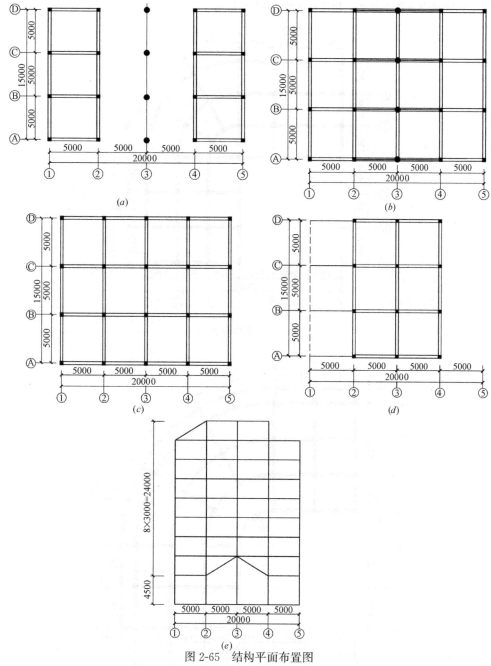

图 2-65　结构平面布置图

（*a*）第一标准层结构平面布置图；（*b*）第二标准层结构平面布置图；（*c*）第三标准层结构平面布置图；

（*d*）第四标准层结构平面布置图；（*e*）剖面图

课堂练习题四（练习点）：正交轴网、圆弧轴网的输入及轴网拼接。

1）某八层框架结构，结构布置如图 2-66，轴线 A～D 为 7 层上人屋面，轴线 D～G 为 8 层不上人屋面。抗震设防烈度为 7 度，Ⅱ类场地土，地震分组为Ⅱ组，基本风压 $0.5 \mathrm{kN/m^2}$。层高 3.3m，柱截面 $500 \times 500 \mathrm{mm^2}$，梁截面 $200 \times 450 \mathrm{mm^2}$，板厚 $100 \mathrm{mm^2}$，梁板混凝土强度等级为 C25，柱混凝土强度等级为 C30。楼面恒载 $1.5 \mathrm{kN/m^2}$，活载 $2.5 \mathrm{kN/m^2}$，上人天面恒载 $2.5 \mathrm{kN/m^2}$，活载 $3.0 \mathrm{kN/m^2}$，不上人天面恒载 $2.5 \mathrm{kN/m^2}$，活载 $1.5 \mathrm{kN/m^2}$，试建立此建筑物计算模型。

2）当结构布置如图 2-67 时，用广厦建模，布置该结构。

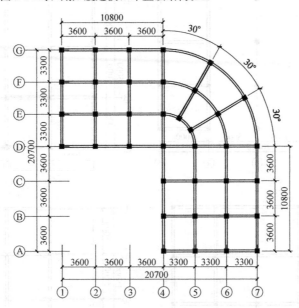

图 2-66 平面布置图

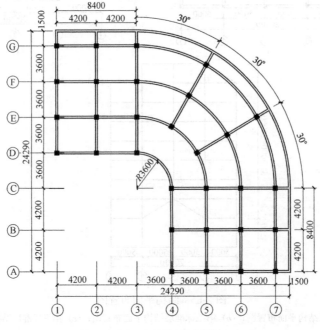

图 2-67 平面布置图

48

课堂练习题五（练习点）：综合练习，结构布置、确定构件尺寸和材料、计算荷载，对结构方案正确性进行分析并进行调整、基础设计、出施工图。

本项目为 9 层纯框架住宅，丙类建筑。每层层高 3m，顶层梯间层高 2.8m，场地土类别为 II 类，基本风压为 $0.5kN/m^2$，地面粗糙度为 C 类，抗震设防烈度为 7 度，地震分组为 3 组，内外维护墙厚 190mm，采用加气混凝土砌块（加气混凝土砌块容重 $8.5kN/m^3$），见图 2-68。

要求：

1. 同学们自己设计结构方案；确定杆件截面尺寸；确定板、梁、墙柱荷载；总体信息取值。

2. 进行数据检查，并对原方案进行修改直到数检通过。

3. 进行楼板计算，确定各板的边界条件；对天面指定屋面板。

4. 查看计算结果，对计算结果进行分析，并对原方案进行调整，使其满足周期、振型、位移、内力平衡等基本要求。

5. 对结构进行计算，配筋计算，修改结构施工图。

6. 进行基础设计。

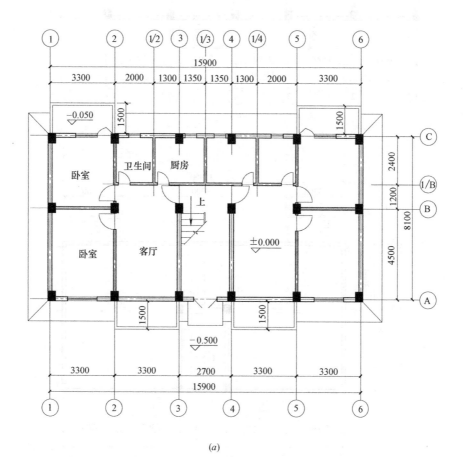

(a)

图 2-68 标准层平面图

(a) 首层平面图

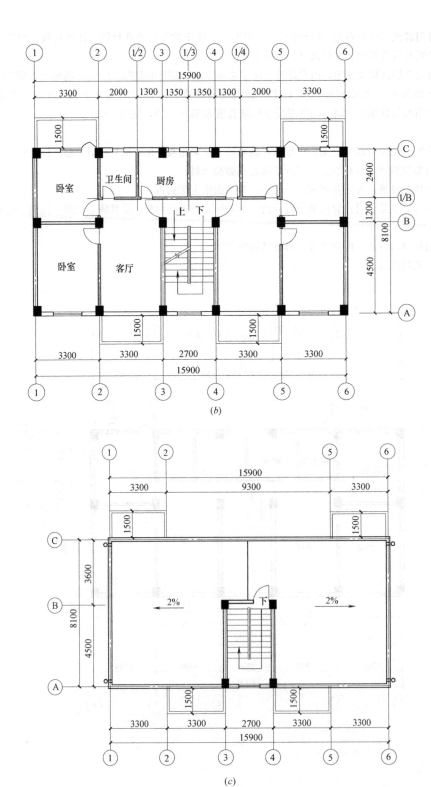

图 2-68 标准层平面图（续）

(b) 标准层平面图；(c) 天面平面图

思考题：

1. 试述结构建模的主要步骤。

2. 什么是结构层、标准层、塔块？它们与自然层有什么不同？

3. 在输入荷载时，楼面恒载包括哪些内容？

4. 如何检查荷载图？如何检查结构图形，如何寻找构件？

5. 怎么建斜屋面？

6. 怎么建悬臂梁？当无内跨梁，直接在横梁上怎么建悬臂梁？

7. 简述录入系统中三种查错方法。其中出现的错误、警告信息如何处理？

8. 列出楼梯处板的录入的方法。

9. 地下室部分没有风荷载，当有地下室时如何处理"地面层对应层号"？

10. 简述建悬臂板的一般过程。其中虚梁的作用是什么？

11. 层高 3.6m，在 3.0m 的标高处有一雨篷，挑出 1.5m，长度 8m（柱距 8m），在广厦中如何输入，广厦可以计算吗？

第3章 确定结构方案

第2章讲述了建模命令，建模是将已有的结构方案输入软件中，而确定结构方案却要长期的实践和经验积累。总的说来确定结构方案是在一定限定条件下，使布置的结构性能最优的过程，在这个过程中，结构方案由粗到精，通常又分为方案设计、初步设计和施工图设计三个阶段。

3.1 准备设计资料

从图3-1可知，结构设计的前提资料主要为两类，一类是建筑所在地的地质与环境资料，另一类为建筑工程师提交的建筑资料。

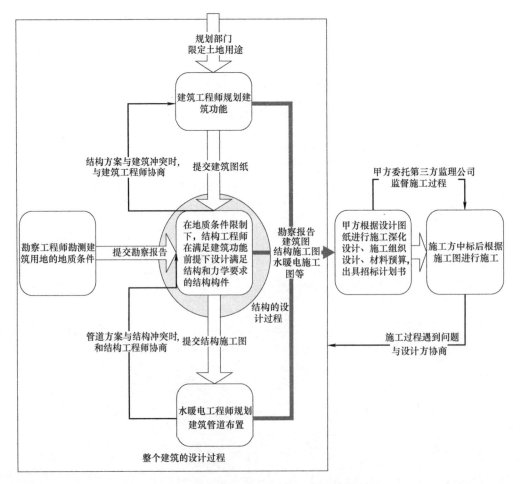

图3-1 结构设计在建筑设计过程中的位置

3.1.1 地质与环境资料

地质与环境资料一部分由勘察报告中获得，另一部分由有关标准、法规中查得。

1. 抗震设防分类标准：根据使用功能和遭遇灾害后果划分为甲、乙、丙、丁四类，可根据《建筑工程抗震设防分类标准》GB 50223—2008 查得。

2. 地震设防烈度、设计基本地震加速度和设计地震分组：是计算地震作用的基本资料，可根据抗震设防分类标准在《中国地震动参数区划图》GB 18306—2015 或《建筑抗震设计规范》GB 50011—2010 查得。

3. 建筑物所在场地的基本风压、地面粗糙度类别、风荷载体型系数：是计算风荷载的基本资料，一般可由《建筑结构荷载规范》GB 50009—2012 查得。复杂结构可从风洞试验中获得风荷载体型系数。

4. 常见设计荷载：雪荷载、楼（屋）面使用荷载、厂房的积灰荷载及其他特殊荷载，也由《建筑结构荷载规范》GB 50009—2012 查得。

5. 设备类荷载：例如吊车荷载、电梯荷载、试验设备等由设备资料中获得。

6. 场地类别：一般由勘察报告提供。

7. 地质和水文情况：可决定建筑物采用的基础形式和埋深；地下室是做防水还是防湿处理；是否需要做抗浮设计及抗浮措施等，由勘察报告提供。

8. 地基土冻胀和融陷情况：北方冻土地区需要调查冻土深度，以确定基底埋深，也由勘察报告提供。

3.1.2 建筑要求

建筑图及有关书面要求和设计任务书是主要的设计依据。它提供了以下信息：

1. 建筑平、立、剖面图、±0.000 相对高程、室内外高差、室外是否填土。

2. 建筑总高度、高宽比和体型：决定了结构体系，结构是否分缝，风荷载计算参数（体型系数，是否要考虑风振影响等）。

3. 地下室层数：影响基础的形式、深度和基坑开挖深度。

4. 上部结构嵌固或侧土约束的位置：由地下室楼盖形式和地下室侧土情况确定。

5. 楼层使用功能分布及尺寸：决定楼层净高、墙柱梁板的布置、楼面荷载的分布，楼板、梁上是否开洞，洞边是否有梁等。

6. 室内外隔墙布置情况：决定梁上线荷载的布置，部分隔墙荷载也有可能落在板上。

7. 楼梯的位置及尺寸：决定楼梯的结构形式、梯边是否布剪力墙。

8. 厕所形式和尺寸：决定卫生间板的做法（沉板下凹深度或者双层板等）。

9. 屋面坡度做法：决定是做结构找坡还是建筑找坡，若是建筑找坡需要考虑找坡增加的楼面荷载。

10. 天面吊顶做法：影响楼板和梁的相互位置，以及吊顶荷载的布置。

11. 外墙做法和材料：影响外墙结构和外墙荷载。

12. 其他：电梯坑深度、消防集水井位置及深度、扶梯的平面位置及尺寸、起始梯坑平面图尺寸及深度、车道出入口高度、大厨房地面做法等。

3.2 确定结构体系

获取设计所需资料后，首先需确定采用的结构形式。从材料上分有砌体、钢和混凝土结构。砌体结构目前使用较少，本书在最后一章将会简要介绍如何用广厦结构 CAD 软件设计砖混结构。从结构体系上讲，常见钢结构体系有钢框架、刚架、排架、桁架、网架、网壳等，常见混凝土结构体系有排架、框架、框架—剪力墙（框剪）、剪力墙、框架—核心筒、板柱墙、框支转换结构等。结构体系的具体采用取决于：规范要求、建筑功能要求、结构工程师设计水平、当地施工水平、当地习惯材料和经济水平等。同一栋建筑物中的不同部位，由于要满足不同的建筑功能，还可能同时采用两种以上的结构体系。本节主要说明在广厦软件中如何选择混凝土结构的结构体系，并且只涉及规范要求和建筑功能要求。

现浇钢筋混凝土房屋适用的最大高度（m）（《抗规》表 6.1.1） 表 3-1

结构类型		烈度				
		6	7	8(0.2g)	8(0.3g)	9
框架		60	50	40	35	24
框架—抗震墙		130	120	100	80	50
抗震墙		140	120	100	80	60
部分框支抗震墙		120	100	80	50	不应采用
筒体	框架—核心筒	150	130	100	90	70
	筒中筒	180	150	120	100	80
板柱-抗震墙		80	70	55	40	不应采用

注：《建筑抗震设计规范》GB 50011—2010 简称《抗规》。

表 3-1 说明了有抗震要求的混凝土建筑限制高度。可以看出框架结构适用高度最小，筒体结构适用高度最大，因抗震设计主要是抵抗水平地震作用，结构抗水平力能力一定程度上以结构抗侧刚度来衡量。框架结构的刚度小，而剪力墙结构的抗侧刚度远大于框架结构，框剪结构则介于两者之间，而闭合的剪力墙（筒体）有更大的刚度。

除刚度要求外，高层建筑还有稳定性要求，《高层建筑混凝土结构技术规程》JGJ 3—2010（下文简称《高规》）中表 3.3.2 对不同结构体系还有高宽比要求（表 3-2）。

钢筋混凝土高层建筑结构适用的最大高宽比（《高规》表 3.3.2） 表 3-2

结构体系	非抗震设计	抗震设防烈度		
		6、7 度	8 度	9 度
框架	5	4	3	—
板柱—剪力墙	6	5	4	—
框架—剪力墙、剪力墙	7	6	5	4
框架—核心筒	8	7	6	4
筒中筒	8	8	7	5

结构体系与建筑的关系：

1. **框架结构**：由板梁柱构件组成，优点是可布置较大空间，且空间布置灵活，在一些商场、办公楼、厂房、教室中经常采用。

2. **剪力墙结构**：所有竖向构件均采用剪力墙，虽然允许最大高度比框架结构高，但由于墙体多不容易布置较大的房间，适合于房间面积不大的高层住宅、办公楼、酒店建筑。

3. **框剪结构**：在框架结构中布置一定数量的剪力墙，兼具框架和剪力墙的优点。揉和两种体系的结构抗震设计有一定的复杂度，如规范中要求框剪结构做框架剪力调整。

4. **框支转换结构**：底层为商场或餐厅等大空间、上层为住宅的结构，可采用底层做框架、上层做剪力墙的方案，即框支转换结构。近年来颇受欢迎，但显然框支转换结构的抗震设计更复杂。

5. **框筒结构**：在超出前述结构体系的适用最大高度时可利用电梯和楼梯布置空间筒体来抵抗水平力，在筒体周边布置框架柱承担竖向荷载的方案。

下面以两个例子说明结构方案布置：

例题 3-1：

图 3-2 为某九层政务服务大楼建筑图，建筑总高度 33.6m，其中首层层高 4.8m，二～九层高 3.6m（无地下室，地上 9 层）。结构抗震设防烈度为 7 度，设计基本地震加速度值为 0.10g，II 类场地，设计地震分组为第二组。基本风压值 0.3kN/m²，地面粗糙度类别为 B 类。

本例左边是办公楼，右边是会议室，要求房间开间较大，适合做框架结构，同时查表 3-1 可知建筑总高度小于规范对框架结构的最大高度要求。

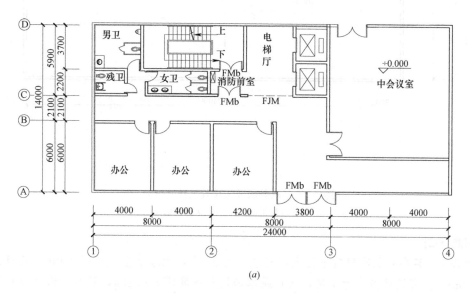

(a)

图 3-2 某政务服务大楼建筑图

(a) 首层平面图

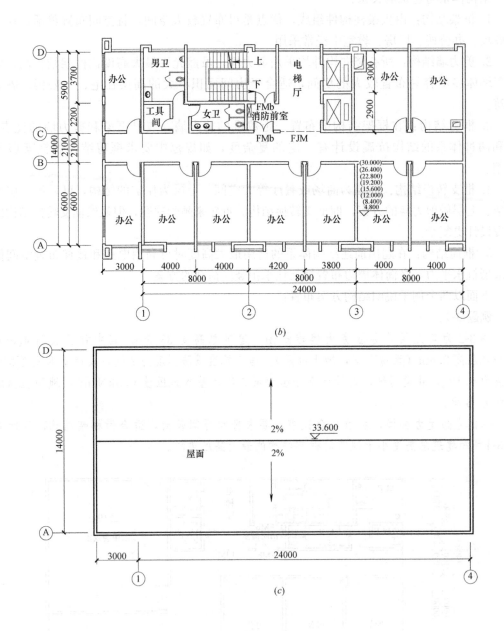

图 3-2 某政务服务大楼建筑图（续）

(b) 二～九层平面图 ；(c) 天面平面图

例题 3-2：

图 3-3 为某高层住宅建筑平面图，其中地上 32 层，无地下室，层高 3.0m，建筑总高度 96.0m。抗震设防烈度为 7 度，设计基本地震加速度值为 0.10g，Ⅱ 类场地，设计地震分组为第一组。基本风压值 $w_0 = 0.7 \text{kN/m}^2$，地面粗糙度类别为 B 类。

本例是住宅，建筑总高度超过 7 度设防框架结构最高 50m 的要求，低于剪力墙结构最高 120m 要求，房间开间较小，因此适合做剪力墙结构。

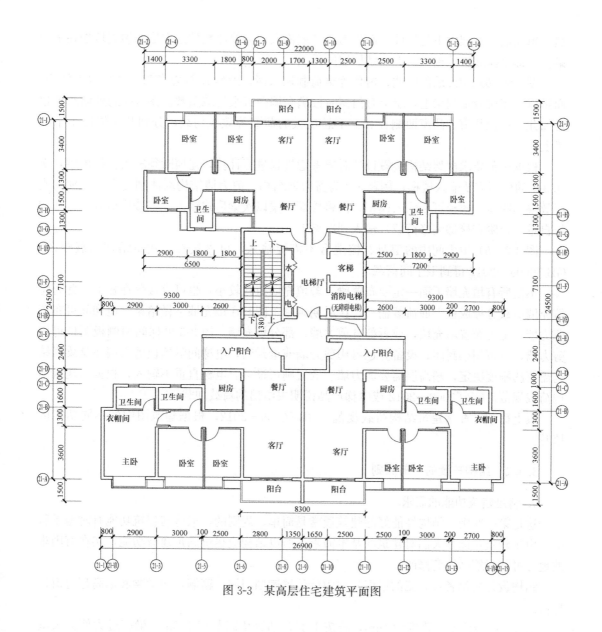

图 3-3　某高层住宅建筑平面图

3.3　结构方案布置

确定结构体系后，按建筑要求确定楼层总层数，根据楼层相似程度确定标准层数，填写图 2-17 所示各层信息表，在标准层中布置结构构件。

3.3.1　认识建筑图

首先需认识建筑图，分辨哪些图元需要作为结构构件输入，哪些图元转化为荷载输入，哪些图元不需输入。

图 3-2 中为没有布柱的建筑图，结构设计首先需要布置合理的柱网；内、外墙为填充

墙，填充墙在框架中不是构件，而作为梁荷载输入，需要注意的是本层的填充墙加在下层梁上，即梁荷载应该输入到下一结构层的梁上。

图 3-2（b）中外墙的空调、窗作为梁荷载输入时，通常并不会将荷载计算得很精确，而是以均布荷载加到梁上，墙上有门窗时按满布墙荷载乘折减系数。图 3-3 的外墙凸窗也是如此，可把凸窗、凸窗两侧板和上下悬挑板的荷载等效成均载，分到凸窗锚固上下的梁上。

根据规范要求框架结构抗震设计时要考虑楼梯进行计算，建模时须输入楼梯模型，例题 3-1 的模型需要输入楼梯；例题 3-2 为剪力墙结构，剪力墙结构墙体刚度大，楼梯的支撑效果不明显，楼梯可不输入模型，而将楼面梯梁以次梁形式输入，把楼梯荷载（包括梯板自重、台阶和楼梯装修荷载）输入到次梁上。

图 3-2（b）卫生间中的卫具、梳洗台不需要输入，可直接查《建筑结构荷载规范》GB 50009—2012 得到卫生间荷载。

不是所有填充墙下面一定要布置梁，若填充墙荷载较小，也可直接落在板上，此时将填充墙荷载分摊成板上面荷载输入，在后期画施工图时在填充墙下做暗梁。电梯间可布置剪力墙，也可布置填充墙，或者部分剪力墙、部分填充墙。图 3-3 电梯间两侧板洞口可用剪力墙，也可用梁封闭；设备井也可用剪力墙或梁封闭，电梯间隔墙设剪力墙还是梁由结构需要的刚度决定，超高层需要剪力墙、低层则可设梁。电梯自重不输入，根据《建筑结构荷载规范》GB 50009—2012 或电梯产品说明书给出的荷载加载。

板上荷载可查《建筑结构荷载规范》GB 50009—2012，根据建筑图中的不同功能区填写。

3.3.2 结构布置的一般原则

1. 满足建筑功能的需求

这是第一原则。结构性能好的建筑通常是简单、规则的，但这与建筑功能有时是矛盾的。由于建筑功能是人们对建筑的基本需求，所以结构应尽量满足建筑功能，实在有困难的地方可和建筑师协商修改。

结构设计初学者容易犯的错误是剪力墙位置遮挡门洞、窗洞，或者梁底标高超过窗顶标高。

图 3-4 中会议室，跨度为 16m，若按 1/10L 估算梁高要到 1.6m，梁高过大使会议室的净空减小到 4.8-1.6＝3.2m，对这么大开间的建筑来说太小了，建筑要求净空 4.1 m，给结构的梁高只有 0.7m。若在会议室中间加一排柱，使得梁跨减半为 8m，则会使梁高处于一个合理范围，但会议室的建筑功能不允许中间柱遮挡视线，使得结构必须按 16m 设计梁跨，这时可采取井字梁等其他方案去处理。

2. 满足规范要求

高层建筑平面布置宜简单、规则、对称，减少偏心，且对平面长宽比有一定要求。对于复杂平面尽量在每个子功能区做到简单、规则，不能做到简单规则时可以分缝。对于剪力墙尽量布置为 L 形、T 形、C 形，避免布置为 Z 形、十字形甚至更复杂的形式，尽量避免一字墙。

3. 传力路径应简单和直接

传力路径应直接简单，传力路径分竖向和水平两个方向，竖向传递恒活载，水平传递风荷载或地震作用。

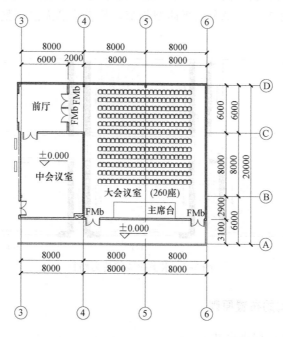

图 3-4　某大跨度会议室建筑平面图

竖向荷载传递中，1）恒活载由板传递到次梁，次梁传递到主梁，主梁传递到竖向构件（柱和剪力墙），次梁到柱墙的传递路径不宜超过 3 次；图 3-5 中左边部分荷载在梁上传递 3 次，右边部分荷载在梁上传递 4 次，故左边部分梁布置更为合理。2）恒活载由柱墙传递到基础宜连续，尽量避免转换，图 3-6（a）中部分荷载发生转换，柱荷载经梁传递到下柱；图 3-6（b）部分上柱荷载直接传递给下柱，故图 3-6（b）部分荷载传递更合理。

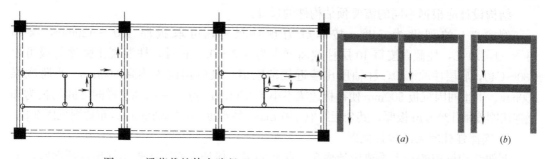

图 3-5　梁荷载的传力路径　　　　图 3-6　柱荷载的传力路径

水平荷载应尽量按直线、连续传递。图 3-7（a）中水平荷载呈折线传递，不如图 3-7（b）中按直线传递；图 3-7（c）中上下剪力墙应用梁相连，保证荷载能传递。

4．质量分布和刚度变化宜均匀，以减少结构扭转

5．认识薄弱部位，予以加强

一般在刚度突变的地方需要加强；悬臂梁端需要加强，建筑结构在水平力作用下可看

作悬臂柱，因此出地面的结构层需要加强；当结构平面从裙房收缩到塔楼，塔楼可看作嵌固于裙房的悬臂柱，因此类似此种体型收缩的部位也应加强；发生转换的部位［图 3-6（a）］需要加强；图 3-7（a）部分水平体型收窄，若梁墙已无法调整，也应考虑加厚板予以加强。

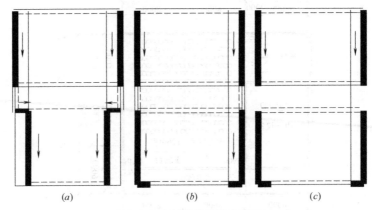

图 3-7　水平荷载的传力路径

3.3.3　框架结构的布置原则

1. 通过经验预估梁柱板尺寸

确定结构构件尺寸的因素有多种：

1）承载力：当水平力较小（地震力或风力）或房屋较矮，构件尺寸主要由承载力控制。

2）刚度：当水平力较大，为抵抗结构侧向位移而增大构件尺寸，构件尺寸远大于承受竖向荷载所需构件尺寸，此时构件尺寸由结构刚度控制。

3）使用要求：如很多卫生间需做沉板，为连接沉板两侧板的高差，该梁的截面高度需达高差高度，可能大于承载力需要的截面高度；为达到建筑立面效果，窗上梁的高度可能超过梁本身承载力和刚度要求的梁高等。

结构设计应根据不同的需要预估构件的尺寸。

例题 3-1 的烈度为 7 度，按承载力预估尺寸，可取板厚 100～120mm，梁高（1/8～1/12）L，柱截面按每 10 层柱截面增大为 0.3～0.4m² 计，柱混凝土强度等级可取 C30～C40，底层柱取 C40，柱轴压比接近规范限值。最后预设主梁高 600mm、小跨次梁 400mm、卫生间因沉板 500mm 使得板边梁不小于 600mm；除电梯间和楼梯间之间的板为加强连接刚度取 120 mm 板厚，其余板厚取 100 mm；柱截面 400×600mm²。布置图见图 3-8。

2. 确保强柱弱梁的设计概念

框架结构抗震的一个重要设计概念是强柱弱梁，保证大震下梁先于柱出现塑性铰，梁破坏起耗能作用并降低结构刚度，以保证竖向构件不破坏，使结构不至于迅速垮塌。

规范中有一系列确保强柱弱梁的构造措施，而在框架布置中梁截面小于柱截面，梁的混凝土强度等级低于同层柱的混凝土强度等级也是保证强柱弱梁的措施。

3.3.4　剪力墙结构的布置原则

1. 预估梁柱板尺寸。例题 3-2 的烈度为 7 度，按承载力预估尺寸，墙厚可取 400～

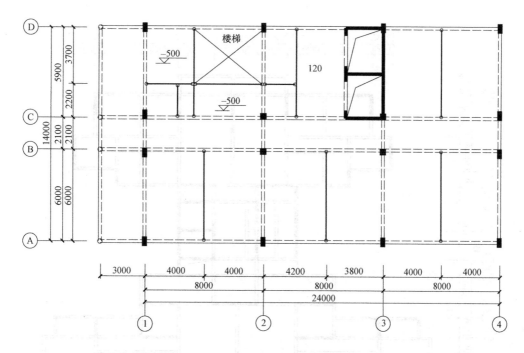

图 3-8 例题 3-1 结构布置图

200mm，向上逐步收缩，使剪力墙轴压比接近规范限值。《高层建筑混凝土结构技术规程》JGJ 3—2010（下文简称《高规》）中 7.2.1 条对剪力墙尺寸有一些规定。梁高除按经验估值外，外梁还要满足建筑外立面的要求。

2. 并非建筑图中有墙的地方要全部布置剪力墙，剪力墙刚度与长度成三次方关系，因此剪力墙不宜过长，应分散均匀布置，中间以弱梁连接。

3. 剪力墙也不宜过短，规范将长厚比小于 8 的墙认定为短肢墙，短肢墙的配筋率大于一般剪力墙，且轴压比限制更严，故尽量不布置或少布置短肢墙。

4. 角部尽量布墙，剪力墙离刚心越远，越能提高结构的抗扭刚度，结构抗扭是结构设计的重要内容。

剪力墙的厚度：以 30 层建筑作为参考，墙厚取 400～250mm。

剪力墙轴压比限制   表 3-3

抗震等级	一级（9 度）	一级（6、7、8 度）	二级	三级
剪力墙	0.4	0.5	0.6	0.6
短肢剪力墙	—	0.45	0.5	0.55
一字形短肢剪力墙	—	0.35	0.4	0.45

注：摘自《高规》表 7.2.13 及 7.2.2 条

混凝土的强度等级：以 30 层建筑作为参考，由 C25～C40（竖向每隔 7 层变一次），水平构件的混凝土强度等级应与竖向有合理的匹配。

电梯间、楼梯间的剪力墙可布置成内筒。

例题 3-2 的结构布置图如图 3-9 所示。

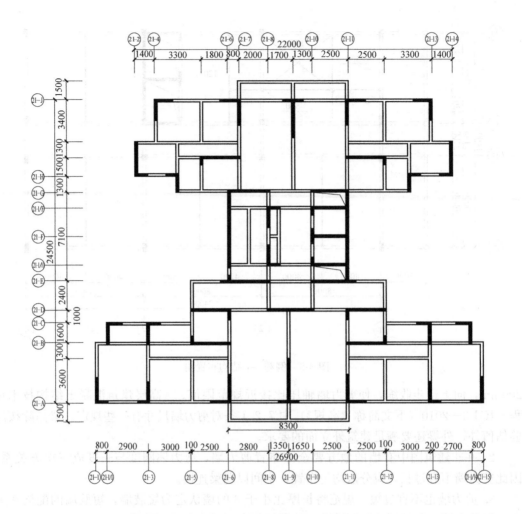

图 3-9　例题 3-2 结构布置图

练习与思考题

1. 若在一组建筑物模型中是否可采用两种以上结构体系？

2. 根据先整体再细部的原则，凸窗不输入模型，而按荷载输入到模型中。整体模型算完以后，凸窗自身需要做什么补充设计？

3. 为什么说次梁传递竖向荷载到主梁，主梁再传递到柱的过程不宜超过 3 次？

4. 为什么要尽量避免一字形剪力墙？

第4章　结构计算方法及基本假定

4.1　计算假定对计算结果的影响

真实的建筑物受力很复杂，计算时需要做一些计算假定，以突出主要矛盾，忽略次要矛盾。在不同的设计阶段有不同的主要矛盾，如整体计算时通常不关心构件的计算结果是否合理，构件是次要矛盾。当计算构件时构件的不同部位又分主要矛盾和次要矛盾，如板的面内刚度比较大会假定为无限刚，转而更关心板的面外变形和受力。这种思考方式既适合于计算机计算，也适合于手工计算。

大家一般知道计算机计算有假定，而常忽略了教科书中的公式和计算结论也有假定，如材料力学中杆要满足小变形假定，即忽略杆的剪切变形和转动惯量，对矩形实心截面来说，要满足此假定则杆的横截面尺寸要远小于杆长［图 4-1 (a)］，在广厦 GSSAP 计算中，杆的计算理论考虑了杆的剪切变形和转动惯量，杆的横截面尺寸可以和杆长在同一尺度［图 4-1 (b)］，如果要用本科学到的材料力学方法来校核 GSSAP 的梁柱内力结果，则杆件尺寸就要以［图 4-1 (a)］为前提条件。

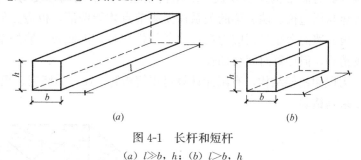

(a) $\qquad\qquad\qquad\qquad$ (b)

图 4-1　长杆和短杆

(a) $l \gg b$, h；(b) $l > b$, h

忽略边界条件也使计算机与力学教材的计算结果出现差异，如图 4-2 所示连续梁在均布荷载下的弯矩图：实线为教材中常用例子，它假定了跨中支座不动，跨中支座上部受拉；虚线为实际工程中可能出现的情况，当连续次梁支撑在主梁上，主梁作为支座本身有竖向位移，次梁内力应叠加主梁竖向位移对次梁产生的内力，此时次梁内力有可能出现支座处下部受拉。

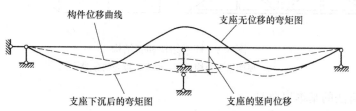

图 4-2　不同支座条件下的连续梁在均布荷载作用下的弯矩图

有限元计算和教材中的基本假定在解决问题的思路上也有较大不同。如求解变截面杆件、曲梁杆件或者球壳板，在经典力学中会采用解析解方式求解，很多结构计算软件采用将有限元模型转化为多段杆件或者多块板，每段杆为等截面直线杆或等厚度平板来逼近真实结果，因此有限元中单元的剖分对计算结果精确性影响甚大。GSSAP 中有曲杆单元，曲杆不需要多段逼近就是精确解。

一个工程项目中为了计算多个计算指标可能会使用不同的计算假定，这些假定常被软件自动处理，通常情况下不需干预，但若不了解这些假定在分析结果时则可能会无的放矢。本章下面将讨论这方面的内容。

4.2　广厦结构中有限元的基本原理

本科教学中对有限元方法讲解不多甚至完全没有讲解，使学生对有限元方法感到陌生。实际上杆系结构有限元法在《结构力学》矩阵位移法章节中有所描述（龙驭球、包世华著《结构力学Ⅰ》第 9 章），本处只给出一些结论。

由于矩阵位移法和结构力学传统方法是同源的，对于杆系结构的有限元计算结果与结构力学传统的解析解是一致的。当工程师对普通杆件结构（框架、桁架、网架）计算结果有疑问时不应怀疑有限元计算方法是否正确，而应多关注边界条件、输入荷载是否与实际一致。在 GSSAP 中曲梁、线性变化的变截面梁也能得到精确解，无需用多段直线杆件逼近。对于壳结构（剪力墙结构模型或板柱墙结构模型）解的精确程度与单元剖分粗细有关。由于板的边界与周边板、墙、梁的关系需要多节点才能保证，板边变形也与周边板、墙、梁相协调，板、墙的弯矩是板应力在板内的线性积分，因此板、墙的单元划分越细，其弯矩计算值越精确，但计算时间会加长。

图 4-3（a）为屋架桁架结构，有限元计算可得解析解；（b）为墙壳、板壳剖分图，剖分越细，计算结果越精确。

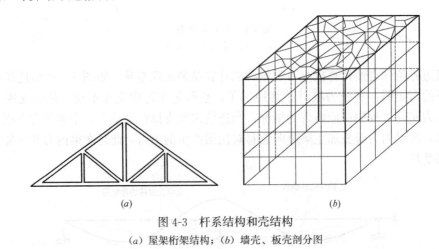

（a）　　　　　　　　　　　　　　（b）

图 4-3　杆系结构和壳结构

（a）屋架桁架结构；（b）墙壳、板壳剖分图

有限元分析法的基本思路是：

1. 先将构件上的外加荷载等效到节点上。

2. 然后根据荷载、位移刚度矩阵求解节点位移 $F=k\delta$。式中：F 为节点等效外荷载矩阵；δ 为节点位移矩阵；k 为刚度矩阵。

3. 根据节点位移求解构件在节点处的内力。

4. 根据节点内力和外荷载在构件上分布方程求解构件上每个节点内力。

刚度矩阵 k 由应力应变关系求解，GSSAP 中实际应用的单元刚度比较复杂（参考 GSSAP 说明书第 5 章），现以一个化简情况来讨论刚度。

考察单杆受轴向力刚度：杆的弹性模量为 E，面积为 A，长度为 l，由应力应变关系 $\sigma=E\varepsilon$，$\sigma=f/A$，$\varepsilon=\Delta\mu/l$，得到 $f=(EA/l)\Delta\mu$。根据刚度定义，令 $f=1$，则 $k=(1/\Delta\mu)=EA/l$，是杆轴向刚度，同理可得单杆横向刚度和抗弯刚度。整理成平面杆件的刚度矩阵，并将 $f=k\mu$ 扩写如下：

$$
\begin{bmatrix} N_1 \\ V_1 \\ M_1 \\ N_2 \\ V_2 \\ M_2 \end{bmatrix} = \begin{bmatrix} \dfrac{EA}{l} & 0 & 0 & \dfrac{EA}{l} & 0 & 0 \\ 0 & \dfrac{12EI}{l^3} & \dfrac{6EI}{l^2} & 0 & -\dfrac{12EI}{l^3} & \dfrac{6EI}{l^2} \\ 0 & \dfrac{6EI}{l^2} & \dfrac{4EI}{l} & 0 & -\dfrac{6EI}{l^2} & \dfrac{2EI}{l} \\ -\dfrac{EA}{l} & 0 & 0 & \dfrac{EA}{l} & 0 & 0 \\ 0 & -\dfrac{12EI}{l^3} & -\dfrac{6EI}{l^2} & 0 & \dfrac{12EI}{l^3} & -\dfrac{6EI}{l^2} \\ 0 & \dfrac{6EI}{l^2} & \dfrac{2EI}{l} & 0 & -\dfrac{6EI}{l^2} & \dfrac{4EI}{l} \end{bmatrix} \begin{bmatrix} u_1 \\ v_1 \\ \theta_1 \\ u_2 \\ v_2 \\ \theta_2 \end{bmatrix} \tag{4-1}
$$

其中，若杆是柱墙（将墙等效为一个柱，实际上墙用壳元计算得到的刚度更大，此处仅限于量纲讨论），且底部固接，则 μ_1、ν_1 和 $\theta_1=0$，柱顶转角是 θ_2。则根据式（4-1）和力矩乘法，可得：

$$
\nu_2=\frac{12EI}{l^3}\nu_2-\frac{6EI}{l^2}\theta_2 \tag{4-2}
$$

θ_2 为转角，等于 ν_2/l，代入式 4-2，得：

$$
\nu_2=\frac{12EI}{l^3}\nu_2-\frac{6EI}{l^3}\nu_2=\frac{6EI}{l^3}\nu_2 \tag{4-3}
$$

根据刚度定义，令水平力 $\nu_2=1$，则柱墙抗水平力刚度为：

$$
\frac{1}{\nu_2}=\frac{6EI}{l^3} \tag{4-4}
$$

式中：l 为柱墙高，对于一个楼层即为层高；E 为弹性模量，与材料有关；I 是柱截面惯性矩。

若有柱 $600\times600\text{mm}^2$，其惯性矩为 $1296\times10^8\text{mm}^4$；墙厚 200mm，长 2000mm，其惯性矩 $16000\times10^8\text{mm}^4$。按式 4-4 比较刚度可知，墙刚度是柱的 12 倍，墙的抗水平力刚度远大于柱。理解这一结论对于后续的几个概念都有重要作用。

前述平面杆件方程是 6×6 阶，在三维空间中，1 个点可能的运动方式有 xyz 的三个方向的平动和绕 xyz 轴三个方向的转动，杆有两个端点，因此杆求解单根三维杆位移有 12 个未知量，我们称有 12 个自由度，需要求解 12×12 阶方程。而一个 4 节点壳元需要

24 个自由度，而墙、板使用壳元计算还需要先做单元剖分，因此计算一块墙或板需要的自由度远不止 24 个。单元剖分加密一次，计算量将以平方关系增长，故增大剖分数固然可以提高求解精度，但由于计算时间增长太快，实际单元剖分中要在精度和计算速度之间取一个平衡。

图 4-4　满足楼层无限刚的模型

除了控制结构模型的剖分尺寸，另一个加快计算速度的方法是分析结构模型，分析要求解的未知量有无共性。图 4-4 中的结构模型有明显的层概念，即每一个楼层梁都由一块大板连接起来，大板面内刚度远大于梁的轴向刚度（板是二维元，同时板长远大于梁长），可以认为板的面内刚度无限大，无限大刚度导致板内变形引起位移为 0。在求解方程 $F = k\delta$ 同一楼面内的梁柱端节点平动位移都是相等的，仅需要求解 u_x、u_y 两个未知量，这样需要求解的未知量大大减少，这就是楼层无限刚概念的由来。实际工作中要注意其楼板能否形成楼层无限刚，如果不能，则其求解量是不能减少的。

在 GSSAP 中板的计算单元属性有：刚性板、壳单元、板单元和膜单元四类。其中，壳单元有面内刚度也有面外刚度；板单元只考虑面外刚度；膜单元只考虑面内刚度。软件中，是否有无限刚板由板的属性决定，若板的属性是刚性板，则互相连通的刚板形成一块无限刚板。以下列举几种不满足无限刚的情况：

1. 如图 4-5 所示空厂房，除了办公区，厂房的其他部位中间层均没有楼板，不满足无限刚假定。

2. 如图 4-6 所示中间开大洞的综合性商场，在水平力作用下板的左右两边不能保持位移一致，因此不满足无限刚。计算时，应把板的属性修改为膜单元或壳单元。

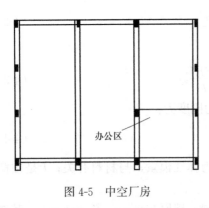

图 4-5　中空厂房

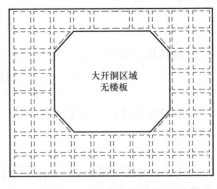

大开洞区域
无楼板

图 4-6　大开洞综合商场

3. 如图 4-7 所示悬挑楼层，外侧梁有可能有拉力，不满足无限刚。若将板设置为刚性板，则会导致梁算不出拉力，此处应将板指定为壳元。本例比较隐蔽容易被忽略。

4. 如图 4-8 所示转换层结构，由于转换梁上部抬多层墙，因此梁的竖向变形较大，并带动板一起变形，由于板面外变形带动板面内变形，也不满足无限刚。强制设为无限刚梁有可能出现不合理的结果，此模型同样需要将板指定为壳单元。

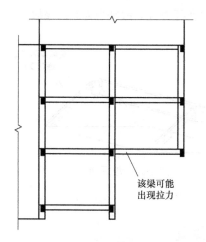

图 4-7　悬挑楼层侧视图

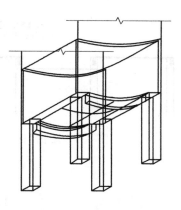

图 4-8　转换层变形图

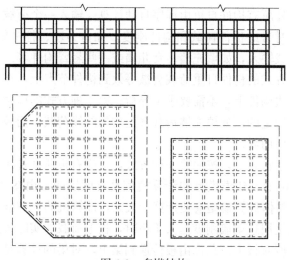

图 4-9　多塔结构

5. 如图 4-9 所示多塔结构，上半部分是剖面图，下半部分是平面图。每个塔内的楼层满足无限刚，但塔间显然不满足无限刚，称此为分块无限刚。由于 GSSAP 自动通过刚性板的连通程度判断无限刚板，因此多塔情况下的无限刚是程序自动判断的，不需指定。程序中需要指定多塔是为了按照规范分塔统计计算指标。

6. 如图 4-10 所示弱连接结构，塔楼间有构件连接，但相对于塔楼而言这些构件太弱，不足以将多塔连成一块刚板，可将这些小板指定为壳元，其他板仍为刚性板。这样

GSSAP 就会自动判断为两块刚板了。

7. 楼板降标高也是结构设计中常见情况。如图 4-11 所示，如果板降标高不超过周边梁高，软件仍然认可这是一块刚板，仍然满足无限刚假定。一旦板标高超过周边梁高，程序自动将超过周边梁高的板设为壳元，即此板和楼面的刚板没有关系。

8. 坡屋面的斜板也不满足无限刚假定，程序自动将斜板设置为壳元计算，若按刚性板无法计算出梁的轴力（图 4-12）。

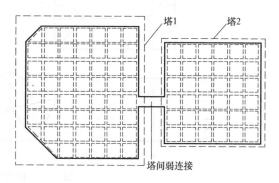

图 4-10　塔块间弱连接结构

通常情况下梁没有轴力，结构力学教材中的很多刚性梁计算只求解梁的弯矩和剪力而不求解轴力，这就是通常情况下楼面梁满足无限刚假定，梁轴向变形不存在，故轴力为0的缘故。

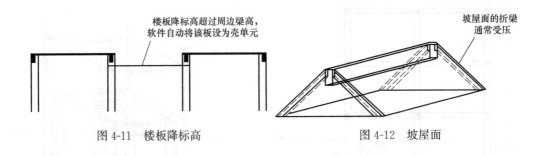

图 4-11　楼板降标高　　　　　　　　　图 4-12　坡屋面

4.3　竖向荷载传递

图形录入中输入的构件，除预制板外所有构件自重由程序自动计算。输入一个荷载有两种方法：一种是直接按构件输入，同时考虑构件荷载和构件刚度，如剪力墙、柱和梁；另一种是不输入构件，将构件折算为荷载输入，如填充墙、女儿墙或一些悬臂构件等。

两种输入方式的区别在于：第一种方式的构件自重荷载会被等效到构件节点上，在求解方程中自然考虑了荷载如何分配到周边构件上，不需要手工导荷；第二种方式的荷载导荷模式需要手工指定，有些荷载形式是确定的，如填充墙荷载多是均匀的线荷载，而板上荷载的传递模式则因板的形状、边界条件而异。

可能有人会有疑问，板在模型中已经输入了，按照第一种方式，不应有板荷载传递问题。但实际上板不在 GSSAP 计算模型中的，建模模型和计算模型是有区别的，由图 4-3 (b) 可知板的自由度太多，将板加入到整体计算模型会使计算量太大，计算机的处理能力有限。当板面内满足无限刚、板面外满足周边梁墙刚度远大于板时，板上荷载的实际传递情况与手工导荷假定是接近的，当假定所有板上荷载都由板传递到梁上，对梁的计算是保守的。如果把板是否算进整体分析两种模型做比较，则板不算进整体分析的模型时，板相当于是一个面内无限刚、面外0刚度的板。

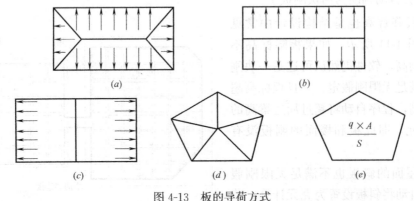

图 4-13　板的导荷方式

(a) 双向导荷；(b) 长边导荷；(c) 短边导荷；(d) 面积导荷；(e) 周长导荷

软件提供了5种导荷模式，如图4-13所示。这5种人工假定板上荷载的导荷方式，与荷载的实际传递路径可能会存在一些误差，不同的导荷方式得到的计算结果有时差别很大，需要工程师分析判断最合理的导荷方式。如图4-14所示为同一结构在相同荷载作用下，仅仅改变板荷载的导荷方式所得到的梁内力，通过对比发现梁的内力有较大差异（图中-37/9/34依次表示梁端、跨中、梁端弯矩，单位：kN·m；36/13依次表示梁左、右端剪力值，单位：kN）。

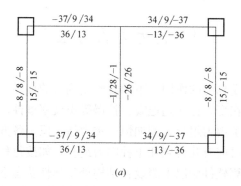

(a)

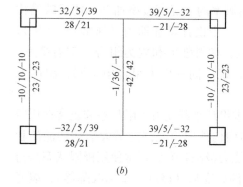

(b)

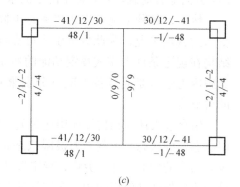

(c)

图 4-14　不同导荷方式下梁的内力

(a) 双向导荷；(b) 长边导荷；(c) 短边导荷

刚性板在【楼板、次梁砖混计算】中按假定的边界条件按双向、单向或悬臂板理论公式计算，多边形板按单板有限元剖分单独计算。假定的边界条件是周边梁墙刚度远大于板的面外刚度，特别是固接条件，有时这个假定和实际并不相符，如板边是暗梁的情况。

如果板被指定壳单元或板单元，则板进入到计算模型中，此时导荷方式无效，因为内力按刚度分配不需要人工导荷。

填充墙只输入了荷载，因此在正常计算模型中并没有考虑填充墙刚度。因其刚度客观存在且比较重要，所以软件提供了一个周期折减系数的方法近似考虑填充墙刚度。而在填充墙不均匀布置的情况下，则只有将填充墙直接输入到模型中才能正确求解，这几种情况会在参数解析中讲解。

有些次要构件的输入也有两个选择，若只按荷载输入，则无法考虑这些悬臂构件的地震荷载，这些构件在地震作用下可能开裂或者破坏；若按构件输入，使得整体模型求解量大大增加（在后续地震讲解中会提到），故实际工作中可依重要性取一个平衡。

荷载传递还包括荷载的竖向下传，这与构件的搭接方式有关，通常竖向荷载传递给竖向构件问题不大，而梁托柱、梁托墙时软件的传递原则是：若柱墙中心落在下层梁边线范围则按柱墙落在梁上；而上层柱墙落在下层梁的边线之外则会对梁造成一个附加扭矩，对此软件会自动考虑。

4.4　内力与内力组合

建筑结构每时每刻都受到力的作用，不同时刻受到力的种类、大小不同。其中结构自重始终存在，而活载时刻在变，也伴随地震、核爆等小概率事件。设计时要考虑各种情况发生的可能性，因此产生了内力组合，例如恒＋重力活，恒＋各方向风，恒＋重力活＋各方向风……一个常规工程可能有几百到几千种内力组合，如按每种组合都来求解方程的计算量非常大。为了简化计算软件做以下假设：结构处于弹性状态下内力组合转换为对单种内力求解后再叠加，这样多数情况下软件只需要求解恒载、重力活载、4个方向风荷载、2个方向地震荷载，共8种工况下的求解方程，再进行叠加计算。

然而，各种工况发生的概率是不同的，将不同概率的工况直接叠加并不能反映结构受力的真实情况，为此规范引入可靠度概念，即在一个设计基准期内（通常是50年），结构在规定条件下完成预定功能的概率。荷载取值、材料强度和内力组合上都有概率，其中内力组合是通过各工况下分别乘对应的系数，统一同一内力组合中不同工况内力的可靠度。

组合公式还与结构设计用途有关，结构计算要求设计承载能力极限状态和正常使用极限状态两种状态：承载能力极限状态是指结构或结构构件发挥允许的最大承载功能的状态，结构的配筋、冲切剪切、稳定等计算属于承载能力极限状态；正常使用极限状态是指结构或构件达到使用功能上允许的某个限值状态，例如变形（挠度、基础沉降等）、裂缝计算属于正常使用极限状态，变形和裂缝发生的概率显然不同于结构极限破坏概率，因此采用的内力组合不同。承载能力极限状态采用的组合称为基本组合；正常使用极限状态采用的组合按荷载持久性不同，分为标准组合、频遇组合和准永久组合（准永久值主要用于考虑荷载长期效应的影响），频遇组合目前在建筑结构设计中并未考虑。

其中，标准组合在软件中用于基础验算土的承载力，准永久组合在软件中用于挠度、裂缝验算。标准组合通常不带系数，即恒＋活。它是在可靠度研究不充分的领域采用过去习惯采用的不带系数的组合。准永久组合通常为恒＋0.5活，在长期工作状态下活载经常不是满载分布，根据规范取0.5。

基本组合的可靠度研究最充分也最复杂。举例如下：γ_G 恒＋γ_L 重力活＋γ_S 雪＋$\psi_C\gamma_C$ 吊车＋$\psi_W\gamma_W$ 风＋$\psi_T\gamma_T$ 温度，其中，γ 为分项系数；ψ 为组合值系数。分项系数是指不同工况荷载为调整可靠度赋予的系数；组合值系数是指不同可变荷载同时作用时参与的比例。如上式中重力活是权重最大的可变荷载，因此它的组合值系数是1，风荷载是这个组合中次要级可变荷载，在乘分项系数 γ_W 后还要再乘以组合值系数 ψ_W。在手算内力组合时，工程师预估一个内力最大的可变荷载作为主要可变荷载，而在其他可变荷载上乘以组合值系数。但软件不预估哪一组可变荷载最大，而把所有可变荷载都做一遍主要可变荷载，其他可变荷载乘以组合值系数来计算，取包络值用于后续的承载能力极限状态设计。

4.5　理解软件的力学计算结果

力学教材中给我们提供了很多力学概念，这些力学概念本身是基于一些假定，在真实结构设计时这些假定有可能不满足，需要重新认识其中一些概念。

4.5.1　连续梁的受力状态

以图 4-15 连续梁受均载为例：用软件来模拟下图的受力效果。

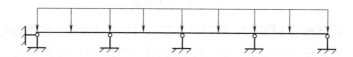

图 4-15　连续梁示意图

1. 模拟约束条件。由于目前软件并没有可供图 4-15 所示直接设置的约束条件，可以用一些方法来模拟。图 4-15 中，左支座为一个简支约束，梁左端不能水平和竖向移动，但可转动，其余支座位置梁不能竖向运动但可以转动，注意支座位置处梁没有打断，图 4-15 所示的梁是连续的。

用梁模拟水平约束，用柱模拟竖向约束。图 4-16 的左端用一个巨柱和一个长梁模拟图 4-15 左支座的约束，首先注意支座是不变形的，巨柱和长梁是为使水平支座足够刚，其水平变形可忽略不计。柱子的竖向变形很小，在本例计算中竖向变形也可忽略不计；其次，注意支座为铰接，故设置模拟支座的梁端和柱端以及连续梁两端为铰接，如图 4-17 和图 4-18 所示。

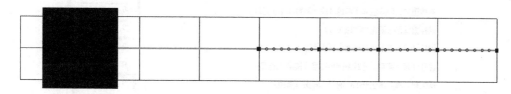

图 4-16　模拟连续梁模型

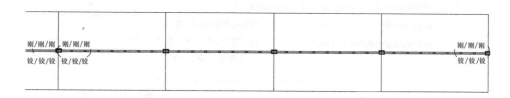

图 4-17　梁端约束设为铰接

71

刚/刚/刚/铰/铰/铰   刚/刚/刚/铰/铰/铰   刚/刚/刚/铰/铰/铰   刚/刚/刚/铰/铰/铰   刚/刚/刚/铰/铰/铰

图 4-18   柱顶约束设为铰接

2. 广厦中构件自重是自动计算的，为方便比较，可设反向荷载抵消自重，如图 4-19 中，左侧约束梁，输入 -2.5 来抵消其自重，右侧 $7.5+2.5$，总荷载 10。

请注意理解本小节前两点的模拟技巧，对我们理解、模拟、分析结构问题十分有用。

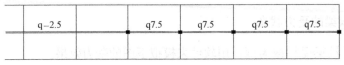

图 4-19   梁上荷载

3. 不能设"强制楼层无限刚"；同时因为没有板，选"实际"也不会有无限刚。

4. 为了能更好地模拟连续梁，还应对 GSSAP 中的参数进行适当的设置，如图 4-20 和图 4-21 所示。

图 4-20   总信息中的设置

GSSAP总体信息

总信息 | 地震信息 | 风计算信息 | 调整信息 | 材料信息 | 地下室信息 | 时程分析信息 |

地震力计算(0不算,1水平,2水平竖向) 0   框架抗震等级(0,1,2,3,4,5) 2

计算竖向振型(0不算,1计算) 0   剪力墙抗震等级(0,1,2,3,4,5) 2

地震水准(1多遇,2设防,3罕遇) 1   构造抗震等级(0同抗震等级,
                                                              1提高一级2,降低一级) 0

地震设防烈度(6,7,7.5,8,8.5,9) 7   周期折减系数 0.8

GSSAP总体信息

总信息 | 地震信息 | 风计算信息 | 调整信息 | 材料信息 | 地下室信息 | 时程分析信息 |

自动导算风力(0不算,1计算) 0

计算风荷载的基本风压(kN/m2) 0.5

坡地建筑1层相对风为0处的标高(>=0m) 0   承载力设计时风荷载效应放大系数 1

计算风荷载的结构阻尼比(0.01-0.1) 0.05

GSSAP总体信息

总信息 | 地震信息 | 风计算信息 | 调整信息 | 材料信息 | 地下室信息 | 时程分析信息 |

转换梁地震内力增大系数(1.0-2.0) 1.25   活载重力荷载代表值系数 0.5

地震连梁刚度折减系数(0.3-1.0) 0.6   吊车荷载分项系数 1.4

中梁(H<800mm)刚度放大系数 1.5   吊车荷载组合值系数 0.7

中梁(H>=800mm)刚度放大系数 1   吊车重力荷载代表值系数 0

梁端弯矩调幅系数(0.7-1.0) 1   温度荷载分项系数 1.4

梁跨中弯矩放大系数(1.0-1.5) 1   温度组合值系数 0.6

梁扭矩折减系数(0.4-1.0) 0.4   雪荷载分项系数 1.4

是否要进行墙柱活载荷载折减(0,1) 0   雪荷载组合值系数 0.6

计算截面以上层数及其对应的折减系数   风荷载分项系数 1.4

1	1	6-8	0.65
2-3	0.85	9-20	0.6
4-5	0.7	>20	0.55

风荷载组合值 0.6

考虑活载不利布置(0,1) 0   水平地震荷载分项系数 1.3

考虑结构使用年限的活载调整系数 1   竖向地震荷载分项系数 0.5

恒荷载分项系数 1.2   非屋面活载准永久值系数 0.4

活荷载分项系数 1.4   屋面活载准永久值系数 0.4

非屋面活载组合值系数 0.7   吊车荷载准永久值系数 0.5

屋面活载组合值系数 0.7   雪荷载准永久值系数 0.2

注:GSSAP自动考虑
(1.35恒载+ψLvL活载)的组合

确定   取消

GSSAP总体信息

总信息 | 地震信息 | 风计算信息 | 调整信息 | 材料信息 | 地下室信息 | 时程分析信息 |

砼构件的容重(kN/m3) 25   钢构件容重(kN/m3) 78

梁主筋级别(2,3)或强度(N/mm2) 360   钢构件牌号
                                                              (1为Q235,2为Q345,3为Q390,4为Q420) 1

梁箍筋级别(1,2,3,4冷轧带肋) 360   型钢构件牌号 1

图 4-21　地震信息、风计算信息、调整信息和材料信息的设置

梁跨 8m,梁尺寸 200mm×500mm,计算所得梁包络图如图 4-22 所示。

图 4-22　弯矩包络图

下面对支座做一些变化：

1. 将模型的柱支座撤去，改由主梁支撑，梁截面大小不同，中间梁尺寸为 200mm×300mm，其他为 200mm×700mm（图 4-23）。

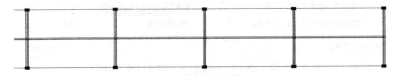

图 4-23　主次梁模型

计算所得包络图如图 4-24 所示，可以发现跨中部分负弯矩几乎为 0，这是由于中间主梁尺寸太小，相对其他主梁刚度太弱，支撑不住次梁。

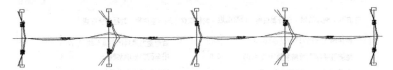

图 4-24　主次梁模型弯矩图

2. 主梁尺寸都是 200mm×700mm，但主梁跨度不同，如图 4-25 所示。

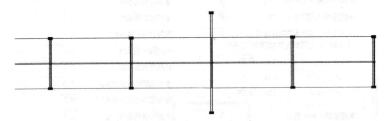

图 4-25　改跨度的主次梁模型

计算所得包络图如图 4-26 所示，大跨度主梁的支撑能力差，次梁此处支座弯矩几乎是 0。

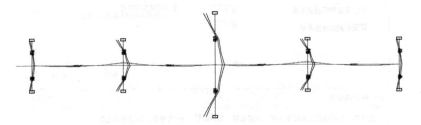

图 4-26　改跨度的主次梁模型图

3. 有的支座是柱，有的支座是墙，并且上层荷载分布有荷载差，如图 4-27 所示。

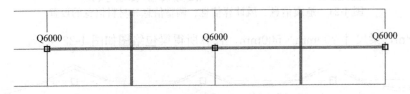

图 4-27　部分支座为剪力墙的模型

本节最初连续梁的支座结果，如图 4-28 所示。

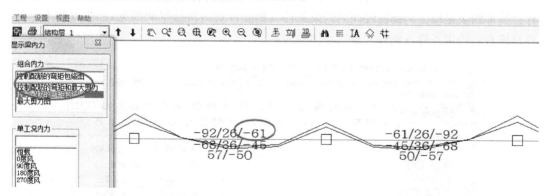

图 4-28　支座全为柱模型的弯矩图

支座和上层荷载差不同，导致支座的竖向位移不同，从而影响梁的内力结果，如图 4-29 所示。

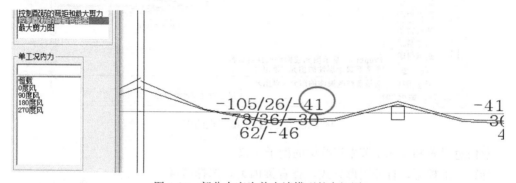

图 4-29　部分支座为剪力墙模型的弯矩图

本例说明，教科书中标准的连续梁受力状态在实际工程模型中并不一定能够得到，不能将教科书中的例子生搬硬套到实际设计中。

4.5.2　悬臂梁的受力状态

如图 4-30 所示悬臂梁的受力状态较好模拟，建两层柱模型，并在二层柱脚处设置为固接（因目前软件不支持柱顶强制设固接），如图 4-31 所示。本例中梁长 2m，截面 200mm×500mm，混凝土梁自重为 2.5kN/m，在模型中输入 7.5kN/m 线荷载，梁上总共有 10kN/m 的恒载，计算出恒载下梁支座弯矩为−20kN·m。

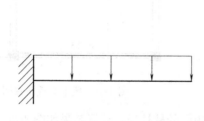

图 4-30　悬臂梁示意图

图 4-31　悬臂梁三维模型侧视图

图 4-32 显示如何在二层柱下端设外部约束。注意杆件端部约束和节点约束的区别：杆件端部约束是模型内部杆件间的约束条件（例如柱对所搭接梁的约束），节点约束是外界对模型的约束条件（例如大地对结构的约束）。

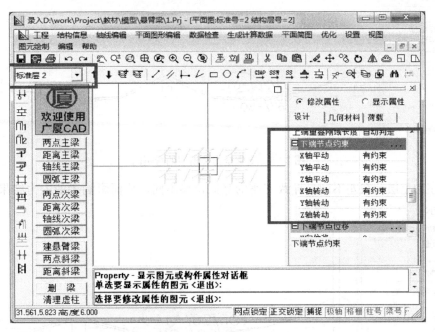

图 4-32　二层柱下端节点约束

总信息设置和 4.5.1 节中连续梁的例子一致。

计算以上模型，打开图形方式，查看梁内力，选择恒载，可以看到与理论值一样的结果，如图 4-33 所示。

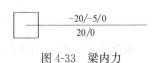

图 4-33　梁内力

选择一个实际的模型，出于简化，把其他梁上加一个反向均载－2.5 来抵消其自重（图 4-34、图 4-35）。

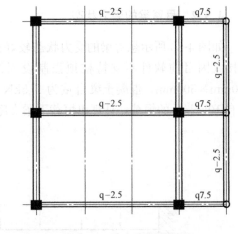

图 4-34　梁平面布置图　　　　　图 4-35　梁上荷载布置图

算得的内力仍然是－20kN·m。现在把中间的柱抽掉，计算结果如图 4-36 所示。

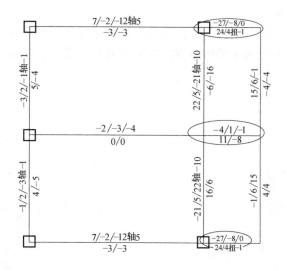

图 4-36　梁内力

1.35×恒的基本组合弯矩包络图如图 4-37 所示。

三维位移图如图 4-38 所示。

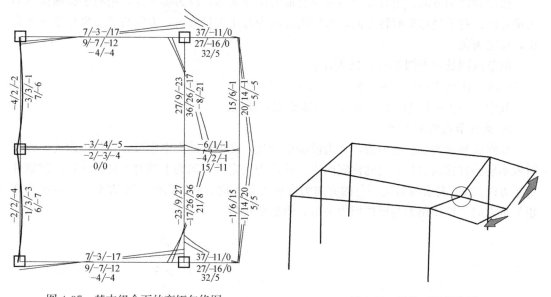

图 4-37　基本组合下的弯矩包络图　　　　　　图 4-38　梁的三维位移图

中间悬臂梁的内力向箭头所示方向传递，导致画圈处所受弯矩变小，因中间悬臂梁无柱支撑而下塌，两侧梁产生拉力阻止其下塌导致内力转移。上述例子说明同是悬臂梁，即使梁上荷载相同，其受力有可能不同。

4.5.3　节点内力平衡验算

节点内力平衡验算是分析计算结果的一个基本技能。验算节点内力应该以同一工况内力来验算。

1. 梁节点弯矩平衡

首先搞清楚弯矩方向，图 4-39 中标示的弯矩值是以梁下部受拉为正，上部受拉为负进行定义。注意图 4-40 中表示的弯矩方向为节点对梁的作用。验算节点平衡应满足作用力与反作用力关系。

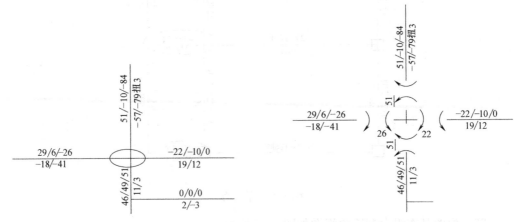

图 4-39 梁节点弯矩图　　　　　　　　图 4-40 梁节点弯矩方向

扭矩为绕轴方向，当其和梁端弯矩叠加时不好表示，故为统一计，用右手法则换算为矢量方向：右手绕弯矩旋转方向，大拇指方向为弯矩矢量方向，方向与节点坐标系一致为正，反之为负。

取节点圈处弯矩图如图 4-41 所示。

x 向：51－51＝0；y 向：22＋3－26＝－1。

其中 y 向为－1 是由于显示结果时取整误差所致。

2. 梁柱节点弯矩平衡

柱默认显示的是柱底内力，点击模型中的柱，在弹开的文本中可看到柱顶内力，验算时取本层的柱顶内力和上层的柱底内力。柱内力的定义方向为下端对上端的作用，注意柱弯矩方向：M_x 表示与 B 边平行的方向为弯矩矢量方向，M_y 表示与 H 边平行的方向为弯矩矢量方向。按作用力与反作用力关系，弯矩要反号。

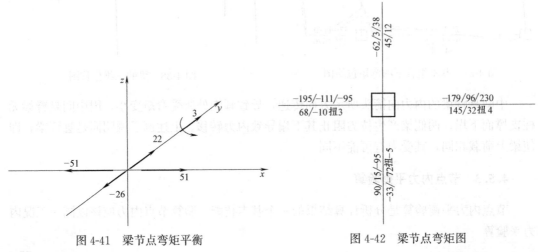

图 4-41 梁节点弯矩平衡　　　　　　　　图 4-42 梁节点弯矩图

78

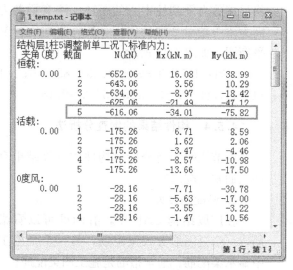

图 4-43　本层柱顶内力

图 4-44　上层柱底内力

绘出节点平衡图如图 4-45 所示。

x 向：$95 + 4 - 62 - 3 - 34.01 + 0 = 0$；y 向：$179 + 5 - 95 - 13 - 75.82 = 0.18$。

3. 梁柱偏心节点的弯矩平衡（侧梁距柱中心 0.2m）

带偏心阶段的梁柱平衡要注意，梁柱的端点不在一个坐标点，故要验算弯矩平衡还要

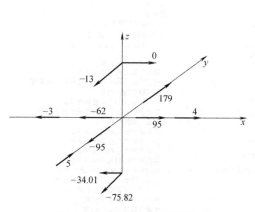

图 4-45　梁柱节点弯矩平衡

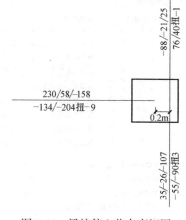

图 4-46　梁柱偏心节点弯矩图

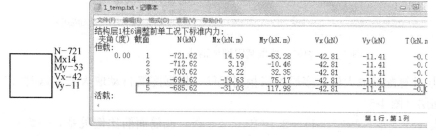

图 4-47　偏心节点本层柱顶内力

图 4-48　偏心节点上层柱底内力

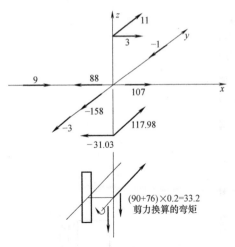

图 4-49 梁柱偏心节点弯矩平衡图

将梁端剪力乘到柱中心的距离。注意梁剪力方向为梁 1 端对 2 端的作用,换算方向后得节点平衡图,如图 4-49 所示。

x 向:$107+9+3-31.03-88=0$;y 向:$11+117.98-1-3-158+33.2=0.18$。

4.5.4 构件结果的倒查分析法

本节说明如何分析对构件的计算结果有疑问(通常是配筋)。

1. 梁配筋过大

在广厦结构 CAD 中,有两处可以看梁配筋,一个是图形方式梁配筋,另一个是施工图中显示梁配筋,通常指的是施工图梁配筋。

如果发生梁配筋超出预期,先查看该配筋是否由受力引起,此时先打开图形方式查看梁配筋,如果配筋较小,则说明是在施工图中做了配筋调整,可采用下列 3 种方式:

1) 选择了挠度裂缝超限时自动增加钢筋,当梁的挠度或裂缝不满足规范要求时,程序自动增大配筋以满足要求,关掉这两个选项(图 4-50),重新平法配筋并出施工图,如果计算结果变化,就说明是这个原因。

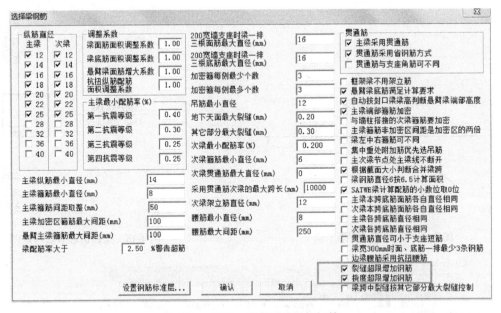

图 4-50 裂缝、挠度超限增加钢筋

2) 多个结构层计算配筋取大值:多层均取相同配筋,根据配筋自动取大值,这时可以多设置几个钢筋层(图 4-51)。

3) 《建筑抗震设计规范》GB 50011—2010 中 6.3.3 条,底筋面筋比例关系,一级不小于 0.5,二、三级不小于 0.3。

如果图形方式的配筋很大,首先要分析该配筋是由哪个内力为主导致的。在图形方式

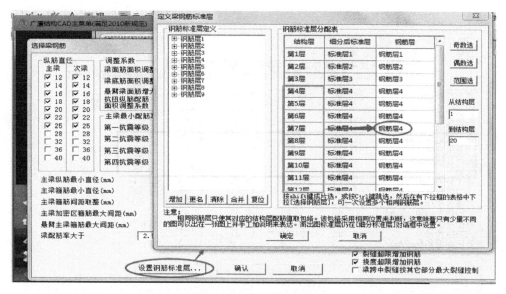

图 4-51　梁钢筋层设置

中显示梁配筋，鼠标点击模型中的梁，将弹出梁配筋的详细文本，如图 4-52 所示。

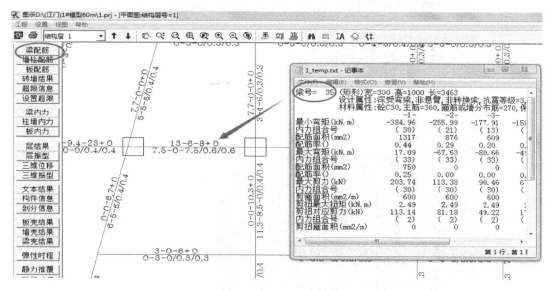

图 4-52　梁配筋结果

在文本中列出了 5 个断面的计算结果，1、5 是端部，3 是跨中计算结果。分析计算结果，最小弯矩（实际上是负弯矩最大）对应的配筋面积是面筋，最大弯矩对应的配筋是底筋。

注意到括号里的值为内力组合号，表示该组内力是由该组合公式计算组合内力得到。打开任意一层的文本计算结果，可查得组合号对应的内力组合公式，如图 4-54 所示。

在本例中，梁号为 35 的左支座内力组合号为 30，由基本组合公式可知 30 为含震组合。在图形方式中依次观察公式涉及的恒、活、风、地震荷载，判断是哪一工况其控制作用，如图 4-55 所示，分析对应的工况是否对此计算结果可产生合理解释。

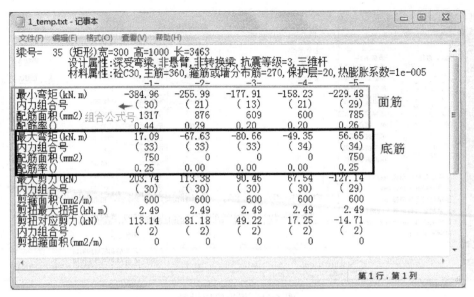

图 4-53　梁配筋文本结果

图 4-54　内力组合公式

　　非地震工况和地震工况对构件引起的内力偏大，其调整方式不同。通常非地震工况可通过增大构件截面解决，而地震工况往往需要减小构件截面去减小地震作用。

　　如果对单工况内力结果无法理解，则要进一步查看其三维位移，分析它的变形状态。例如：如图 4-56 所示坡屋面侧视图，其内力如图 4-57 所示，此时梁两端支座负弯矩相当，坡屋面变形如图 4-58 所示。

　　现在模型修改一下，删去中间落地的立柱，坡屋面立柱落在梁上，图形如图 4-59 所示。

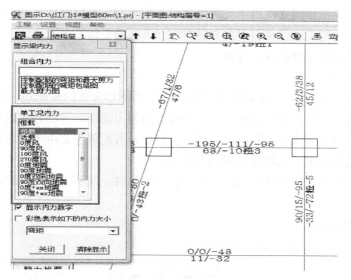

图 4-55　恒载下梁的内力

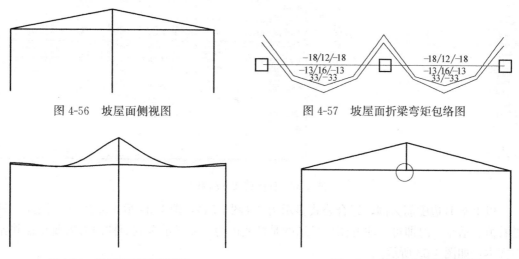

图 4-56　坡屋面侧视图　　　　　　　图 4-57　坡屋面折梁弯矩包络图

图 4-58　坡屋面斜梁变形图　　　　　　图 4-59　无中柱坡屋面侧视图

如图 4-60 所示坡屋面内力包络图，其中间负弯矩非常小。

图 4-60　无中柱坡屋面折梁弯矩图

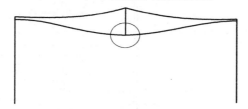

图 4-61　无中柱坡屋面位移图

可以看出，由于中间立柱由梁支撑导致梁有较大变形，屋脊处节点下移，故梁内力为梁自重引起的内力与支座位移引起内力的叠加。若横梁更弱甚至取消，小立柱将完全失去作用，屋脊处坡屋面梁将出现正弯矩。

2. 柱配筋过大

在广厦结构 CAD 中，柱配筋也有两个：一个是图形方式的柱配筋，另一个是施工图中显示的柱配筋。同样，若只是在施工图中柱配筋超出预期，除归并原因外，柱还做了双向验算，双向验算若不满足，程序会自动增加钢筋；若配筋主要由于内力引起，即图形方式的柱配筋就超出预期，则同样可用倒查法分析原因。

在图形方式中显示柱配筋，鼠标点击模型中的柱，将弹出柱配筋的详细文本。如图 4-62 所示。

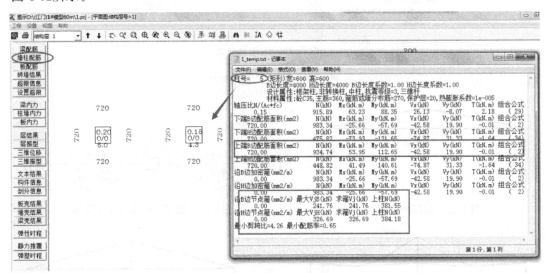

图 4-62　柱配筋文本结果

以上端 B 边配筋为例，组合公式显示为 2（图 4-54），即 1.35 恒＋0.98 活。因此，只需看恒、活单工况即可。注意图形显示的是柱底内力，要显示全截面柱内力需要点柱并弹出文本，如图 4-63 所示。

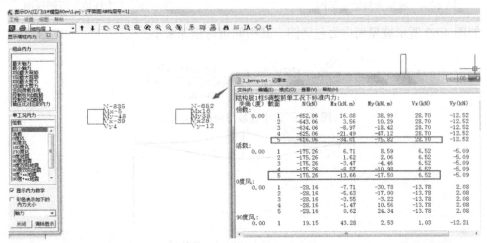

图 4-63　柱内力文本结果

练习与思考题

1. 为什么按无限刚计算算不出图 4-7 中梁上轴力？

2. 列举一两种内力不满足内力组合情况，但可对单工况内力求解后再叠加的假定情况，并思考此时如何利用软件来计算。

3. 如果图 4-38 右侧的封口梁（图中箭头标示处）是虚梁（广厦中宽度为 0，高度不为 0 的梁），计算并与 4.5.2 节中例子得到的计算结果做比较。

4. 试以一个实例工程验算梁、柱节点在恒载下的内力平衡。

5. 试着将图 4-59 中横梁也去除，观察内力包络图和变形图，并解释内力的变化。

6. 为什么风荷载计算要 0°、90°、180°、270°四个方向，而地震计算只需要 0°、90°两个方向？

7. 考察四边固接的双向板的跨中底筋：由于短边曲率比长边的曲率大，因此短边的弯矩和配筋更大。试举例说明不满足固接条件情况下，其跨中弯矩和配筋如何变化。

第5章 GSSAP 总体信息解析

5.1 总 信 息

5.1.1 结构计算总层数、地下室层数及有侧约束的地下室层数

1.【结构计算总层数】包括楼层数、地下室、地梁层以及鞭梢小楼层。其中地梁层中的梁为地梁，柱为基础承台，这么做是为了将地梁荷载导到基础上，保证基础荷载正确；鞭梢小楼层指屋顶的楼梯或电梯房。对于错层结构，若错层部位少，可采用降或升梁板标高的方式处理；若错层部位大，可考虑错层部位作为单独的标准层输入。

2.【地下室层数】此处与建筑中的地下室概念有所不同，GSSAP 以地下室层顶作为风荷载起算点，从地下室顶向下的层数为地下室层数，因此包括地梁层在内的无风荷载部分都属地下室。

3.【有侧约束的地下室层数】计算上部结构时通常设定结构底部固接，地下室四周土对结构有一定水平约束作用（仅有水平而没有竖向），这个约束强弱通过弹簧系数（基床反力系数）来模拟（图 5-1），回填土通常不考虑其约束。

约束的高度范围 GSSAP 通过有侧约束地下室层数来模拟，此处要注意，软件规定有侧约束的地下室层数+1 为结构首层，结构首层通常需要予以加强。地梁层不是首层，所以当有地梁层时，有侧约束的地下室层数至少填 1。

4.［最大嵌固结构层号］和有［侧约束的地下室层数］的结构意义相同，相当于其侧约束无限大的情况，如下两种情况可设置本层嵌固。

① 嵌固层的刚度不应小于上层的 2 倍；

② 受土摩擦板作用的地梁层。

图 5-1 土弹簧模拟侧土对结构的约束以及 GSSAP 中土弹簧系数的输入

在实际设计工作中，工程师经常不知道如何填写上文提到的这几个参数，图 5-2～图 5-6列举了几种情况，供大家参考。

5.1.2 裙房层数

【裙房层数】裙房指与高层建筑紧密连接，组成一个整体的多、低层建筑。从结构概念

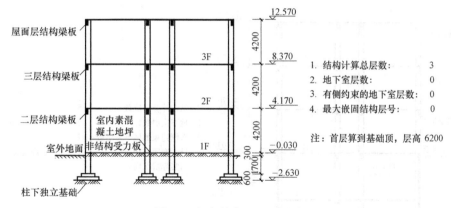

图 5-2　框架结构，无地梁层

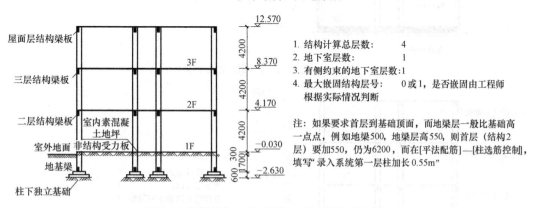

图 5-3　框架结构，有地梁层（梁底平独基顶面）

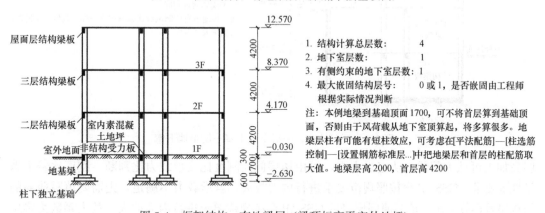

图 5-4　框架结构，有地梁层（梁顶标高平室外地坪）

上，裙房平面、侧向刚度远大于上层塔楼，在计算刚度比时裙房不与塔楼做比较。通常建筑中的裙房层数是指地面以上部分，而 GSSAP 中要填写的裙房层数则包括了地下室层数。

在调整信息中选择【是否要进行墙柱活荷载折减】为 1，则裙房层数对折减结果有影响，具体请参看 5.4.5 节。

5.1.3　薄弱的结构层号

【薄弱的结构层号】薄弱层即相对较弱的层。从定性上，以体型收缩、竖向不连续、

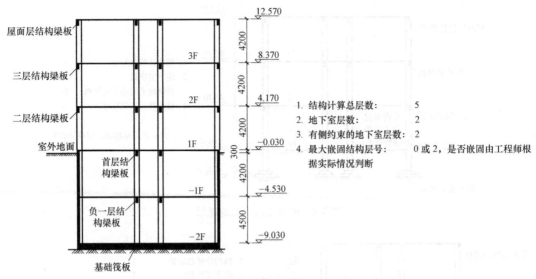

图 5-5 框架结构，两层全地下室

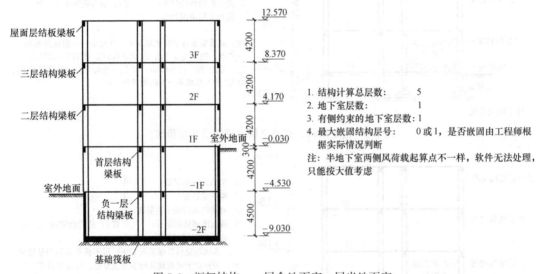

图 5-6 框架结构，一层全地下室一层半地下室

层高加大可认为薄弱；从定量上看，可由楼层侧向刚度比或承载力比判断。刚度比若不满足规范要求，GSSAP 会按照规范要求进行内力放大；若承载力不满足，则需要填写薄弱的结构层号再算一次，填写薄弱层号后 GSSAP 会按规范要求进行内力放大（放大系数为多层 1.15，高层 1.25）。GSSAP 对承载力不满足时没有自动放大的原因是：承载力是程序算得配筋后，根据配筋反算得到楼层抵抗力，计算构件配筋是最后步骤，程序无法在一次计算过程中完成自动放大。薄弱层、转换层和加强层在软件中都可填多个，以逗号分开。

5.1.4 转换层所在的结构层号

【转换层所在的结构层号】如图 5-7 所示，当梁托柱，梁被称为转换梁，转换梁两端的柱被称为转换柱；当梁托墙，梁被称为框支梁，框支梁两端的柱被称为框支柱。转换构件较多的楼层被称为转换层，转换构件竖向不连续也是薄弱层，只是这种薄弱层相对于普通的薄弱层更加"薄弱"，需专门处理。

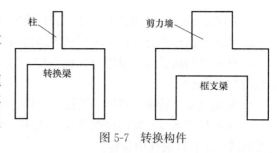
图 5-7 转换构件

1. 程序对转换层自动做内力放大 1.25（《抗规》）。

2. 程序自动判断转换梁、框支梁、框支柱（次梁托柱墙被称为二次转换，需要在构件属性中指定），转换梁内定放大系数 1.25，也可在梁属性中修改。

3. GSSAP 为转换层多输出一组转换层上下刚度比，若不满足规范要求则要调整模型。

4. GSSAP 自动判断在高层结构中每个转换层号＋2 为剪力墙底部加强部位。

5. 当转换层号≥3 层时，需在属性中人工指定落地剪力墙和框支柱的抗震等级（通常增加 1 级）。

6. 转换构件尚应按《高规》中 4.3.2 条考虑竖向地震的影响。

7. 转换层的楼板宜设置弹性楼板（板属性中设为壳元），转换大梁一般应将中梁刚度放大系数取 1.0，且为不调幅梁（参看 5.4.3 节和 5.4.4 节）。

5.1.5 加强层所在的结构层号

【加强层所在的结构层号】加强层是指刚度和承载力加强的结构层，如连接内筒与外围结构的水平外伸臂（梁或桁架）结构的楼层即为加强层。

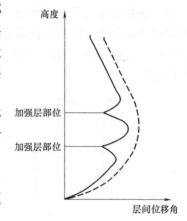

不要将加强层和剪力墙底部加强部位混淆，底部加强部位在结构底层，而加强层通常用于控制超高层建筑中结构的水平位移。如图 5-8 所示，虚线为未设置加强层的结构，实线为设置了加强层的结构。加强层的设置减小了结构的层间位移角。

设置加强层的缺点从图 5-8 可看出：结构层间位移角不连续，其实质为结构的刚度不连续，因此需要对加强层上下设置过渡层，使刚度变化尽量平滑。

图 5-8 设置加强层前后层间位移角的变化

1. 框架剪力调整（见 5.2.11 节）中的框架部分，GSSAP 自动调整不包括加强层及其相邻上下楼层的框架剪力。

2. GSSAP 对加强层及相邻上下层的框架柱和墙抗震等级自动提高 1 级。

3. GSSAP 自动减少加强层及其相邻层的框架柱轴压比限值 0.05，柱箍筋需人工在施工图中修改为全柱段加密。

4. 加强层及其相邻层的核心筒剪力墙应在其墙属性中人工指定为约束边缘构件（《高规》中 10.3 节）。

5.1.6 结构形式

【结构形式】结构体系的选择见 3.2 节，本处仅说明在 GSSAP 中设置不同结构形式对计算结果有何影响：

1. 软件按《抗规》中6.2.2～6.2.10条的规定对不同结构形式调整构件的组合内力设计值。

2. 当选择按经验公式计算风荷载的结构自振周期时，不同结构形式采用的公式不同。

3. 框架结构的轴压比限值与其他结构形式不同；框架结构的侧向刚度计算方法与其他结构形式的不同。

4. 复杂高层（转换、错层、连体、多塔、带加强层等）结构的内力调整系数不同。

5. 排架柱截面计算时的挠曲效应和重力二阶效应与其他结构形式柱不同，其计算长度系数需人工在柱属性中设定。

6. 钢框架混凝土筒体结构的剪力调整与框剪结构不同。

7. 板柱墙结构时对宽扁梁、中梁刚度放大系数自动判断时取1.0，梁端弯矩调幅系数自动判断时取1.0，各层板柱部分承担的楼层地震剪力不少于20%。

5.1.7 结构重要性系数

【结构重要性系数】结构重要性系数的相关知识可参考《工程结构可靠性设计统一标准》GB 50153—2008的附录A，通常普通结构取1.0，重要结构取1.1，其他结构取0.9。注意结构重要性系数的调整不包括地震工况。

5.1.8 竖向荷载计算标志

【竖向荷载计算标志】用于是否考虑模拟施工，是模拟施工过程中重力荷载的加载方式。由于荷载在楼层平面内不均匀，荷载对柱墙的压缩不均匀。如果建筑是一次建成的，每层结构柱墙的竖向压缩量有累加效应，如图5-9（a）所示，真实建筑是逐层浇筑，浇筑过程会对楼面找平，消除了压缩量的累加效应，如图5-9（b）所示。软件模拟施工受力过程即为模拟施工。

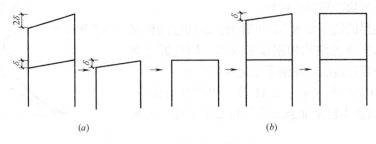

(a)   (b)

图5-9 结构一次性加载和模拟施工过程

通常情况下考虑模拟施工更为准确，但如果悬挂式结构分两层或两层以上输入，则不能直接使用模拟施工，因为模拟施工是层层加载，悬挂构件在此过程中算不出拉力。解决方法是改变构件的施工顺序，默认构件的施工顺序是随本层一起浇筑，若将其施工顺序改为和本层以上的某一层一起浇筑则被称为后浇设计。例如，结构三～四层为一个悬挂结构，可将三层构件的模拟施工号指定为4，通过修改构件的属性修改构件的模拟施工号。后浇设计还有一些更复杂的使用情况，此处不再展开。

5.1.9 考虑重力二阶效应

【考虑重力二阶效应】在计算重力荷载时假定重力荷载加载在结构中心［图5-10（a）］，

而实际结构加载有偏心，且当结构在水平力（风或地震）作用下，这种偏心效应将更大 [图 5-10（c）]，这种附加效应产生的附加荷载相对于重力荷载是个二阶小量，故被称之为重力二阶效应。

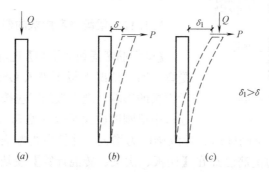

图 5-10　不考虑和考虑重力二阶效应的受力状态

在 GSSAP 中本参数是一个开关选项：选择 0 为不考虑，选择 1 或 2 会根据《高规》中 5.4 节先验算是否需要考虑，若需要才会考虑，因此在高层模型中应该总是选择 1 或 2。根据《高规》中 5.4.3 条，考虑二阶效应。

【考虑二阶效应】可以采用放大系数法（填1），也可以采用有限元法（修正总刚，填2），通常使用放大系数法。由于《抗规》中 3.6.3 条要求在一定条件下计入重力二阶效应的影响，多层有时也需要考虑重力二阶效应。

5.1.10　梁柱重叠部分简化为刚域

【梁柱重叠部分简化为刚域】在有限元计算中，梁、柱被简化为细杆，计算的端部内力为梁柱交点内力 W_2 [图 5-11（a）]。由于梁、柱截面不同，可以认为梁柱交点部分没有变形（图 5-11 黑块部分），这部分称为刚域，梁端内力应为刚域边的弯矩 $W1$ [图 5-11（a）]。刚域范围为从柱边退梁柱边与梁柱交点距离的 1/4 处 [图 5-11（b）]，也可在梁柱属性中手工指定其大小。

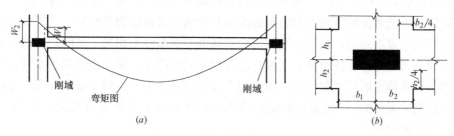

图 5-11　刚域对梁端内力的影响

刚域的存在会给柱带来短柱效应，其所受地震作用会增大，设置刚域后柱内力有可能更大或更小，大截面的梁柱应该考虑设置刚域。

5.1.11　梁配筋考虑压筋的影响

【梁配筋考虑压筋的影响】在 GSSAP 中梁计算配筋通常按单筋截面计算，而实际梁配筋时同一截面总是有底筋和面筋。或者底筋受拉面筋受压，或者底筋受压面筋受拉，压

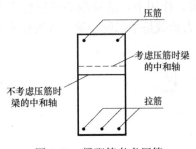

图 5-12　梁配筋考虑压筋

筋总是存在，故可以考虑压筋的影响。图 5-12 为梁跨中通常的受力状态；当考虑压筋时，中和轴上移，拉筋所需配筋面积减少。

5.1.12　梁配筋考虑板的影响

【梁配筋考虑板的影响】现浇混凝土梁和板是协同受弯，通常情况下板不进入 GSSAP 整体计算，为了考虑板的影响，现浇板的梁应按 T 形梁计算。GSSAP 通过中梁刚度放大系数（见 5.4.3 节）考虑了板作为翼缘对梁刚度的贡献，梁刚度增大导致梁内力增大，计算所得配筋全部配在了矩形梁上 (图 5-13)；另外，板边配筋已经在【楼板、次梁、砖混计算】模块中获得，此处配筋有所重复。GSSAP 会根据周边板的情况适当减小梁的配筋值。

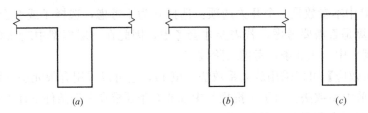

图 5-13　梁配筋考虑板的影响

（*a*）建筑使用过程中梁板协同工作；（*b*）计算梁刚度时考虑板对梁刚度的贡献；（*c*）计算梁配筋时按矩形截面计算

5.1.13　填充墙刚度和周期折减系数

【周期折减系数】填充墙没有进入 GSSAP 整体计算，但其刚度存在。因此，软件得到的结构模型偏柔，需要修正这一影响，通过周期折减系数即可考虑填充墙刚度对结构的影响。考虑到不同结构体系的填充墙数量不同，《高规》中 4.3.17 条规定了不同结构体系的周期折减系数取值：框架 0.6～0.7，框-剪 0.7～0.8，框筒 0.8～0.9，剪力墙 0.8～1.0。

周期折减不能考虑填充墙不均匀布置的不利影响。如首层为架空层，二层以上为住宅的情况为竖向布置不均匀；临街面开橱窗的商场为平面布置不均匀，此时只有将填充墙输入模型才能真实考虑。软件给出了三种方法考虑填充墙刚度，除 0 按周期折减外，填 1 将自动按梁荷反求填充墙尺寸和位置，填 2 则需要在梁属性中手工指定哪些梁有填充墙。首层为架空层的情况可填 1，更复杂的情况则需要填 2 并且手工指定填充墙。填 1、2 要和填 0 的计算结果取包络。

5.1.14　所有楼层分区强制采用刚性楼板假定

【所有楼层分区强制采用刚性楼板假定】选择"0 实际"，GSSAP 根据刚性板的连通情况自动判断每层有几块刚板，选择 1 刚性，强制每层为一个刚板。板是否为刚性板还可在板属性中指定，缺省为刚性板。

选择"0 实际"，模型中的层间构件、悬挑、孤柱将不作为刚板部分，程序可算出其局部振动，计算结果更准确，但计算量大；选择"1 刚性"，模型中的层间构件、悬挑、孤柱被拉平到刚性板平面计算或被忽略，程序忽略这些构件的局部振动，计算结果粗糙，但计算量小。

选择"1 刚性"通常用于初始模型定型，快速估算结构的总体指标；最后计算应选择"0 实际"，多塔结构不能选择"1 刚性"。

5.1.15 异形柱结构

【异形柱结构】当结构中有较多异形柱时要选择异形柱结构。此时多层结构的薄弱层地震剪力放大 1.2 倍，高层结构的放大 1.25 倍。

异形柱避免了房内柱子的突出，但从截面特性、内力和变形特性、抗震性能等方面与矩形柱相比有显著差距，一般在结构设计中应避免大量使用异形柱而成为异形柱结构。

5.1.16 是否高层的判断

【是否高层】GSSAP 自动判断 10 层以上或房屋高度大于 28m 的住宅建筑为高层结构；房屋高度大于 24m 的其他高层民用建筑、混凝土结构需选择"2"强制指定为高层结构；多层住宅建筑因坡屋面而判断为高层结构时，可选择"3"强制指定其为多层结构。自动判断时，程序已自动扣除鞭梢小塔楼层和底部的约束层。

5.1.17 有限元计算单元尺寸划分

【有限元细分尺寸】细分尺寸越小，模型计算越精细，但计算量将以平方关系增长。因此应控制合理的细分尺寸。一般工程可按 2m 细分；框支剪力墙结构墙竖向细分尺寸可取 1m；无梁楼盖等板壳结构墙板水平细分尺寸可取 1m。

5.2 地 震 信 息

抗震设计参数是本章的难点，难点在于本科教学中对动力学理论讲述较少，因此若直接讲解地震参数未必能达到良好的效果。本节通过介绍 GSSAP/GSNAP 中涉及的三种地震计算方法，逐步引入这些抗震设计参数，使参数的意义及如何使用容易理解。讲述地震计算方法时不应着重于公式的记忆，而应着重于理解公式中变量的物理意义。

结构振动是结构在外力作用下的受迫振动，要理解结构抗震设计，既要理解结构自身的振动特性，也要理解外力（地震作用）的特性。

5.2.1 结构的自振特性、振型数和振型计算方法

物体振动在自然界是非常普遍的现象。小到粒子，大到星球都会振动，结构也会发生振动。物体在不同能量级下会产生不同振动形态，图 5-14 是弦在不同能量下的振动形态。结构也有各种振动形态，图 5-15 是结构的不同振动形态。图 5-15 可类比为摇动一个竹竿，当轻轻摇动时，出现第一个振型；加大摇动频率（更大的频率意味着更大的能量），出现第二个振型；以此类推，可能出现第三，第四振型……直到能量太大，导致竹竿折断。

结构的振型与结构的质点、刚度分布有关，是结构的固有属性，与外力无关。如果结构有 n 个质点，每个质点的运动都互不相关；每个质点有两个水平运动以及一个水平面内绕质点的转动和竖向振动；如果只考虑前三个水平振动，则结构最多有 $3n$ 个振型。

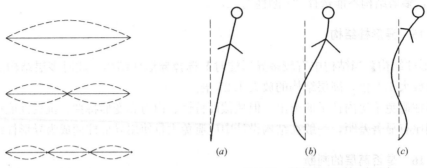

图 5-14　弦的不同振动形态　　　　图 5-15　结构的不同振动形态

【振型数】在考虑楼层无限刚情况下，每层只有一个质点，在图 5-16 所示地震信息中振型数初始值可填层数的 3 倍。

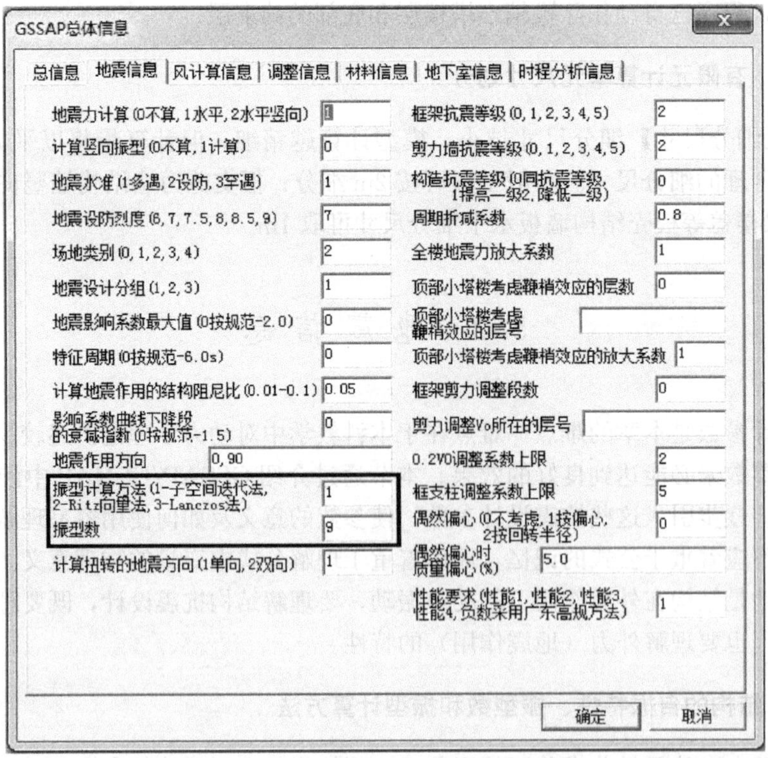

图 5-16　振型数和振型计算方法的填写

图 5-17 为一个复杂计算模型的质点分布。由于有很多层间构件且是多塔模型，算出的振型数远超过层数的 3 倍。规范对于振型数的要求为：计算所得振型的累加振型参与质量达到结构总质量的 90% 时所需的振型数为止。振型参与质量的概念请参考 5.2.4 条，其计算结果请参考第 6 章。

【振型计算方法】确定了振型数后需要计算振型，GSSAP 提供了三种振型计算方法：子空间迭代法计算精度高，速度稍慢；兰克索斯（Lanczos）方法速度快，精度稍低；里兹向量（Ritz）法的速度、精度介于前两者之间。

一般的结构设计中，三种计算方法的精度都能满足设计要求，对于特殊结构当采用其中一种方法求解不收敛或不能求解固有频率时，可换另一种方法求解。

不收敛的常见情况为平法配筋计算时出现读某一行数据出错的英文提示（不是所有的英文提示都表示振型计算不收敛），此时打开周期计算结果的文本文件，可以看到周期是非数字。遇到这种情况，一般换

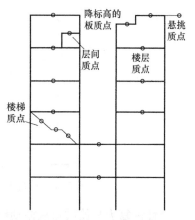

图 5-17　复杂结构计算模型质点分布

一种振型计算方法就能解决问题，个别情况仍然不收敛的，则是模型有问题，如有重叠的柱或墙。

5.2.2　地震作用的特性

1. 地震作用是波，波的传递需要时间，因此地震作用对结构的影响会持续一段时间，且大小是变化的。

2. 地震波是多频率波，可视作多条单频率波的叠加。

3. 地震波是随机的，不能预知一个尚未发生地震波的持时和频率。

4. 此随机过程的概率分布不能确定。以均匀分布为例，当样本个数足够多时，每种可能性的发生次数是相等的。而地震波不是，不同样本的概率分布可能不同，即概率分布是非平稳的。

要准确计算地震波对结构的作用应使计算过程满足以上 4 个特性。通过比较以下几种地震计算方法，了解每种方法是否满足以上 4 个特性、每种方法的优缺点以及适用条件。

5.2.3　地震计算方法一：时程分析之直接逐步积分法

逐步积分法概念最直观，计算过程也最复杂。虽然波的运动过程很复杂，但波作用于结构的每一刻都满足牛顿运动定律 $F=ma$。计算某一刻的地震作用，再把这一刻的结果当作下一刻计算的初始状态继续计算，逐次计算就能得到整个地震波运动过程对结构的作用。

以单自由度体系讨论，多自由度体系是把单自由度过程中的变量变成 n 阶矩阵变量。

图 5-18 中，x_g 是地面在地震波作用下的位移，x 是结构在地面运动 x_g 作用下发生振动产生的相对位移，则绝对加速度为 $\ddot{x}_g+\ddot{x}$，由于惯性力与加速度方向相反，因此

$$f_1=-m(\ddot{x}_g+\ddot{x}) \tag{5-1}$$

阻尼力是摩擦力，与结构的相对速度有关，并与相对速度方向相反，因此

$$f_c=-c\dot{x} \tag{5-2}$$

其中 c 为阻尼系数。

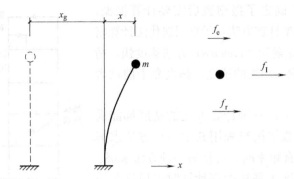

图 5-18　单自由度体系在地面水平运动作用下的变形和受力

弹性恢复力是使质点从振动位置恢复到平衡位置的力，根据虎克定律：

$$f_\tau = -kx \tag{5-3}$$

其中 k 为体系刚度。

质点在上述三个力作用下处于平衡，即：

$$f_I + f_c + f_\tau = 0 \tag{5-4}$$

将式（5-1）～式（5-3）代入式（5-4）中，得：

$$m\ddot{x} + c\dot{x} + kx = -m\ddot{x}_g \tag{5-5}$$

令 $\omega = \sqrt{\dfrac{k}{m}}$ 和 $\xi = \dfrac{c}{2\omega m} = \dfrac{c}{2\sqrt{km}}$，得到式（5-6）：

$$\ddot{x} + 2\omega\xi\dot{x} + \omega^2 x = -\ddot{x}_g \tag{5-6}$$

式 5-6 为线性常微分方程，其通解＝齐次解＋特解，其物理意义为：体系地震反应＝体系自由振动＋地震给予体系的强迫振动。式 5-6 的求解过程参考《建筑结构抗震设计》教科书，本处仅讨论一些结论，并引出一些软件要填写的地震参数。

1. 如果只考虑图 5-19（a）所示的无阻尼无外力自由振动情况，式（5-6）可求解得自由振动的质点振动方程：

$$x(t) = x_0\cos\omega t + \frac{\dot{x}_0}{\omega_D}\sin\omega t \tag{5-7}$$

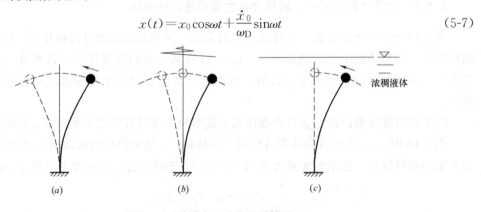

图 5-19　单质点运动的几种情况

（a）无阻力无外力激励情况下，质点以等振幅做周期 T 的自由振动；

（b）质点受空气阻力作用，阻力较小，且无外力激励，质点振幅不断衰减，直至停止振动；

（c）质点受浓稠液体阻力作用，阻力很大，且无外力激励，质点几乎不发生振动，最后缓慢停止在平衡位置

由于 $\cos\omega t$ 和 $\sin\omega t$ 是周期为 2π 的函数，可知质点的振动周期为：

$$T=\frac{2\pi}{\omega}=2\pi\sqrt{\frac{m}{k}} \tag{5-8}$$

由式（5-8）可知，周期 T 仅与质量 m 和刚度 k 有关。若加大刚度，周期将减小，结构位移也减小。可通过增加结构构件数量，或者增大结构构件截面尺寸来增加刚度。

2. 当发生图 5-19（a）和（c）两幅图的有阻尼情况时，引入阻尼比 ξ 的概念。在图 5-19（c）中，$\xi>1$ 为过阻尼状态，质点不发生振动；在图 5-19（b）中，$\xi<1$，为欠阻尼状态，质点发生不断衰减的振动。

建筑结构通常为欠阻尼状态，故需要在计算时填入阻尼比。图 5-20 显示了软件中阻尼比的填写位置，对于混凝土结构通常填 0.05。

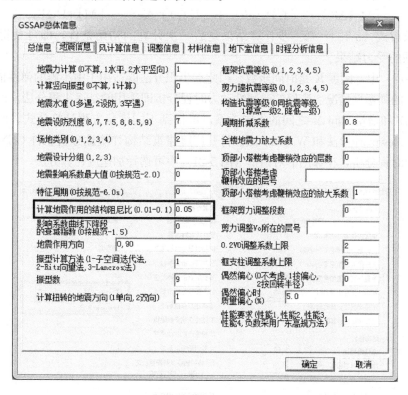

图 5-20　软件中阻尼比的填写位置

3. 若地面振动频率和质点振动频率接近，质点的振幅将达到地面振幅的几倍到几十倍，即共振，这个结论很重要，结构抗震设计求解的是结构在地震下的最不利状态，必须要避免结构发生共振。

假定地面运动为 $x_g(t)=A\sin\omega_g t$，代入质点振动方程，求质点振幅与地面运动振幅 A 的比值如式 5-9：

$$\beta=\frac{(\omega_g/\omega)^2}{\sqrt{[1-(\omega_g/\omega)^2]^2+[2\xi(\omega_g/\omega)]^2}} \tag{5-9}$$

当 $\omega_g/\omega\approx1$，可得 $\beta=\dfrac{1}{2\xi}$，因为阻尼比通常在 0.01～0.1，故放大倍数在 5～50 倍。

4. 由于结构初位移和初速度很小，自由振动项常可忽略，实际计算时可仅取强迫振动项，因此由式（5-6）求得质点振动方程，称为杜哈梅公式 [式（5-10）]。可得：

$$x(t) = \int_0^t \mathrm{d}x(t) = -\frac{1}{\omega_D} \int_0^t \ddot{x}_g(\tau) e^{-\xi\omega(t-\tau)} \sin\omega_D(t-\tau)\mathrm{d}\tau \tag{5-10}$$

5. 多自由度体系是用多质点质量矩阵 $[M]$ 代替了单质点质量 m，多质点刚度矩阵 $[K]$ 代替了单质点刚度 k，多质点阻尼矩阵 $[C]$ 代替了单质点阻尼系数 c，对比式（5-6），得到式（5-11）：

$$[M]\ddot{x} + [C]\dot{x} + [K]x = -[M]\ddot{x}_g \tag{5-11}$$

采用逐步积分法求解式（5-11）（参阅教科书《建筑结构抗震设计》），通过假定增量加速度 $\Delta\ddot{x}$ 和增量时间 Δt 之间的关系，可得到增量方程：

$$[M]\{\Delta\ddot{x}\} + [C]\{\Delta\dot{x}\} + [K(t)]\Delta x = -[M]\{1\}\Delta\ddot{x}_g \tag{5-12}$$

逐步求解式（5-12），每一步计算结果是后一次计算的初始条件，即可获得任意时刻多质点体系的受力结果。

式（5-12）中，刚度 K 是时间函数。因此逐步积分法既适用于中小震的弹性情况，也适用于大震下的弹塑性情况。广厦的弹塑性动力时程分析即采用的是逐步积分法。通过假定增量加速度 $\Delta\ddot{x}$ 和增量时间 Δt 之间的不同关系，可得到不同增量方程计算公式。例如有线性加速度法、Newmark-β 法和 Wilson-θ 法。打开广厦建筑结构弹塑性分析软件 GSNAP，选择弹塑性动力时程分析，在弹出的对话框（图 5-21）中可选择加速度计算方法。

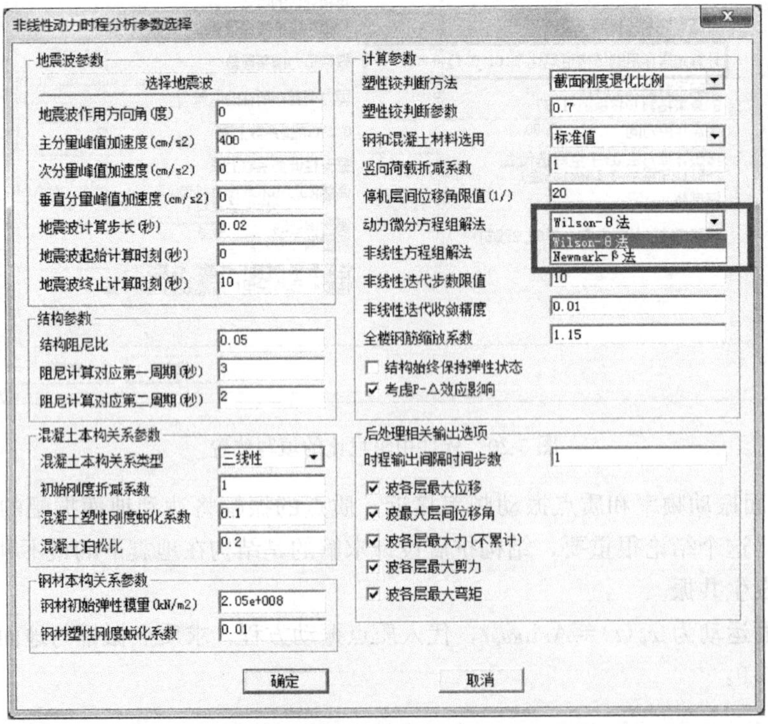

图 5-21 在 GSNAP 参数控制中可选择 Newmark-β 法和 Wilson-θ 法

式（5-11）中的地面加速度 $\ddot{x}_g$ 在计算时需要分解为主方向、次方向和竖向三个分量。其中，竖向分量的方向是确定的，而主方向和次方向分量从结构的哪个方向来并不确定，因此 GSSAP中至少以 0°加载地震波主方向、90°加载地震波次方向、90°加载地震波主方向、0°加载地震波次方向计算两次，即刚度最大和最小的方向。刚度最大的方向变形小、地震作用大；刚度最小方向变形大、地震作用小。当初算时发现最不利地震方向不是两个主轴方向时，应添加最不利地震方向再算，图 5-22 表示了地震时程作用方向与结构方向的关系。

6. 估算一下逐步积分法的耗时：完成图 5-23 所示地震波时程分析，记录步长

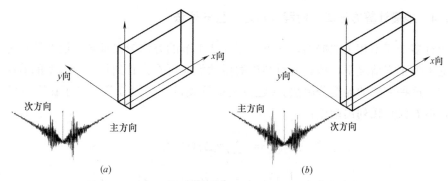

图 5-22　GSSAP 中地震时程作用方向与结构方向的关系

(*a*) 主震方向和刚度方向相平行；(*b*) 主震方向和刚度方向相垂直

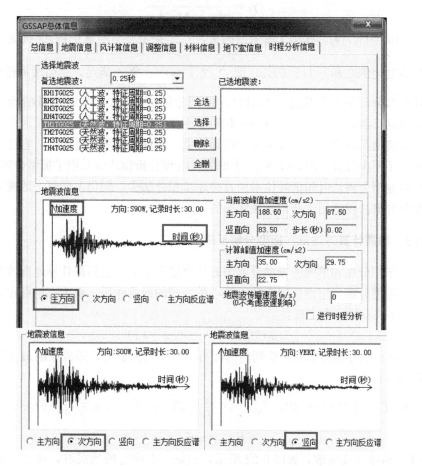

图 5-23　在 GSSAP 总体信息中可选择的三向地震波时程

为 0.02s，时长 30s，即有 1500 个数据，则按照式（5-12）求解矩阵方程需要 1500 次，求解两个地震方向则要 3000 次。若每求解一次方程需要 1s，则至少需要 50min 才能算完一条波。根据 5.2.2 节中地震作用的特性，必须要有足够多的波才能反映地震力的随机性，况且结构设计需要多次调整、计算才能得到良好结果。因此，时程分析之逐步积分法虽然能准确计算单条波，但耗时太长，且不能满足地震作用的随机性要求。

5.2.4　地震计算方法二：时程分析之振型分解法

结构有多个互不相关的振型，并可按照 5.2.1 节的方法予以求解。而在结构弹性且振型与阻尼矩阵正交情况下，地震波对结构的振动效应可看作其到每一个振型的效应投影分量的叠加，这种方法即振型分解法。《建筑结构抗震设计》第 3 章讨论了振型分解法的推导过程，本处仅直接列出结论：

$$\{x(t)\} = \sum_{j=1}^{n} \gamma_j \Delta_j(t)\{\phi_j\} \tag{5-13}$$

$$\Delta_j(t) = -\frac{1}{\omega_D} \int_0^t \ddot{x}_g(\tau) e^{-\xi \omega_i(t-\tau)} \sin\omega_{iD}(t-\tau) d\tau \tag{5-14}$$

$$\gamma_j = \frac{\{\phi_j\}^T [M]\{1\}}{\{\phi_j\}^T [M]\{\phi_j\}} \tag{5-15}$$

式（5-15）中，$\{\phi_j\}$ 是第 j 阶振型向量，γ_j 是振型参与质量比例，《抗规》规定：各振型参与质量比例之和不小于 90%，即 $\sum_{j=1}^{n} \gamma_j \geqslant 90\%$。若不满足，则需增加振型数。

比较振型分解法和直接逐步积分法：振型分解法式（5-13）是由杜哈梅公式式（5-10）推导得到，因此它仍然需要对每一时间步逐步积分。且振型分解法仅需求解一次结构振型，然后将地震效应向各个振型求解投影分量，且进行叠加计算即可，它比起直接逐步积分法省下了不少计算时间，GSSAP 中的弹性时程分析模块就采用了振型分解法。

单纯的振型分解法时间消耗比采用直接逐步积分法少，但仍不能解决地震波的随机性问题。振型分解法仅适用于结构弹性状态的计算。

5.2.5　地震计算方法三：振型分解反应谱法

直接逐步积分法和单纯的振型分解法的计算量都很大，它们都计算地震波对结构作用的每一刻。振型分解反应谱法通常并不关心某一刻的地震作用，而关心地震作用的最大响应，将式（5-15）做一个变形：

$$m(\ddot{x}_g + \ddot{x}) = -(c\dot{x} + kx) \tag{5-16}$$

式（5-16）的左侧即单质点受到的惯性力，取绝对值最大，即质点的最大惯性力，则对上式积分可得：

$$S_a(T) = | \ddot{x}_g(t) + \ddot{x}(t) |_{\max} \approx | \frac{2\pi}{T} \int_0^t \ddot{x}(\tau) e^{-\xi \frac{2\pi}{T}(t-\tau)} \sin\frac{2\pi}{T}(t-\tau)d\tau |_{\max} \tag{5-17}$$

$$F_{\max} = m S_a(T) \tag{5-18}$$

$S_a(T)$ 即地震反应谱，如图 5-24 所示，它是一个确定的地震波，通过一组阻尼比相同自振周期不同的单自由度体系，引起各体系最大加速度响应与自振周期间的关系曲线。

有了这条曲线对于一个地震波和一个确定周期的质点，能方便地查到最大惯性力，而多自由度结构有多个振型，每一振型有对应的自振周期，这就用到振型分解法。

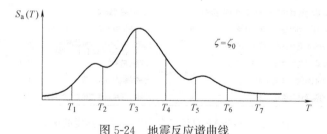

图 5-24 地震反应谱曲线

将式（5-15）变换，得到质点 i 在 j 振型下受到的地震作用：

$$F_{ji} = m_i\gamma_j\phi_{ji} \mid \ddot{\Delta}_j(t) + \ddot{x}_g(t) \mid_{max} = m_i\gamma_j\phi_{ji}S_a(T_j)$$ （5-19）

每个振型对应的最大反应在不同周期，不同时刻发生，通常采用平方和开方的方法估计振型组合后的最大反应，对于质点 i，即：

$$F_i = \sqrt{\sum F_{ij}^2}$$ （5-20）

反应谱法比逐步积分法的优势在于：只要将确定地震波的反应谱曲线预先积分制成图表，计算结构的地震反应时只需查表即可，大大加快了计算速度。

到此仍只讨论了单条波的地震反应，仍没考虑地震波的随机性。要考虑地震波的随机性，则需计算多条地震波。地震波有三个属性：能量（由地震波的振幅体现）、频谱（地震波可看成多频波的叠加）和持续时间。通常不关心持续时间，应先考虑能量。

首先，由于记录到的单条地震波既有可能是天然形成的，也有可能是人工造成的。不同测量位置得到的地震波加速度也不相同，要将多条波考虑到一起计算的前提得统一输入加速度，为此，国家以历史地震资料为依据将全国划分为不同的抗震设防烈度区。《抗规》中附录 A 列出了不同地区的不同设防烈度，要确定设计结构所在地的设防烈度，然后根据《抗规》中 3.2.2 条，不同设防烈度就决定了不同的设计基本加速度（表 5-1）。

设计基本地震加速度值　　　　　　　　　　　　　　　　　　　表 5-1

抗震设防烈度	6	7(7.5)	8(8.5)	9
设计基本地震加速度值	0.05g	0.10g(0.15g)	0.20g(0.30g)	0.40g

注意到在 7、8 度烈度时有两个加速度值，习惯称括号内的值为"7 度半"，"8 度半"，对应 GSSAP 总体信息输入中的 7.5 和 8.5（图 5-25）。

其次，考虑地震波的频谱。地震波的频谱显然和地震波的传递介质有关，传递介质分成两部分考虑：一是结构所在场地的地质状况；二是地震波从远端传递到场地所经过的路程。场地的土质软，地震波的周期会拉长（当弹性系数不同的两个弹簧串联，波从弹性系数高的向弹性系数低的弹簧传递，弹性系数低的伸长量要比弹性系数高的弹簧大），图 5-24 的 T_3 对应的加速度波峰在更软的场地中将右移；地震波的传递过程中，其短波比长波更易被吸收，因此传递路程长，其到达场地时图 5-24 的地震波的 T_3 对应的地震波峰也会右移。规范通过场地类别和地震分组来考虑地震波的传递介质对地震波的影响，通过场地类别和地震分组可查得对应的特征周期（T_3）。

对式（5-18）再做一点变形：

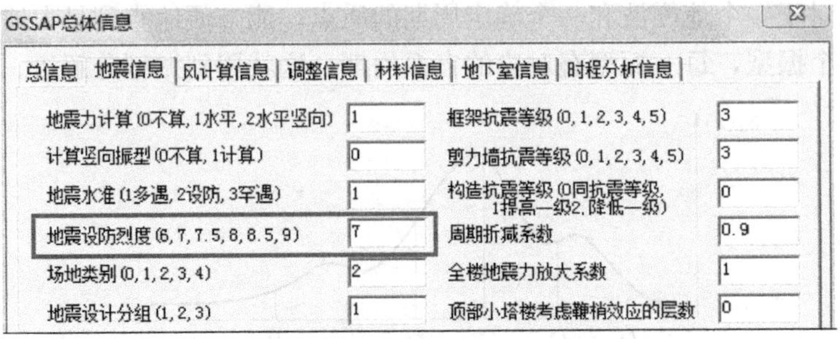

图 5-25　GSSAP 总体信息中地震设防烈度的填写

$$F_{\max} = mS_{\mathrm{a}}(T) = mg\,\frac{|\ddot{x}_{\mathrm{g}}|_{\max}}{g}\,\frac{S_{\mathrm{a}}(T)}{|\ddot{x}_{\mathrm{g}}|_{\max}} = Gk\beta(T) \tag{5-21}$$

其中 k 为表 5-1 中提到的设计基本地震加速度值前的系数（注意到 $|\ddot{x}_{\mathrm{g}}|_{\max} = kg$）。$\beta(T)$ 将结构最大地震反应 $S_{\mathrm{a}}(T)$ 与地震动最大加速度 $|\ddot{x}_{\mathrm{g}}|_{\max}$ 相除，去掉了地震能量大小对结构振动的影响，而只与地震动的频谱有关。考虑了场地和地震分组后的地震波平均，得到式（5-22）：

$$\overline{\beta}(T) = \frac{\sum\limits_{i=1}^{n}\beta_i(T)\,|_{\xi=0.05}}{n} \tag{5-22}$$

式（5-21）和式（5-22）中通过取平均值反映多个地震波的随机影响，这是与直接逐步积分法或振型分解法计算地震力的最大区别。但注意求和取平均值的方式也表明了这个随机性是平稳的，此处每条地震波发生的概率都相同，而真实的地震波是非平稳的。此外 $\overline{\beta}(T)$ 是取平均值，而某条地震波的 $\beta(T)$ 最大值有可能超过 $\overline{\beta}(T)$，因此反应谱法和时程分析法在实际工作中要互为补充。通常以振型分解反应谱法计算为主，对复杂工程用时程分析作为补充计算。若在 GSSAP 中选了两种方法，则每种方法得到的地震力分别与其他内力工况组合并取包络值。

由于抗震设计目标不同，应该采用几组加速度来设计，而不是直接采用设计基本地震加速度值。同时，规范也不直接采用 $\overline{k}\beta(T)$，而采用水平地震影响系数 $\alpha(T) = k'\overline{\beta}(T)$，其中 k' 为中震即基本烈度，小震取基本烈度的 $1/3$，大震取基本烈度 $1.5 \sim 2$，注意到 $\alpha(T)$ 的最大值 $\alpha_{\max} = k'\overline{\beta}_{\max}$，即求得地震水平影响系数最大值表和地震水平影响系数曲线（表 5-2 和图 5-26）。

地震水平影响系数最大值　　　　　　　　　　　　　　　　　　表 5-2

地震影响	6 度	7(7.5)度	8 (8.5)度	9 度
多遇地震	0.04	0.08(0.12)	0.16(0.24)	0.32
设防地震	0.12	0.23(0.34)	0.45(0.68)	0.90
罕遇地震	0.28	0.50(0.72)	0.90(1.20)	1.40

图 5-26 中，T_{g} 被称为特征周期，它与场地土和设计地震分组有关，见表 5-3。

以上几个参数分别在图 5-27 所示位置填写。当填写了【设计地震烈度】、【场地类别】和【地震设计分组】后，【地震影响系数最大值】和【特征周期】可填 0，程序根据规范自动求解；工程师也可以自己查表填写确定值，但要注意罕遇地震下的【地震影响系数最大值】和【特征周期】与小震不同，若工程师自己查表填写确定值，则罕遇地震下这两个值要重新填写。

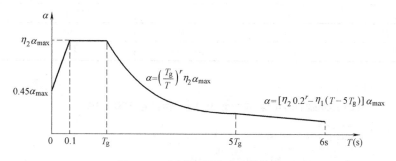

图 5-26 水平地震影响系数曲线

α—地震影响系数；α_{max}—地震影响系数最大值；η_1—直线下降段的下降斜率调整系数；
γ—衰减指数；T_g—特征周期；η_2—阻尼调整系数；T—结构自振周期

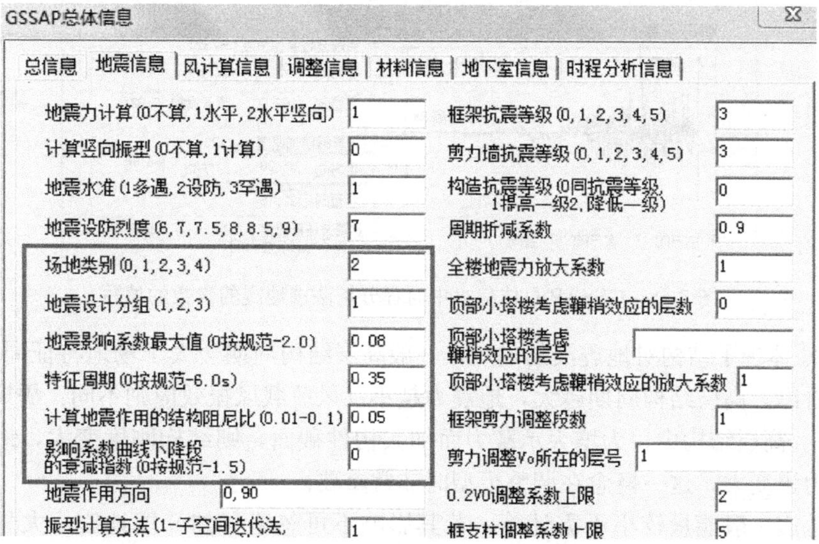

图 5-27 GSSAP 总体信息中反应谱法求地震的参数的填写

特征周期值 (s)，罕遇地震时 8，9 度特征周期应加 0.05s　　　　　　表 5-3

设计地震分组	场 地 类 别				
	I_0	I_1	II	III	IV
第一组	0.20	0.25	0.35	0.45	0.65
第二组	0.25	0.30	0.40	0.55	0.75
第三组	0.30	0.35	0.45	0.65	0.90

时程分析需要输入不同的计算加速度，表 5-2 和表 5-4 存在换算关系：$\alpha_{max}=k'\overline{\beta}_{max}$。以 7 度多遇地震为例，水平地震影响系数最大值为 0.08，则 $0.08\times g/\overline{\beta}_{max}\times100=0.08\times9.8/2.25\times100\approx35$，与表 5-4 的数据一致。

图 5-28 显示了加速度时程的输入。应选择特征周期与本场地一致的地震波。

时程分析所用地震加速度时程的最大值（cm/s²）   表 5-4

地震影响	6 度	7 度	8 度	9 度
多遇地震	18	35(55)	70(110)	140
设防地震	50	100(150)	200(300)	400
罕遇地震	120	220(310)	400(510)	620

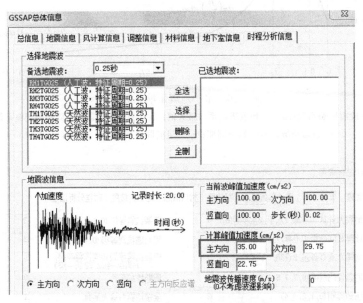

图 5-28　GSSAP 总体信息中时程分析法求地震的参数的填写

图 5-26 体现了结构对地震波的响应，一般高层结构周期会大于场地特征周期 T_g，从图中可以看出，高层结构周期越大，地震力越小（风荷载风振效应则不同：周期越大，风荷载越大）。高层结构中，为增大承载力而加大构件截面，则结构刚度变大，地震力引起的结构内力也变大，这一概念在调整模型时非常重要。

竖向地震一般能量较小不需计算，若其影响不可忽略（如 9 度地震、大悬臂、大跨度）则需计算。竖向地震影响系数是在水平地震影响系数基础上折减，根据《抗规》中 5.3.1 条，9 度高层建筑取水平地震影响系数的 65%，采用水平地震影响曲线来求解。这虽简单却不够真实，可通过考虑竖向振型来求解。在 GSSAP 参数中，竖向地震和竖向振型是分开的，就是基于这个原因，如图 5-29 所示。

5.2.6　地震计算方法四：底部剪力法

底部剪力法对地震作用进一步简化，即结构尺寸均匀且高度小于 40m 的情况下，结构以第一振型为主时采用，适合于手算。目前实际结构一般比较复杂，用底部剪力法和反应谱法的计算结果有较大差距，更重要的是计算机计算速度已能够胜任用反应谱法求解地震力，因此在 GSSAP 中已经舍弃底部剪力法基本求解方法。

软件中底部剪力法仅用于纯砖混结构的抗震计算，因为纯砖混结构并不采用 GSSAP 计算，而采用类似于手工计算的导荷计算方法。而且砖混构件的刚度矩阵研究较少，砖墙的连续性较差，在地震力作用下容易破坏，按弹性条件下的壳单元计算砖墙的受力其可靠

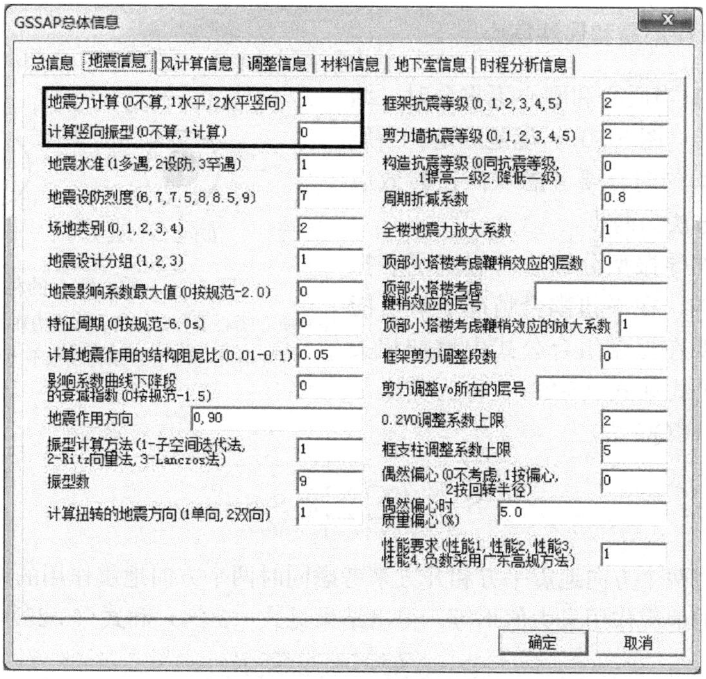

图 5-29　GSSAP 总体信息中竖向地震，竖向振型的填写

性不高。如果遇到砖墙与框架的混合结构，软件将采用壳单元计算砖墙（刚度折减为剪力墙刚度的 1/10），并采用 GSSAP 中的反应谱法计算地震，然而并不提倡这种算法。所以，实际工作中可将砖墙和框架尽量分成两个体系，建两个模型分别计算。

5.2.7　地震水准和建筑抗震性能要求

抗震设计的目标为"小震不坏，中震可修，大震不倒"。小震、中震、大震是地震水准；不坏、可修、不倒即性能要求。《抗规》条文说明中以表 5-5 来具体表述以上原则。常规设计，填写多遇和性能 1（多遇情况下性能 1～4 相同）；中震不屈服设计，填写设防和性能 3（注意表中要求：按标准值复核，因此此时输出的内力组合为标准组合）。

建筑结构抗震性能要求　　　　　　　　　　　　　　　　表 5-5

性能要求	多遇地震	设防烈度地震	罕遇地震
性能 1	完好，按常规设计	完好，承载力按不计抗震等级调整地震效应的设计值复核	基本完好，承载力按不计抗震等级调整地震效应的设计值复核
性能 2	完好，按常规设计	基本完好，承载力按不计抗震等级调整地震效应的设计值复核	轻度损坏，承载力按标准值复核
性能 3	完好，按常规设计	轻度损坏，承载力按标准值复核	中度损坏，承载力按标准值复核，墙柱的抗震受剪截面自动按 $V \leqslant 0.15 f_{ck} b h_0$ 验算
性能 4	完好，按常规设计	中度损坏，承载力按标准值复核，墙柱的抗震受剪截面自动按 $V \leqslant 0.15 f_{ck} b h_0$ 验算	比较严重损坏，承载力按标准值复核，墙柱的抗震受剪截面自动按 $V \leqslant 0.15 f_{ck} b h_0$ 验算

5.2.8 双向地震和偶然偏心

【双向地震】当质心和刚心不重合时，结构将绕刚心扭转（图5-30）。规范规定：当质量刚度分布不均匀时，要考虑双向扭转效应的影响。计算方法为两步：

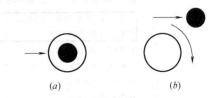

图5-30 质心刚心的相互关系

(a) 质心刚心重合，结构在水平力作用下沿坐标轴运动；
(b) 质心刚心不重合，结构在水平力作用下绕刚心旋转

第一，在推导振型分解法时假定了各振型是互不相关的，在平扭耦合情况下有可能相关，因此需要在振型组合公式中增加相关系数。其组合公式如式（5-23），称为完全二次振型组合法（CQC法）。

$$S = \sqrt{\sum_{j=1}^{r}\sum_{k=1}^{r}\rho_{jk}S_jS_k} \qquad (5\text{-}23)$$

第二，以将两个方向地震平方和开方来考虑同时两个方向地震作用的扭转效应，并考虑到两个方向的地震作用最大值不等，得出结果见式（5-24）和式（5-25）：

$$S = \sqrt{S_x^2 + (0.85S_y)^2} \qquad (5\text{-}24)$$

$$S = \sqrt{S_y^2 + (0.85S_x)^2} \qquad (5\text{-}25)$$

【偶然偏心】地震计算公式中作为模拟结构质点质量的荷载组合（称为重力荷载代表值）为恒＋0.5活，这个活载是作满载布置的，实际上活载可能是随机的，如图5-31所示，图5-31（a）是计算地震的质量分布，图5-31（b）是地震发生时可能的质量分布。

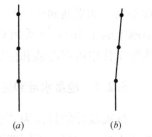

图5-31 偶然偏心示意图
(a) 计算模型；(b) 实际模型

为了考虑这种影响将计算得到的质点有意地偏移一个距离（一般是5%，也可以按回转半径来求解）再计算，这即考虑偶然偏心。

以上两种方法求得的地震力在GSSAP中均作为单独的地震工况分别与其他工况组合，同时选两种方法时，软件将取大值。

5.2.9 抗震等级和构造抗震等级

【抗震等级】和【构造抗震等级】根据《抗规》中6.1.2条可确定抗震等级，填写【抗震等级】参数时，0为特一级，5为非抗震——使模型不计算地震力。抗震等级对应不同的构造措施，在《抗规》条文中，抗震措施和抗震构造措施有区别：抗震措施的改变对应抗震等级的改变，它包括了内力调整和抗震构造措施改变（通常是提高或降低最小配筋率）；而抗震构造措施的改变只对应构造抗震等级的改变，没有内力调整。《抗规》中6.1.2条和6.1.3条说明了调整【抗震等级】的几种情况。

5.2.10 鞭梢小楼效应

【鞭梢小楼效应】当建筑物有突出屋面的小建筑（楼梯间，女儿墙等）时，由于该部

分的重量和刚度突然变小会出现地震反应加剧的现象。在底部剪力法计算时只考虑第一阶振型，而与小楼层有关的振型往往比较靠后，导致底部剪力法低估了小楼层地震力；其次，底部剪力法暗含了楼层无限刚假定，将几个小楼以无限刚约束在一起，也低估了小楼层地震力。

在 GSSAP 中每个小塔楼均为单独的质点，如图 5-32 所示。采用振型分解法计算地震力，理论上只要小塔楼层振型被完全算出，振型参与质量达到 100%，小塔楼地震力就不需要再放大。若按规范振型参与质量达到 90%，可考虑放大小塔楼地震力（图 5-33），若达到 100% 可不放大。但仍需考虑设置小塔楼层数。在广厦成图系统以小塔楼下一层作为屋面层的缺省判断（屋面梁在平法中表示为 WL 而不是 L）。

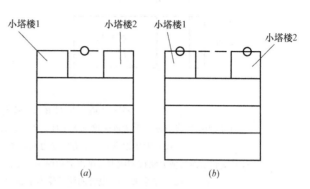

图 5-32　鞭梢小楼示意图

(a) 强制无限刚，小塔楼所在层只有一个质点；

(b) GSSAP 实际模型下，小塔楼所在层的质点是分开的

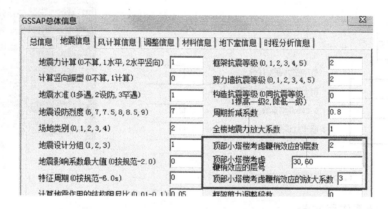

图 5-33　GSSAP 总体信息中鞭梢小楼参数的填写

5.2.11　框架剪力调整

【框架剪力调整】是针对框架—剪力墙结构所做的二道抗震设防调整，目的是防止框架—剪力墙结构中的框架柱在多次地震时破坏，如图 5-34 所示情况。《抗规》中 6.2.13 条规定侧向刚度沿竖向分布基本均匀的框架—剪力墙结构，任一层框架部分的地震剪力不应小于结构底部总地震剪力的 20%，按框架—剪力墙结构分析的框架部分各楼层地震剪力中最大值 1.5 倍，二者的较小值，此处 $0.2V_0$ 即指 20% 的剪力调整。如果体系发生收缩（例如裙房收缩到塔楼）需要分段调整，图 5-35 表示了软件中分段调整的填写方法，图 5-35 (b) 为结构层示意图。

设定调整系数上限是为了防止过分调整。例如图 5-36 所示情况：门厅柱并非一个重要的结构构件，就算损坏了也无关结构的整体稳定，这种情况柱没有必要承担过大地震力。

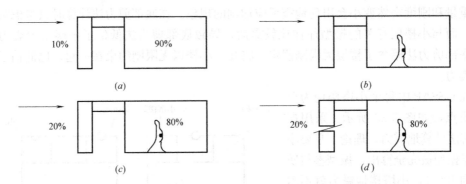

图 5-34　多次地震时墙柱承受地震力的内力比例变化

(a) 内力按刚度分配，剪力墙刚度远大于柱，因此柱按较小的地震力承受比例设计截面；

(b) 发生地震时，剪力墙受力大，受到损伤，刚度削弱；

(c) 受到损伤的剪力墙按照刚度分配内力的原则，受到的地震力减小，柱的内力相应增大；

(d) 按原来10%设计的柱承受不了20%的地震力，发生破坏

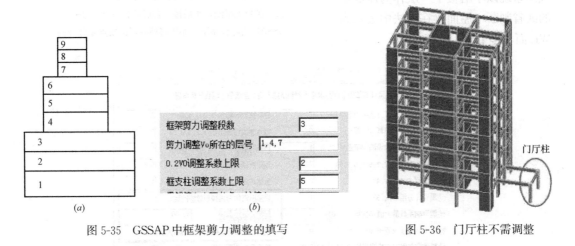

图 5-35　GSSAP 中框架剪力调整的填写　　　　　图 5-36　门厅柱不需调整

5.2.12　地震作用方向

【地震作用方向】一般来说 0，90°是至少要算的，计算完毕 GSSAP 会输出结构最不利角度，若最不利角度与 0 或 90°的夹角大于 15°，应按最不利角度方向再添加一个地震方向计算。

5.3　风计算信息

5.3.1　自动导算风力

【自动导算风力】填 1 时软件将分层自动计算风荷载。软件自动导风荷的原理如下：1. 将柱墙投影到垂直于风方向的投影面上；2. 按投影坐标排序柱位，得到迎风宽度；3. 根据《荷载规范》公式计算风荷载，将算得的风荷载按柱位的从属面积均分；4. 同一个

柱位上有多个投影坐标相同的柱，将均分到柱位的风荷载再等分到这些柱上（图 5-37）。

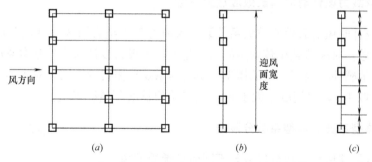

图 5-37　自动导风原理示意图

(*a*) 柱位图；(*b*) 排序柱位得到迎风面宽度；(*c*) 各柱位从属面

第 2 步迎风宽度的判断依赖于准确输入柱墙，在广厦老版本的输入中，当跨层柱落到下层时，下层柱不需输入，软件会自动向下查找到柱的落点。在使用 GSSAP 时，则提倡下层柱也要输入，若大量柱没有输入判断下层风荷载迎风宽度时，会导致宽度判断不足，进而导致风荷载算小。至于由于跨层柱分两段输入引起的计算长度判断问题，软件会自动处理。

上述导风原理第 4 步暗含了楼层无限刚假定，对中空结构不满足楼层无限刚不能用自动导算风力，本参数填 0，然后人工在构件上输入风荷载。

若多塔或设缝结构的塔距或缝距小于 1m，则缝内自动不考虑风荷载。

5.3.2　计算风荷载的基本风压

【计算风荷载的基本风压】按建筑所在地 50 年一遇的风压取用，且不应小于 $0.3kN/m^2$。因此基本风压可查阅荷载规范得到，见式（5-26）。

$$w_k = \beta_z \mu_s \mu_z w_0 \tag{5-26}$$

式（5-25）为风荷载标准值的计算公式，其中：w_k 为风荷载标准值（kN/m^2）；β_z 为高度 z 处的风振系数；μ_s 为风荷载体型系数；μ_z 为风压高度变化系数；w_0 为基本风压（kN/m^2）。这说明计算风荷载，不仅与基本风压有关，也与结构的体型、高度等有关。

5.3.3　地面粗糙度、坡地建筑 1 层相对风为 0 处的标高

【地面粗糙度】影响式 5-26 中的风压高度变化系数。根据《荷载规范》中 8.2 节，可确定结构所在地的粗糙度。

【坡地建筑 1 层相对风为 0 处的标高】如图 5-38 所示坡地建筑，建筑 1 层处所对应的风荷载并不为 0，因此需要填入此时建筑 1 层相对风为 0 处标高，以修正风压高度变化系数。

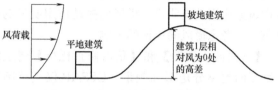

图 5-38　坡地建筑承受风荷载示意图

5.3.4　计算风荷载的结构阻尼比

【计算风荷载的结构阻尼比】计算风荷载同样可考虑摩擦效应（阻尼）的影响，因此要填写阻尼比。钢筋混凝土结构的阻尼比一般取 0.05。

5.3.5 承载力设计时风荷载效应放大系数

【承载力设计时风荷载效应放大系数】在求内力基本组合时风荷载的分项系数乘风荷载效应放大系数。对风荷载比较敏感的高层建筑，承载力设计时应按基本风压的1.1倍采用。风荷载的敏感性与高层建筑的体型、结构体系及自振特性有关，对主体结构高度大于60m的结构应取1.1，对高度不大于60m的结构根据实际情况确定。

5.3.6 体型系数、体型系数分段数

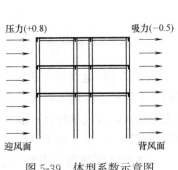

图 5-39 体型系数示意图

【体型系数】、【体型系数分段数】不同体型承受的风荷载不同。《荷载规范》中8.3节列举了不同建筑形状的体型系数，当模型高度方向形状发生变化，可从底层向上分段填写体型系数，GSSAP最多可填写3段。注意体型系数值的取值：图5-39中，迎风面体型系数0.8，背风面体型系数−0.5。无论压风还是吸风，风荷载方向一致，因此在满足楼层无限刚条件下，体型系数取0.8+0.5=1.3。

5.3.7 结构自振基本周期

【结构自振基本周期】可填0，按经验公式确定结构的自振周期。也可根据已算得的"周期和地震作用"计算结果中查询折减后的第一周期填入。

5.3.8 风方向

【风方向】GSSAP最多支持8个风方向。注意前面所填的基本风压、体型系数和基本周期都可分别按风方向输入不同的值，以逗号分隔。如果只输入1个值，则所有风方向的值都相同。

5.3.9 横风向风振影响、结构截面类型和角沿修正比例

【横风向风振影响】结构沿风方向振动为顺风振，高柔结构可能发生垂直风方向的振动称为横风振，有时横风振的影响远大于顺风振。规范规定：当建筑高度超过150m、高宽比大于5的高层建筑；细长圆形截面构筑物高度超过30m且高宽比大于4的构筑物横风向风振作用效应明显，横风向振动作用明显的高层建筑，应考虑横风向风振的影响。

【结构截面类型】和【角沿修正比例】建筑结构平面截面类型分矩形和圆形，GSSAP仅支持圆形和矩形截面的横风振效应计算，其他截面的横风振效应只能在此基础上近似。对于不完整的矩形截面，可按角沿修正比例予以修正（《荷载规范》中附录H.2.5）。图5-40为修正示意图，其中图5-40 (a) 削角填正值，图5-40 (b) 凹角填负值。

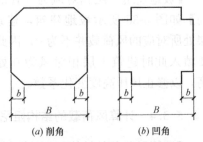

图 5-40 削角凹角示意图

5.3.10 扭转风振影响、第 1 阶扭转周期

【扭转风振影响】、【第 1 阶扭转周期】对于扭转风振作用效应明显的高层建筑及高耸结构宜考虑扭转风振影响，GSSAP 根据《荷载规范》中附录 H.3 计算扭转风振影响。计算扭转风振需要填写第 1 阶扭转周期，可在已算得的"周期和地震作用"结果中查找扭转比例系数最大的周期作为第 1 阶扭转周期。

5.3.11 计算舒适度的基本风压、计算舒适度的结构阻尼比

【计算舒适度的基本风压】、【计算舒适度的结构阻尼比】结构应保证风荷载下的舒适度。《高规》中 3.7.6 条规定，房屋高度不小于 150m 的高层混凝土建筑结构应满足风振舒适度要求。计算舒适度的基本风压取 10 年一遇的基本风压，混凝土结构计算舒适度用的结构阻尼比一般取 0.02。

5.4 调 整 信 息

5.4.1 地震连梁刚度折减系数

【地震连梁刚度折减系数】两端与剪力墙平面内相连的梁为连梁。《高规》中 7.1.3 条规定：跨高比小于 5 的连梁应按本章的有关规定设计，跨高比大于 5 的连梁宜按框架梁设计。因此软件中的连梁均指跨高比小于 5 的强连梁。连梁由于刚度大导致内力大，常达到无法配筋的地步，刚度折减后连梁内力减小，配筋也减少。地震作用下连梁首先开裂，开裂后连梁承受的荷载卸载到两侧剪力墙，这样的应力重分配是允许的；其次，地震作用下连梁开裂将起到耗能作用，结构整体刚度降低、变形加大，从而保护了连梁两侧的剪力墙。在常规荷载（恒、活和风荷载工况）和计算结构位移时刚度不应折减。

以上几点软件已经自动考虑，一般折减系数在 0.55～1.0 之间。在梁属性中可将每根梁指定为不同的折减系数。

5.4.2 中梁刚度放大系数 、梁扭矩折减系数

【中梁刚度放大系数】、【梁扭矩折减系数】这两个参数都是当板不进行整体分析时才需调整。现浇梁板是按 T 形截面受力，整体模型中只有板传到梁上的荷载，没有板翼缘的刚度，故以放大系数考虑板翼缘对梁刚度的贡献。这是一个近似考虑刚度的方法，而随着梁高度增大，这个近似误差在急剧增大。因此软件提供了梁高<800mm 和≥800mm 两档系数进行调整，梁高<800mm 时可填 1.5～2.0，≥800mm 时可填 1.25～1.5，梁扭矩折减系数一般填 0.4～1.0。

以上都是中梁的系数，对于边梁、两侧无板梁、两侧为壳单元、板单元的梁，不需专门处理，软件已经自动考虑。例如，中梁刚度放大系数为 1.6，梁扭矩折减系数为 0.4，则边梁自动为 1.3、0.7，两侧无板梁自动为 1.0、1.0。

5.4.3 梁端弯矩调幅系数

【梁端弯矩调幅系数】在竖向荷载作用下考虑荷载的长期作用，框架梁端会发生塑性变形导致内力重分布，可对梁端负弯矩调幅以减少梁的支座负筋，使梁柱节点区钢筋不至过密，便于混凝土浇筑。调幅使整个弯矩线下调，跨中弯矩将增大（图5-41）。

装配整体式框架梁端负弯矩调幅系数可取 0.7～0.8，现浇框架梁端负弯矩调幅系数可取 0.8～0.9。基础梁受向上水浮力作用时引起的反向弯矩将不做调幅。悬臂梁端弯矩不调幅。

5.4.4 考虑活载不利布置、梁跨中弯矩放大系数

【考虑活载不利布置】、【梁跨中弯矩放大系数】软件按满布输入活载，满布荷载不一定是最不利状态，如图5-42所示的三跨梁，当活载奇偶跨布置时梁底部弯矩更大，故应考虑活载不利布置的影响。

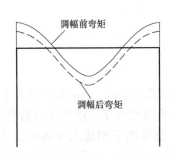

图 5-41　梁端弯矩调幅示意图

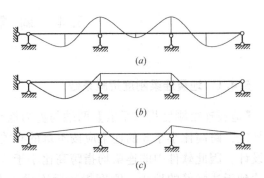

图 5-42　三跨连续梁不同荷载布置的弯矩图
(a) 荷载满布；(b) 荷载1、3跨布置；(c) 荷载第2跨布置

【考虑活载不利布置】、【梁跨中弯矩放大系数】均为考虑活载不利布置，两个参数中选填1。一般情况下填写【考虑活载不利布置】为1、【跨中弯矩放大系数】为0考虑其影响，此时 GSSAP 将计算一些常见的不利组合并取包络；对于柱间梁交叉密度超过4跨的井字梁结构难以列举所有活载不利组合，直接放大梁跨中弯矩考虑更简单有效，这时【考虑活载不利布置】填0，跨中弯矩放大系数可填1.0～1.3。

5.4.5 是否要进行墙柱活荷载折减、折减系数

【是否要进行墙柱活荷载折减】、【折减系数】一般活载不会满布，且楼层越多满布可能性越小，可考虑对其折减。软件缺省按《荷载规范》中5.1.2条给出的折减系数，其他情况需自行修改。基础模块中也有这两个折减参数，基础模块读入的是修改前的单工况荷载，不会与此重复折减，这两个参数应分别设置折减系数。

5.4.6 考虑结构使用年限的活荷载调整系数

【考虑结构使用年限的活荷载调整系数】5年一遇为0.9，50年一遇为1.0，100年一遇为1.1，基本组合时活载分项系数将乘考虑结构使用年限的活载调整系数。

练习与思考题

1. 参考《工程结构可靠性设计统一标准》GB 50153—2008 的附录 A，请列出结构安全等级、建筑结构抗震设计中的甲、乙、丙、丁四类建筑、结构设计使用年限和结构重要性系数之间的关系。

2. 对比结构重要性系数和考虑结构使用年限的活荷载调整系数，说明它们的联系与区别。

3. 列举一两种内力不满足内力组合可对单工况内力求解后再叠加的假定情况，并思考此时如何利用软件来计算。

4. 为什么要进行周期折减？如何折减？

5. 为什么在 5.1.13 节提到的当填 1"考虑且根据梁荷求填充墙"和填 2"考虑但不自动求填充墙"要和填 0"按周期折减来考虑"的计算结果要取包络？

6. 为什么多塔结构中，在 5.1.14 节不能选择"1 刚性"？

7. 试比较四种地震计算方法的区别。

8. 简述鞭梢小楼层在 GSSAP 总体信息输入中的处理方法？

9. 如何选取计算振型个数？

10. 风荷载体型分段数和分段参数如何选取？

11. 什么是偶然偏心？GSSAP 是如何考虑的？

12. 针对梁有哪些调整系数？如何取值？

13. 什么是刚性楼板假定？什么情况下使用刚性楼板假定？

14. 采用弹性楼板假定时，梁的扭矩是否折减，为什么？

第6章　控制计算结果

填写了计算参数后点击【生成 GSSAP 数据文件】建模完成，应进行【数据检查】，查看计算模型是否正确，此时软件可能弹出一些信息，这些信息分为警告信息和错误信息，错误信息必须改正；警告信息（前加＊号）为非常态不一定是错误的信息，提醒查看是否需要修改。通过数据检查后【楼板次梁计算】、【通用计算 GSSAP】进行计算。计算完毕后查看计算结果。计算结果分整体计算指标和构件计算结果，先使整体计算指标基本满足规范要求，再去调整构件计算结果。

6.1　整体计算指标

6.1.1　楼层重量、单位面积重量

楼层重量是指结构各层的恒载与活载之和。楼层单位面积重量是楼层重量与相应楼层建筑面积的比值。根据工程经验，相同结构体系的建筑单位面积重量一般相差不大，一般情况下框架结构单位面积重量为 $12\sim14\mathrm{kN/m^2}$，剪力墙结构、筒体结构单位面积重量为 $13\sim16\mathrm{kN/m^2}$。单位面积重量可用于初步判定模型布置是否正确，如果单位面积重量超出或低于常见值过多，则此模型荷载输入可能有问题，需要检查模型是否错、漏输荷载，如果不是错漏荷载应对此异常给出合理的理由。

当不同模型之间对比计算结果时应检查单位面积重量是否接近。如果差别较大说明模型本身就有较大差异，需到图形录入中检查模型之间的差异。注意此处说的结果"接近"并非指计算数据完全相同，如果是不同软件对同一模型结果进行校核，由于不同软件对模型处理不尽相同，一般工程对计算结果差异在 $5\%\sim10\%$ 之内即可认为结果相同（不同指标有差异）。

在主菜单点击【文本方式】—【结构信息】，可查看楼层重量和单位面积重量。如表6-1和表6-2所示。

各层的重量、质心和刚度中心示例　　　　　　　　　　　　　　　表 6-1

层号	塔号	恒载 (kN)	活载 (kN)	重量 (kN)	质量 (kN)	质量比	质心 (X,Y)(m)		刚心 (X,Y)(m)		偏心率 (X,Y)	
1	1	6116	900	7016	6566	1.00	−0.608	4.3	−0.629	4.352	0.002	0.005
2	1	6116	900	7016	6566	1.00	−0.608	4.3	−0.629	4.352	0.002	0.005
3	1	6116	900	7016	6566	1.00	−0.608	4.3	−0.629	4.352	0.002	0.005
4	1	6116	900	7016	6566	1.00	−0.608	4.3	−0.629	4.352	0.002	0.005
5	1	6116	900	7016	6566	1.00	−0.608	4.3	−0.629	4.352	0.002	0.005
6	1	6116	900	7016	6566	1.00	−0.608	4.3	−0.629	4.352	0.002	0.005

层号	塔号	恒载 (kN)	活载 (kN)	重量 (kN)	质量 (kN)	质量比	质心 (X,Y)(m)		刚心 (X,Y)(m)		偏心率 (X,Y)	
7	1	6116	900	7016	6566	1.00	−0.608	4.3	−0.629	4.352	0.002	0.005
8	1	6116	900	7016	6566	1.00	−0.608	4.3	−0.629	4.352	0.002	0.005
9	1	6116	900	7016	6566	1.00	−0.608	4.3	−0.629	4.352	0.002	0.005
10	1	6116	900	7016	6566	1.00	−0.608	4.3	−0.629	4.352	0.002	0.005
11	1	6116	900	7016	6566	1.00	−0.608	4.3	−0.629	4.352	0.002	0.005
12	1	6116	900	7016	6566	1.00	−0.608	4.3	−0.629	4.352	0.002	0.005
合计		73396	10800	84196	78796		最大上下层质量比：1.00					

注：重量＝恒载＋活载   质量＝恒载＋0.50活载

各层单位面积重量示例　　　　　　　　　　　表 6-2

层号	塔号	柱面积(m²)	短肢墙面积(m²)	一般墙面积(m²)	墙总长(m)	建筑面积(m²)	单位面积重量(kN/m²)
1	1	0	1	22.49	117.45	431.19	16.27
2	1	0	1	22.49	117.45	431.19	16.27
……	……	……	……	……	……	……	……
12	1	0	1	22.49	117.45	431.19	16.27
合计		0	12	269.88	1409.39	5174.28	16.27

注：单位面积重量＝(恒载＋活载)/建筑面积

6.1.2 控制结构扭转

混凝土结构抗压性强，抗拉性差，抗扭性能更差，应尽量避免结构发生扭转。由图 5-31 可知，当质心和刚心不重合时结构将在水平力作用下绕刚心旋转。软件有 5 处体现结构扭转的计算结果：2 处图形方式结果和 3 处文本方式结果，其中【位移比】和【周期比】规范有限值要求，【偏心率】规范没有限值要求，比较文本结果查看图形结果更为直观。

1. 【质心刚心位置图】进入图形方式，在状态栏中双击打开【柱号】显示。此时图中就会画出质心刚心位置。如图 6-1 所示，双圆表示刚心，圆内十字是质心，图中文字是坐标值，单位为 m。

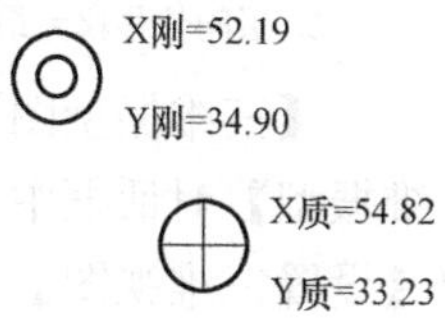

2. 【质心与刚心的偏心率】进入【文本方式】—【结构信息】，在【各层的重量、质心和刚度中心】结果中可看到偏心率，如表 6-1 所示。显然偏心率越小，结构越不扭转。

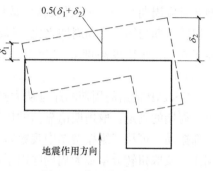

X刚=52.19
Y刚=34.90

X质=54.82
Y质=33.23

图 6-1　质心刚心相
对位置示意图

3. 【位移比】是指在规定的水平力作用下，楼层竖向构件的最大水平位移与该楼层位移平均值的比值，即 $\delta_2/0.5(\delta_1+\delta_2)$，如图 6-2 所示。位移比的定义里有两点值得注意：

一是规定水平力特指振型组合后楼层地震剪力换算成水平作用力。如果是高层，考虑偶然偏心下的水平力，因地震最大效应是按各个振型分量取平方和开方（式 5-23）求得，每一节点位移都是该节点的最大位移值，但不一定同时发生，

图 6-2　楼层位移示意图

因此不能真实地反映结构扭转。规范规定先算出规定水平力，然后将这水平力作用于结构，算出位移和位移比，由此得到的位移比与楼层扭转效应之间存在明确相关性，高层即便是均布荷载模型在偶然偏心情况下仍然有扭转。

二是位移比公式本身已暗含了楼层无限刚假定。图 6-2 是在地震力作用下，$\delta_2 > \delta_1$ 结构才有扭转，如果 δ_1 与 δ_2 无关则 $\delta_2/0.5(\delta_1 + \delta_2)$ 就没有任何意义。

《高规》中 3.4.5 条在考虑偶然偏心影响规定水平地震力作用下，楼层竖向构件最大水平位移和层间位移，A 级高度高层建筑不宜大于该楼层平均值的 1.2 倍，不应大于该楼层平均值的 1.5 倍；B 级高度高层建筑、超过 A 级高度的混合结构及复杂高层建筑不宜大于该楼层平均值的 1.2 倍，不应大于该楼层平均值的 1.4 倍。

在【文本方式】—【结构位移】可查看结构位移比，软件可以输出所有风、地震、给定水平力下的地震位移比，只需要取给定水平力下的位移比。

某工程输出的结构位移、位移比和位移角　　　　　　　　　　表 6-3

层号	塔号	构件编号	水平最大位移	层平均位移	层位移比	层高(mm)	有害位移比例(%)
		构件编号	最大层间位移	平均层间位移	层间位移比	层间位移角	
1	1	墙1	0.40	0.40	1.00	3000	100
		墙1	0.40	0.40	1.00	1/7560	
2	1	墙1	1.21	1.04	1.17	3000	87
		墙1	0.82	0.82	1.00	1/3680	
……	……	……	……	……	……	……	……
		……	……	……	……	……	
12	1	墙1	10.96	9.10	1.20	3000	10
		墙1	0.67	0.67	1.00	1/4488	

注：1. 位移与地震同方向，单位为 mm；

2. 层位移比＝最大位移/层平均位移；

3. 层间位移比＝最大层间位移/平均层间位移。

4. 【三维振型图】如图 6-3 所示进入图形方式，点击【三维振型】，在弹出的【显示三维振型】对话框中选择振型 1 或 2，然后在工具栏（图中③区域处）点击【3D】，在弹出【设置三维视图】对话框选择【顶视图】，可观察到结构在振型 1 或 2 下的运动状态。如果振型 1 或 2 处于明显的扭转状态，说明结构的扭转效应比较明显。

5. 【周期比】三维振型图显示的振型图与结构周期一一对应。振型 1 对应周期 1，振型 2 对应周期 2，……以此类推。故结构扭转效应可用周期比来量化，周期比是指结构第一扭转周期与第一平动周期之比。《高规》中 3.4.5 条，周期比对 A 级高度高层建筑不应大于 0.9，对 B 级高度高层建筑、超过 A 级高度的混合结构及复杂高层建筑不应大于 0.85。

GSSAP 输出的周期顺序是从大到小排列的，周期比定义中的扭转为主或平动为主的第一周期的判定：取周期值靠前的周期（能量较大），其振型应反映结构整体的振动而非局部振动（可从三维振型图中观察），其扭转或平动的分量比例尽量大。GSSAP 输出的周期比一般取扭转分量最大周期除以平动周期最大的周期，这个比值在结构满足楼层无限刚情况下一般都是合理的，对于一些有局部振动的复杂模型仍应根据以上三条仔细判断扭转第一周期和平动第一周期，并手工计算周期比。

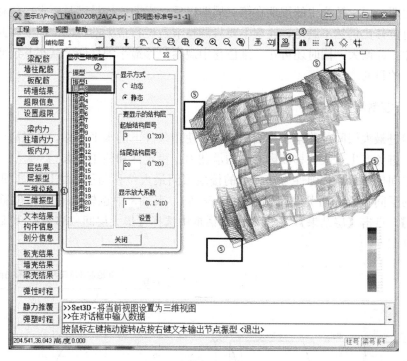

图 6-3　某工程三维振型图

在主菜单点击【文本方式】—【周期和地震作用】可查看结构周期与周期比。表 6-4 为 GSSAP 输出的某模型周期表，根据上述三点判断，可知第一周期 X 平动分量 70.95%，为第一平动周期，第三周期扭转分量为 69.34%，为第一扭转周期。因此周期比为 0.675777/0.825868=81.83%。

由表 6-4 的合计栏中可知累加振型参与质量超过了 90%，说明计算中取的振型数足够，否则就要增加振型数重新计算。

某模型输出的结构自振周期　　　　　　　　　　　　　　　　表 6-4

振型号	周期(s)	单个振型参与质量(%)			累加振型参与质量(%)		
		X 平动	Y 平动	扭转	X 平动	Y 平动	扭转
1	0.825868	70.95	0.05	3.67	70.95	0.05	3.67
2	0.715627	0.07	70.56	0.00	71.01	70.61	3.68
3	0.675777	3.86	0.01	69.34	74.87	70.61	73.01
……	……	……	……	……	……	……	……
合计					92.50	92.24	92.41

6. 扭转不满足的调整方法

扭转不满足应视为一个整体概念，以上 5 种方式都反映了结构的扭转效应。如位移比不满足就只增大表 6-3 中显示的位移比超限所在层的有最大位移的柱，若周期比不满足就只针对周期比调整，这样割裂了两种扭转指标间的联系，实际上通过三维振型图去调整是最直观的方法：图 6-3 中结构四角（⑤区域处）绕中心（④区域处）扭转。通过增大四角的构件尺寸，减小中心处构件尺寸就能减小结构的扭转，调整模型使第一、第二周期是平动为主的周期，而扭转为主的周期在第三周期以后，周期比容易满足要求，位移比也会较小，如此时位移比仍然不满足，注意不要只调整节点位移最大的柱墙，而要将此柱墙周边的柱墙尺寸一起调大。同时还可在三维位移中观察位移最小的柱墙，减小其尺寸也可达到改善位移比的目的。

6.1.3 控制结构侧移

规范通过最大层间位移角来控制结构正常使用条件下的水平位移，确保高层结构应具备的刚度，避免产生过大位移而影响结构承载力、稳定性和使用要求。

最大层间位移角指按弹性方法计算的楼层层间最大位移与层高之比。如图 6-4 所示，一、二层的层间位移角分别等于 δ_1/h_1 和 δ_2/h_2，表 6-3 中也输出了层间位移角，进入【图形方式】，点击【层结果】，在打开的对话框中选择【最大层间位移角】，可显示层间位移角曲线（图 6-5）。

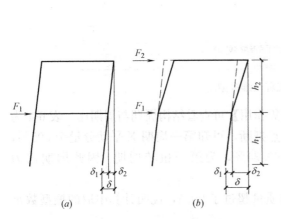

图 6-4 层间位移和层间位移角的定义

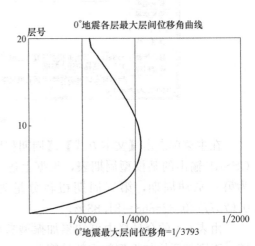

图 6-5 某工程输出的层间位移角曲线

《高规》中 3.7.3 条规定了多遇地震和风荷载作用下不同结构体系的层间位移角限值。在【文本方式】—【结构位移】中，【位移比】和【位移角】同时输出。但要注意和【位移比】不同，【最大层间位移角】是取风荷载和地震作用下的大值，地震作用下的层间位移角不取偶然偏心（《高规》中 3.7.3 条小注），也不取给定水平力的结果，最大层间位移角取的是最大层间位移，位移比得到的是节点位移处最大，满足最大层间位移角的要求对给定水平力法得到的位移可能不是最大值。

在控制层间位移角前应先采取措施减少结构扭转，如图 6-3 所示结构扭转分量较大，则最大位移在某个角上，减小结构扭转最大位移就会接近平均位移，自然也减小了层间位移角，继续增大构件尺寸可增大结构刚度，达到减小结构位移以及减小层间位移角的目的。

6.1.4 控制结构竖向不规则，避免薄弱层

好的结构应是楼层间刚度、承载力均匀变化，避免突变及出现薄弱层，规范通过【楼

层侧向刚度比】和【楼层抗侧承载力比】来衡量结构是否出现薄弱层。

【楼层侧向刚度比】等于楼层在单位水平力作用下水平位移的倒数，规范对不同结构类型采用了不同的算法，并定义了不同的规范限值。

1. 多层结构或高层框架结构：侧向刚度＝层剪力/层间位移（《抗规》中 3.4.3 条文说明，《高规》中式（3.5.2-1））。

2. 高层其他结构：侧向刚度＝层剪力/层间位移角（《高规》中式（3.5.2-2））。

3. 转换结构：含转换层的结构，除满足 1 或 2 外，还将转换层以下部分和转换层以上同等高度的部分做一比值。由于此时无法用层剪力计算，只能采用本节开始的方法：将转换层以下和以上分别截取出来，施加单位水平力得到位移的倒数（《高规》附录 E.0.2）。

4. 剪切刚度：用于判断地下室底板是否可做嵌固层。

《抗规》中 3.4.3 条和 3.4.4 条：本层刚度小于上层刚度 70% 或者上三层平均值的 80%，则本层地震剪力应乘以不小于 1.15 的系数。

《高规》中式（3.5.2-1）和 3.5.8 条：本层刚度小于上层刚度 70% 或者上三层平均值的 80%，则本层地震剪力应乘不小于 1.25 的系数。

《高规》中式（3.5.2-2）：本层刚度与上层刚度的比值不宜小于 0.9，若本层层高＞上层层高 1.5 倍，比值不宜小于 1.1，底部为嵌固层，比值不宜小于 1.5。

《高规》中 5.3.7 条：高层建筑结构计算中，当地下室的顶板作为上部结构嵌固端时，地下室结构的楼层侧向刚度不应小于相邻上部结构楼层侧向刚度的 2 倍。

在主菜单点击【文本方式】—【结构信息】，可查看刚度比，如表 6-5 所示，表中最后一列为放大系数，若算出的刚度比不满足规范要求，GSSAP 按规范自动放大剪力并输出放大系数。GSSAP 给出了以上全部刚度比，只在结构类型对应的刚度比不满足时才会放大地震剪力，其他的刚度比列出仅供参考，系数不放大。放大剪力后意味着构件配筋增加，但不增大构件尺寸，也不增大软件计算出的刚度，属于微调。本层与上层刚度比值小于 0.7 为不满足，小于 0.4 为严重不满足，若刚度比严重不满足应调整模型并重新计算。

当模型设置了裙房和塔楼，软件不输出裙房和塔楼的刚度比；若模型设置了侧约束层或者嵌固层，软件也不输出侧约束层与上一层的比值，因为这两种情况的刚度比没有意义。

某工程输出的侧向刚度比   表 6-5

层号	塔号	层侧向刚度	本层/上层	最小比值	本层/上三层平均值	最小比值	地震剪力增大
1	1	14236429	1.00	0.70	1.00	0.80	1.00
2	1	14236429	1.00	0.70	1.00	0.80	1.00
……	……	……	……	……	……	……	……
9	1	14236429	1.00	0.70	1.00	0.80	1.00
10	1	14236429	1.00	0.70			1.00
11	1	14236429	1.00	0.70			1.00
12	1	14236429					1.00

6.1.5 楼层抗侧承载力比值

结构刚度沿竖向应变化均匀，受剪承载力沿竖向也应变化均匀。《抗规》中 3.4.3 条和 3.4.4 条：本层层间受剪承载力不宜小于上层 80%，不应小于上层 65%，当小于 65% 时，本层地震剪力应乘以不小于 1.15 的系数；《高规》中 3.5.3 条和 3.5.8 条：A 级高度高层建筑的层间受剪承载力不宜小于上层 80%，不应小于上层 65%；B 级高度高层建筑的层间受剪承载力不应小于上层 75%，否则本层地震剪力应乘以不小于 1.25 的系数。

点击【文本方式】—【水平效应力验算】，查看楼层抗侧承载力比值，如表 6-6 所示。

某工程输出的楼层受剪承载力比　　　　　　　　　　表 6-6

层号	塔号	楼层承载力(kN)	本层/上层	最小比值
1	1	12394	1.01	0.65
2	1	12231	1.02	0.65
……	……	……	……	……
12	1	9492		

由于承载力是在结构配筋后反算得到，而结构配筋时 GSSAP 计算已经基本结束。因此当楼层抗侧承载力比值不满足时不会自动放大，需在总信息中填写"薄弱的结构层号"，对填写的薄弱层依据规范自动放大地震剪力，多层放大 1.15 倍，高层放大 1.25 倍。

6.1.6 控制剪重比，保证最小地震剪力

【剪重比】（地震剪力系数）是水平地震标准值作用时楼层剪力与重力荷载代表值的比值。地震波的长周期对高层结构更具破坏性，为确保长周期结构的安全，《抗规》中 5.2.5 条规定了结构要承受最小地震剪力。据此 GSSAP 输出了表 6-7 所示剪重比计算结果，若不满足其最低要求 GSSAP 自动按输出的调整系数自动放大地震剪力；当本层剪重比不满足时，本层以上各楼层剪力均要调整。

点击【文本方式】—【水平效应力验算】，可查看剪重比。

某工程输出的剪重比　　　　　　　　　　　　表 6-7

层号	塔号	薄弱层放大后楼层剪力(kN)	重力(kN)	剪重比(%)	最小要求(%)	调整系数
1	1	2459.10	78795.8	3.12	1.6	1
2	1	2428.14	72229.48	3.36	1.6	1
……	……	……	……	……	……	……
12	1	478.27	6566.32	7.28	1.6	1

与【刚度比】相同，若【剪重比】严重不满足，不能仅采用增大系数法来处理，需调整模型并重新计算。可结合层间位移角来调整模型：若地震剪力偏小而层间位移角偏大，说明结构过柔，宜加大柱墙截面，以提高结构刚度；若地震剪力偏大而层间位移角又偏小，说明结构过刚，宜减小柱墙截面，降低刚度。

6.1.7 控制结构稳定

1.【刚重比】是结构的等效侧向刚度与重力荷载设计值（1.2重力恒＋1.4活）的比值。若刚重比不满足《高规》中5.4.1条，结构要考虑重力二阶效应的影响；若刚重比不满足《高规》中5.4.4条，既结构稳定性不满足，需要调整模型使其满足。

点击【文本方式】—【水平效应力验算】，查看【刚重比】和结构稳定性验算结果，如表6-8所示。

结构的刚重比及其稳定性示例 表6-8

0.00°方向								
底层号	塔号	刚重比	结构侧向刚度	$2.7 \times H \times H \times \sum G_i$	位移系数	内力系数	$1.4 \times H \times H \times \sum G_i$	稳定性
1	1	18.9	2523535872	361099469	1	1	187236762	满足

90.00°方向								
底层号	塔号	刚重比	结构侧向刚度	$2.7 \times H \times H \times \sum G_i$	位移系数	内力系数	$1.4 \times H \times H \times \sum G_i$	稳定性
1	1	21.5	2880366848	361099469	1	1	187236762	满足

2.【倾覆力矩】倾覆力矩为产生倾覆作用的荷载乘荷载作用点到倾覆点间的距离，在GSSAP中分别输出了两种倾覆力矩。

一是规定水平力下的结果，用于判断结构设计方法（《高规》中8.1.3条）。

1）当框架部分承受的地震倾覆力矩不大于结构总地震倾覆力矩的10%时，按剪力墙结构进行设计，其中的框架部分应按框架—剪力墙结构的框架进行设计。

2）当框架部分承受的地震倾覆力矩大于结构总地震倾覆力矩的10%但不大于50%时，按框架—剪力墙结构进行设计。

3）当框架部分承受的地震倾覆力矩大于结构总地震倾覆力矩的50%但不大于80%时，按框架—剪力墙结构进行设计，其最大适用高度可比框架结构适当增加，框架部分的抗震等级和轴压比限值宜按框架结构的规定采用。

4）当框架部分承受的地震倾覆力矩大于结构总地震倾覆力矩的80%时，按框架—剪力墙结构进行设计，但其最大适用高度宜按框架结构采用，框架部分的抗震等级和轴压比限值应按框架结构的规定采用。当结构的层间位移角不满足框架—剪力墙结构规定时，可按本规程第3.11节的有关规定进行结构抗震性能分析和论证。

表6-9为某工程给定水平力下的倾覆力矩结果。

某工程给定水平力下的倾覆力矩结果 表6-9

层号	塔号	总倾覆力矩（kN·m）	柱倾覆力矩（kN·m）	比例(%)	一般墙倾覆力矩（kN·m）	比例(%)	短墙倾覆力矩（kN·m）	比例(%)
1	1	62271.06	0	0	58416.87	93.8	3854.19	6.2
2	1	54893.75	0	0	51295.53	93.4	3598.21	6.6
……	……	……	……	……	……	……	……	……
12	1	1434.80	0	0	1291.21	90.0	143.59	10.0

二是按振型分解反应谱法算得的，在【文本方式】—【周期和地震作用】中输出的倾覆力矩，用于判断规范允许的零应力区范围（《高规》中12.1.7条）：在重力荷载与水

平荷载标准值或重力荷载代表值与多遇水平地震标准值共同作用下，高宽比大于4的高层建筑，基础底面不宜出现零应力区；高宽比不大于4的高层建筑，基础底面与地基之间零应力区面积不应超过基础底面面积的15％，质量偏心较大的裙楼与主楼可分别计算基底应力。

表6-10为某工程验算零应力区的倾覆力矩结果。

某工程验算零应力区的倾覆力矩结果　　　　　　　　　表 6-10

0.00°地震方向		
总倾覆力矩	抗倾覆力矩	零应力区比例(%)
62670.04	4564672.50	0.0
90.00°地震方向		
总倾覆力矩	抗倾覆力矩	零应力区比例(%)
58452.18	5314161.50	0.0
······		

在主菜单点击【文本方式】—【水平效应力验算】，可查看倾覆力矩结果。对于裙房和主楼质量偏心较大的高层建筑，裙房和主楼可分别验算零应力比例。

6.2　构件参数指标

6.2.1　轴压比

【轴压比】《混规》中11.4.16条：轴压比定义为地震作用组合的轴向压力设计值与柱的全截面混凝土轴心抗压强度设计值之比。《抗规》中6.3.6条：对于非抗震结构可取无地震作用组合的轴力设计值来计算。《高规》中7.2.13条：墙肢轴压比是指重力荷载代表值作用下墙肢承受的轴压力设计值与墙肢全截面混凝土轴心抗压强度设计值之比。

从以上几条规范条文可知：

1. 规范限制柱、墙的轴压比是保证结构在地震作用下的延性，遇低烈度抗震结构，地震作用组合的最大轴力设计值有可能不是最大轴力设计值。

2. 墙肢轴压比公式中用重力荷载代表值来代替墙肢在地震作用组合下的最大轴力，是因为在水平地震作用下同一片墙有可能同时受压应力和拉应力，计算输出的墙肢轴力为同一墙肢横截面上所有应力的合力，这样压应力和拉应力互相抵消。图6-6说明了这一情况。

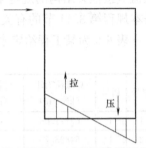

图 6-6　墙在水平力作用下左端受拉，右端受压

《混规》中11.4.16条、《抗规》中6.3.6条和6.4.5条及《高规》中6.4.2条和7.2.13条列出了轴压比的限值，计算结果不满足限值将在【超筋超限警告】中输出，并

在【图形方式】—【墙柱配筋】中显红（图 6-7）。

柱墙轴压比不满足的调整：从轴压比公式可知，在荷载确定情况下通过增加柱墙截面，或提高柱墙混凝土强度等级来调整。增大柱墙截面可能减少建筑使用空间，故同一层大面积柱墙轴压比不满足可统一提高混凝土强度等级。对于剪力墙结构可先加长墙肢长度，再考虑增加墙厚，因增加墙厚会使室内面积减小。

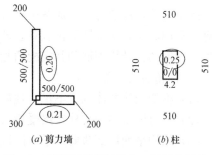

图 6-7　墙柱配筋和轴压比（椭圆中的值）

6.2.2　梁柱墙配筋

1. 梁配筋

点击【图形方式】—【梁配筋】显示梁配筋如图 6-8 所示，横线以上数字为梁左－中－右面筋＋抗剪扭钢筋；横线以下数字为梁左－中－右底筋/梁端箍筋/跨中箍筋。对于转换梁抗剪、扭钢筋分用抗扭钢筋＋抗剪钢筋表示，使梁两侧抗剪、扭钢筋排不下时将其中抗剪筋放置梁中。

$$\frac{3-0-5.8+0}{0-5.7-0/0.5/0.2}$$

图 6-8　图形方式中显示的梁配筋

图形方式的梁配筋结果和 AutoCAD 自动成图中的梁配筋结果有时不同，因在施工图中若选择了挠度、裂缝超限会自动增大钢筋，则自动成图中输出的梁配筋值就增大了。

图形方式显示的梁配筋结果为简化结果，点击梁会弹出梁的详细计算结果，这些结果在分析梁配筋时会用到。

如果梁超筋则梁配筋值会显示红色，应修改模型避免梁超筋。解决梁超筋应先分析超筋的原因：弯矩超筋一般发生在梁跨中，由梁跨中弯矩设计值大于梁的极限承载力导致；当次梁距主梁支座很近或两条次梁近距离与主梁相连时易引起剪扭超筋；梁端配筋超筋，即梁端钢筋配筋率 $\rho \geqslant 2.5\%$。

对恒活荷载内力组合控制的配筋，可通过增大截面解决：在建筑要求严格处（如过廊）可增大梁宽，建筑要求不严格处（如卫生间）可增大梁高或增大梁的混凝土强度。如果是梁两端位移差控制的配筋（如一端搭柱，一端搭梁的次梁）可在梁端设铰，以梁端开裂为代价将梁端弯矩调幅到跨中，或采用后浇的方式解决；如果是地震内力组合控制配筋，则应减小截面以降低地震力等。分析超筋产生的原因是结构设计初学者的难点，需要多看多练。

2. 墙柱配筋

点击【图形方式】—【墙柱配筋】，显示墙柱配筋如图 6-7 所示。图 6-7（a）中，0.20 为墙肢轴压比，200 为端部暗柱区计算纵筋面积（mm²），500/500 为墙身每米水平/竖向分布钢筋；图 6-7（b）中，510 为柱单边配筋面积（mm²），0.25 为轴压比，0/0 为沿 B 边和 H 边的计算箍筋配筋面积（mm²/0.1m），4.2 为最小剪跨比。在 AutoCAD 自动成图下以广厦习惯输出的墙柱计算配筋图中，除了有 0/0 计算箍筋值以外，还有一组打括号的（0/0）的计算结果是柱节点核心区验算结果。

图形方式柱配筋与自动成图中柱计算配筋值不同，在自动成图中柱配筋自动做了双向验算。双向验算是实配钢筋再验算，若不满足则增大钢筋再验算。自动成图中双向验算后增加了配筋的柱计算配筋和其实配值相同。

1）柱超筋的主要原因

（1）框架结构整体刚度不足，地震力作用下倾覆力矩太大；

（2）大跨度梁端的边柱在梁受弯时传递很大弯矩到柱端；

（3）结构平面局部薄弱，平面刚度突变导致水平力作用下应力集中、结构平面扭转较大，局部（尤其是边角处）形成很大的剪力等。

2）柱超筋的解决方法

加大柱截面尺寸；调整结构布置，缩小柱距；增大相连的梁高等。

剪力墙超筋大体有两种情况：

（1）墙肢长度太长，吸收的地震力过大；

（2）抵抗某方向的剪力墙布置太少，造成剪力墙抗剪不足。

通过合理布置剪力墙，可解决剪力墙抗剪超筋。

3）连梁的超筋控制

连梁刚度较大吸收的地震力大，即使在采用连梁刚度折减后仍有可能超筋。根据连梁超筋的特点可采取以下方法调整：

（1）减小梁高、降低连梁刚度，以降低连梁承受地震力；

（2）加大梁长，如有门洞宽度限制可将两侧的剪力墙部分改为填充墙，达到加大梁长的目的。通过加大梁长降低刚度；

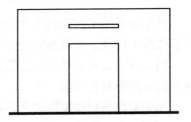

图 6-9　双连梁示意图

（3）采用多连梁，在连梁中设一条或多条水平缝，使一条高连梁划分成几条低连梁，图 6-9 中，门洞以上的梁为双连梁，原梁截面 $200\times1000\,mm^2$，设缝后成两根 $200\times500\,mm^2$ 的连梁。由于梁刚度与梁惯性矩成正比，梁惯性矩为 $bh^3/12$，是梁高的三次方，因此可得设缝后刚度是设缝前的 $500^3\times2/1000^3=1/4$，有效地降低了梁刚度。

可在梁属性中设【梁水平缝数】为双梁、三梁或四梁，设置后软件自动按多连梁的方法计算。

（4）提高连梁抗剪承载力：提高混凝土等级、增加墙厚、增加连梁的截面宽度、增加对角暗撑（图 6-10）等。在梁属性中可设【连梁箍筋形式】为对角斜筋、分段封闭和交叉斜筋。

6.2.3　梁的挠度和裂缝

按规范梁挠度和裂缝应实配钢筋再验算，梁的挠度和裂缝结果在自动成图中输出。图 6-11 中，横线以

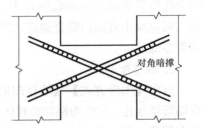

图 6-10　连梁的对角暗撑示意图

上数字为梁左/右支座裂缝，横线以下数字为梁跨中裂缝/挠度。点击主菜单【平法配筋】—【梁选筋控制】，在弹出的对话框选择图 6-12 所示选项，则在生成施工图时，软件将

自动验算挠度/裂缝，若超限则增大钢筋至不超限或配筋率达2%为止。

图 6-11　施工图中挠度/裂缝计算结果　　　图 6-12　平法配筋中"挠度/裂缝超限增加钢筋"

【梁挠度】梁在弯曲变形时横截面形心沿与轴线垂直方向的线位移。受均载简支梁的弹性挠度公式为 $5ql^4/(384EI)$，从公式可得出一个结论：若梁跨度小，梁配筋由内力控制；由于挠度与跨度的四次方成正比，随着梁跨度增加，挠度将迅速增大。若选择了【挠度超限自动加钢筋】，则大跨度梁的配筋往往由挠度控制，此时加大荷载而配筋可能不变。《混规》中7.2节给出的挠度公式和弹性公式不同，是采用准永久内力组合，并采用荷载长期作用下的刚度公式，计算结果比弹性结果大。

软件给出的挠度公式是一个单梁公式，它依赖于软件给出的梁跨度有多长，对于井字梁结构，此单梁公式和梁跨度判断方法均不适合，故井字梁结构宜采用有限元算出的弹性结果（图形方式输出的节点位移）并乘放大系数以考虑荷载长期作用下的放大效应。

《混规》中表3.4.3给出了受弯构件的挠度限值，若不满足自动成图会给出警告。可通过以下方法调整受弯构件的挠度：

1. 加大构件截面，板增加厚度、梁加梁高。

2. 增加板底、梁底的钢筋。

3. 适当减小梁、板的跨度。

4. 大跨度梁可考虑设反拱，在梁属性中有【梁反拱弦高】参数，若填写此参数，则在计算挠度时软件会予以扣减。

5. 使用型钢混凝土梁等。

【梁裂缝】软件按《混规》中7.1节计算裂缝，其最大裂缝限值可参考《混规》中3.4.5条。点击【平法配筋】—【梁选筋控制】，在弹出的对话框填入【地下天面最大裂缝】和【其他部分最大裂缝】。软件自动判断加载水压力的层为地下层，自动判断鞭梢小楼下一层为天面层，可在板属性中将其指定为天面板。

6.2.4　柱的双偏压验算

柱在成图中自动做双偏压验算，双偏压验算是实配钢筋再验算。而在有限元计算中给出的柱配筋只是按单偏压计算得到的配筋，实际上若同一时刻同时存在两个方向的弯矩，应该按同时考虑两个方向弯矩验算配筋。因为选筋是多选的、非连续的，因此双偏压验算的结果也是多解的，软件只给出了其中一个结果。根据双偏压概念，显然只要双向同时有弯矩，就应该进行双偏压验算，因此软件对所有柱都做双偏压验算，且采取措施使得真正的单偏压柱的双偏压结果与单偏压相同。

6.2.5　冲切验算

冲切验算是指在验算集中或局部均布荷载作用下沿应力破裂面的破坏。上部结构一般发生在无梁楼盖结构中柱对板的冲切（图6-13），基础中是柱对基础、桩对基础的冲切。验算柱对板的冲切要将板设为壳单元，因刚性板不进入空间分析则无法验算，同时设置柱帽，没有柱帽时应设置暗柱帽。冲切验算不满足时会在超筋超限警告文件中输出，此时可增加板厚，或者设置柱帽（相当于局部加厚了板）。设置柱帽后，柱对柱帽的冲切、柱帽对板的冲切均应验算，验算结果输出在柱的文本计算结果中。

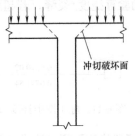

图6-13 柱对板的冲切破坏

练习与思考题

1. 位移比公式基于楼层无限刚假定，这和GSSAP总体信息参数"所有楼层分区强制采用刚性楼板假定"选"0实际"有冲突吗？

2. 列举整体计算结果的9大指标，并说明它们的用途。

3. 列举连梁超筋的控制方法。

4. 实际计算一个工程，从中选出若干梁的配筋结果，并说明其配筋结果的控制因素。

第7章　生成施工图、计算书和统计工程量

本章为上部结构设计的最后一步：生成施工图，打印计算书和统计工程量。生成施工图需要用到两个模块：第一步平法配筋，进行选筋控制；第二步进入 AutoCAD 自动成图生成施工图。计算书也分为几个部分，一是在图形录入中生成荷载图：点击菜单【工程】—【批量生成 DWG 文件】，用 AutoCAD 软件将生成的 DWG 文件修改至美观，然后打印输出；二是第 6 章中涉及的整体计算指标可以在主菜单点击【送审报告】，软件将提取这些指标自动在 Word 中生成计算书（需要预装 Ms Word）；三是配筋计算书，可在 AutoCAD 自动成图中生成施工图后再点击【分存 DWG】，在弹出的对话框中选择【计算配筋图】选项。

施工图的内容很多，但由于篇幅限制本章不讲解所有控制选项，重点讲解如何利用广厦软件生成施工图和计算书；解释生成过程中的一些疑难点。

为输入钢筋方便，软件中输入"d"为Ⅰ级钢、"D"为Ⅱ级钢、"F"为Ⅲ级钢、"f"为Ⅳ级钢。

7.1　平法配筋

在主菜单中点击【平法配筋】，如图 7-1 所示。广厦成图模块是独立的系统，不仅可利用广厦的计算结果，也可将其他常见结构计算软件的计算结果生成施工图，其中【不读空间计算结果】用于生成纯砖混结构施工图。点击【生成施工图】即可完成配筋工作。在点击【生成施工图】之前要点击【参数控制】中的按钮，对选筋参数进行控制。

7.1.1　确定图纸数量

在图形录入中将形状相同的结构层作为一个标准层输入（图 2-15），如果遇到材料不同，还可在材料信息中进一步划分（图 2-17）。软件确定图纸数量是以标准层

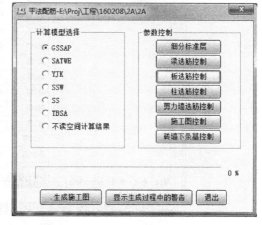

图 7-1　平法配筋菜单

加材料层为默认依据，如图 7-2 所示的施工图初始标准层：1,2,18,19,20，即按 1,2,3～18,19,20 共 5 种标准层出图。但 3～18 层，虽然模型相同，但其柱墙的计算配筋值可能相差很大，若按一层出图，则将对 3～18 层的柱墙钢筋取大值，造成浪费，因此通常在图7-2 所示的细分标准层中对其进一步细分。例如图 7-2 中的施工图标准层输入框可改为：

1,2,3,7,12,18,19,20（注意，逗号为半角","号），即按 1,2,3～7,8～12,13～18,19,20 共 7 种标准层出图。

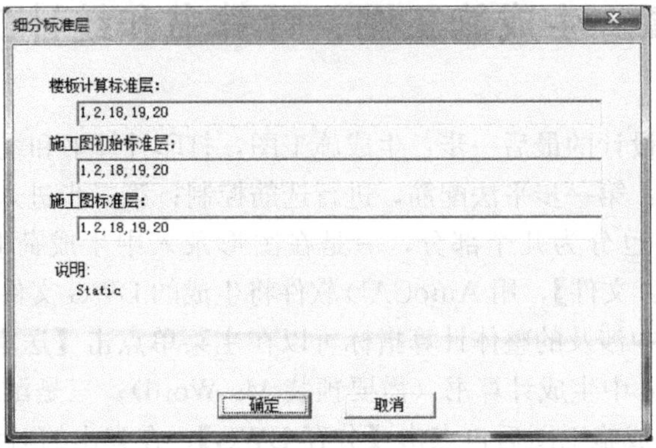

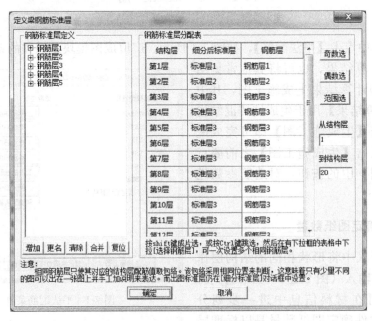

图 7-2　细分标准层

有时两个标准层只有个别构件不同，可考虑按一张施工图出图。为此需要先将两个标准层对应的构件配筋结果取大值，出图后再在图纸上手工标明两层的不同之处。可分别点【梁选筋控制】—【设置钢筋标准层】……或【柱选筋控制】—【设置钢筋标准层】……或【剪力墙选筋控制】—【设置钢筋标准层】……，在弹出的对话框中将需要取大值的标准层设为一层，然后在 AutoCAD 自动成图中选择对应的图层出图即可。标准层中梁、柱和墙的钢筋是可以分开定义的，见图 7-3。

图 7-3　定义钢筋标准层对话框

7.1.2　梁选筋控制

对话框参数很多，以表格形式说明，见表 7-1，没有说明的可按对话框缺省值（图 7-4）填。

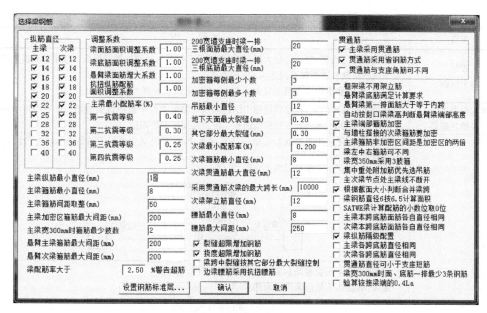

图 7-4　梁选筋控制对话框

梁选筋控制表　　　　　　　　　　　　　　　　　　　　　　　　　表 7-1

参数	详 细 说 明
纵筋直径	纵筋的选筋范围。 建议:1. 一般选直径 25 及以下,为施工时容易分清钢筋直径,可隔级选筋; 2. 在工业建筑中为施工方便可选择:主、次梁本跨底筋、面筋各自直径相同;主、次梁各跨底筋直径相同
调整系数	为无条件调整系数,填写后,施工图中的计算书同时调整。 注意软件已考虑最小构造要求,本系数放大是构造配筋之上的增大。 建议:一般不需设置。有时出于对悬臂梁更安全的考虑,可设置悬臂梁面筋增大系数 1.1
主、次梁 最小配筋率	计算软件已自动按照规范最小配筋率进行控制。此处可按缺省值设置,或者填更大值
主梁纵筋 最小直径	选筋时框架梁和连梁纵向受力钢筋的最小直径。建议设置 14mm
主梁箍筋 最小直径	选筋时框架梁和连梁箍筋的最小直径。程序自动按规范箍筋最小直径控制。 建议:四级和非抗震设置 6mm,其他设置 8mm
次梁箍筋 最小直径	选筋时次梁箍筋的最小直径。 建议:根据当地是否生产 6mm 钢筋,设置 6mm 或 8mm
次梁贯通筋 的最大直径	用于控制次梁是否采用贯通筋。 程序先计算一次所需的次梁贯通钢筋直径,若该值大于本参数规定的最大直径时,程序自动采用架立筋。若小于则按以下处理: 当输入值 0mm 时,所有次梁采用架立筋; 当输入值≥20mm 时,本工程次梁不再采用架立筋,全部次梁采用贯通筋。 建议:次梁可采用架立筋设置 0,次梁全部采用贯通筋设置 20mm,部分小次梁采用贯通筋的设置 12mm 或 14mm
腰筋 最小直径	选筋时控制腰筋的最小直径。 建议:按规范要求设置 8mm 即可,有些单位自己要求设置 12mm

参数	详细说明
腰筋 最大间距	控制腰筋与面筋、底筋的最大间距，超出该间距程序自动增加腰筋根数。程序自动满足规范关于抗扭腰筋和连梁腰筋间距≤200 的要求。 建议：规范要求构造腰筋不宜大于 200mm，因此默认设置 250mm 即可
梁配筋率大于 （）%警告超筋	超过该配筋率的梁，程序将在输出的超限超筋警告文件中提示该梁超筋。该选项用于查找配筋率较大的梁，不代表该梁配筋面积一定超过规范配筋限值
贯通筋	不勾选【主梁采用贯通筋】，主梁负筋不贯通，跨中采用架立筋。下图集中标注中(2F14)带括号表示架立筋。 建议：非抗震区主梁可采用架立筋，可以省钢筋 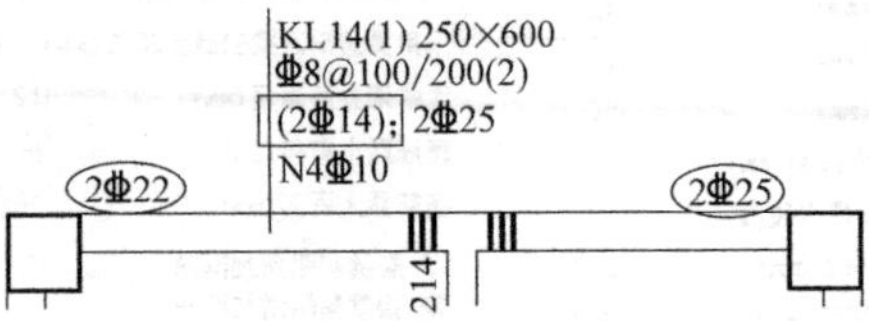 KL14(1) 250×600 Φ8@100/200(2) (2Φ14)；2Φ25 N4Φ10 2Φ22 2Φ25 214 勾选【主梁采用贯通筋】，主梁负筋采用贯通形式。 建议：抗震区主梁应采用贯通筋 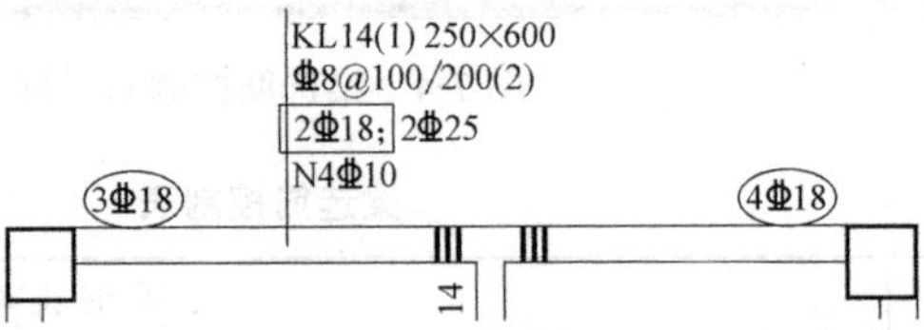 KL14(1) 250×600 Φ8@100/200(2) 2Φ18；2Φ25 N4Φ10 3Φ18 4Φ18 14 勾选【贯通筋采用省筋方式】，贯通筋在满足计算和构造要求下尽量取小值，一般按负筋最大面积的 1/4 控制，有可能比不勾选时的贯通筋直径要小，用于省钢筋的工程 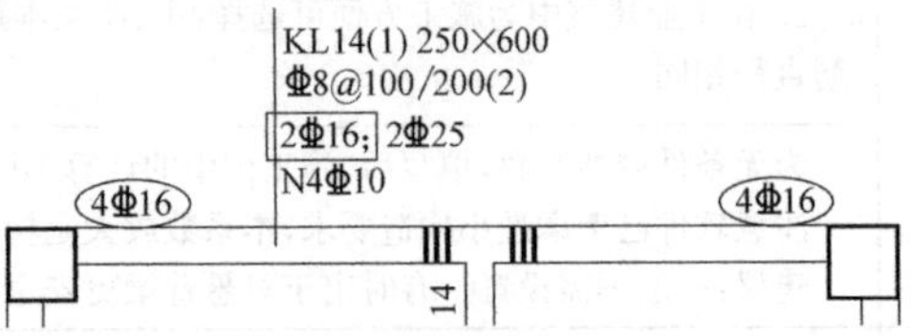 KL14(1) 250×600 Φ8@100/200(2) 2Φ16；2Φ25 N4Φ10 4Φ16 4Φ16 14 勾选【贯通筋与支座角筋可不同】，贯通筋与支座角筋分别选筋，直径可能不同，此时钢筋按规范贯通筋的搭接长度搭接，用于极端省钢筋的工程 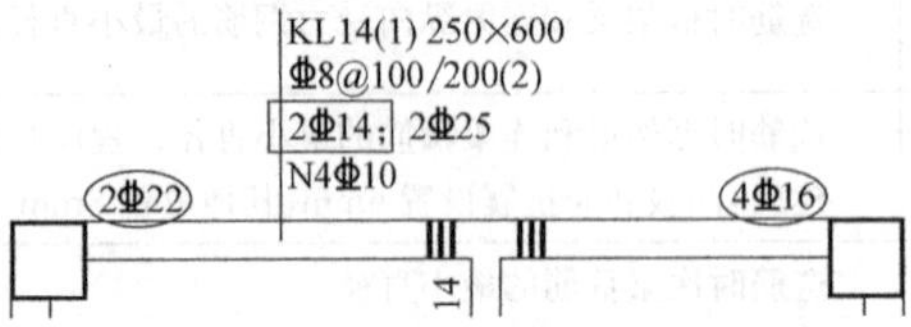 KL14(1) 250×600 Φ8@100/200(2) 2Φ14；2Φ25 N4Φ10 2Φ22 4Φ16 14
主梁端部 箍筋加密	勾选该选项，主梁端部箍筋自动按规范要求全部加密。 建议：抗震区必须加密（左图）；非抗震区可同次梁一样不加密（右图） 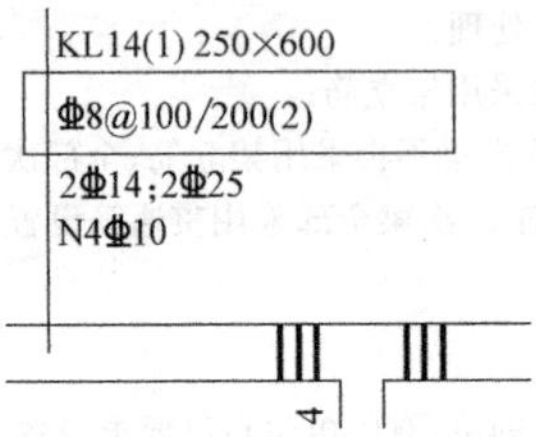 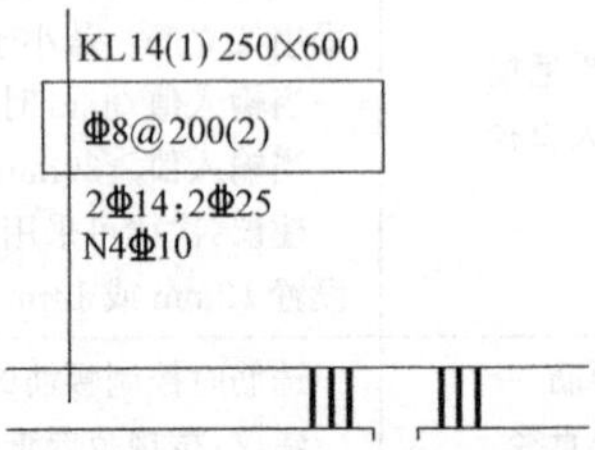 KL14(1) 250×600 Φ8@100/200(2) 2Φ14;2Φ25 N4Φ10 4 KL14(1) 250×600 Φ8@200(2) 2Φ14;2Φ25 N4Φ10

参数	详 细 说 明
集中重处 附加筋优 先选吊筋	勾选该选项(左图),集中重处附加筋优先选用吊筋,不够再自动布置密箍,还不够时提示人工选筋,自己根据交叉梁剪力布置吊筋密箍。反之(右图)优先选用加密箍筋,不够再自动布置吊筋,还不够时提示人工选筋,自己根据交叉梁剪力布置吊筋密箍。 建议:民用结构多用加密箍,工业结构集中荷载较大,可考虑优先选用吊筋 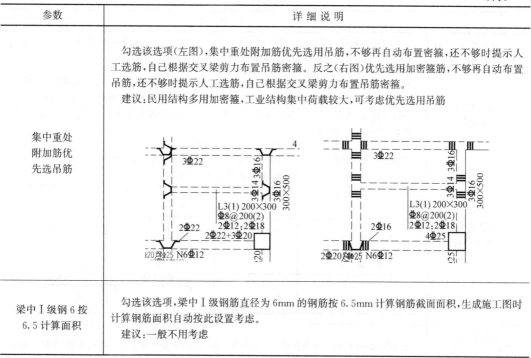
梁中Ⅰ级钢6按 6.5计算面积	勾选该选项,梁中Ⅰ级钢筋直径为6mm的钢筋按6.5mm计算钢筋截面面积,生成施工图时计算钢筋面积自动按此设置考虑。 建议:一般不用考虑

7.1.3 板选筋控制

板选筋对话框见图7-5,对话框参数很多,以表格形式说明,见表7-2。

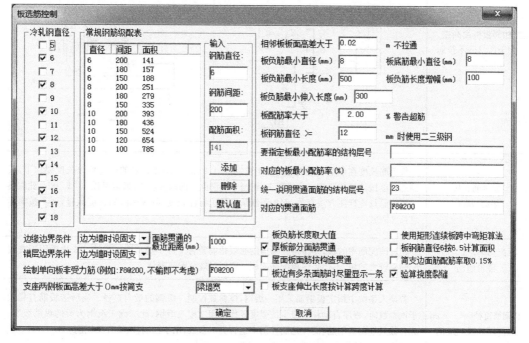

图7-5 板选筋控制对话框

参数	详　细　说　明
常规钢筋级配表	常规使用的板筋直径、间距、计算面积级配表。常用直径 6、8 和 10mm,常用间距 200、180、150 和 100mm,若要省钢筋时可增加间距,减少级配表中面积差距
边缘边界条件/错层边界条件	用于控制楼板计算时板边界条件的自动判定,边缘和错层板边界条件可分别为简支、固支、边为墙时为固支。设置为【边为墙时为固支】时,墙的长度要占板边长度的 1/2 以上,板的边界条件才为固支,否则为简支;若为砖混结构,软件自动将板的边界条件设置为简支。建议:一般选择【边为墙时为固支】
面筋贯通的最近距离	当板两对边面筋端部最近距离小于等于设定值时,两面筋贯通,缺省为 1000mm。 建议:为方便施工设置 1000mm,若要省钢筋设置 400mm 设置为 1000　　　　　　　　设置为 400 Φ8@200　730　Φ10@180　800 Φ8@200　730　Φ8@200　730　Φ8@150　1600
板负筋/底筋最小直径	控制板负筋/底筋的最小直径。一般底筋可取 8mm,面筋为防止施工时被踩塌,可取 10mm
相邻板板面高差大于( )m不拉通	控制相邻板的支座钢筋不拉通的最大板面标高差。 建议:设置 0.02m 设置为 0.02m　　　　　　　　设置为 0.04m Φ8@200　730　B13　H-0.040 Φ8@200　780　B12 Φ8@200　1500　B13　H-0.040
板负筋长度增幅(mm)	板负筋长度在自动满足板短跨 1/4 长(活≥1.2、恒≥3,取 1/3)的构造伸出长度要求下,板筋总长度按该模数取整。当设置 10 相当于取消此处的取整功能,通常可设 50 或 100。此取整与板钢筋长度标注方法有关,例如图纸从墙梁边标注长度,则按标注的长度取整,而不按实际总长度取整
板配筋率>( )%警告超筋	超过配筋率的板,程序将在输出的超限超筋警告文件中提示该板超筋。该选项用于查找配筋率较大的板,不代表该板配筋面积一定超过规范配筋限值
板钢筋直径≥( )mm时使用二或三级钢	若录入系统中指定板钢筋采用一级钢,该参数控制一级钢的最大直径。当所选板筋直径大于该参数时,程序自动将一级钢按强度等代采用二或三级钢,此二或三级钢为梁的纵筋级别。此参数只控制板钢筋,而柱选筋控制中也有类似参数,用于控制柱、墙和梁钢筋。 建议:一般输入 10mm

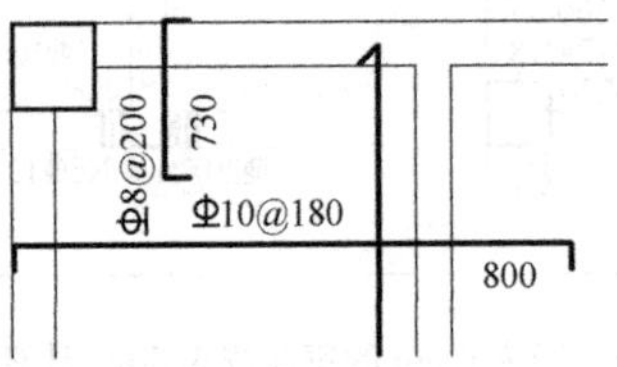

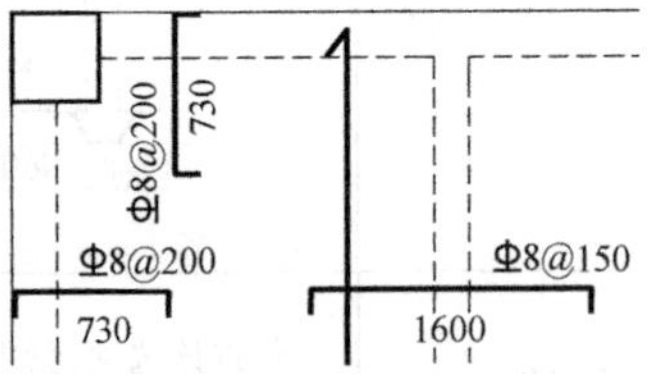

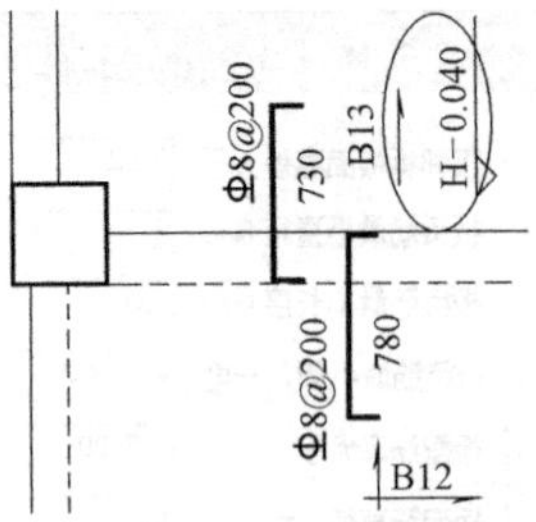

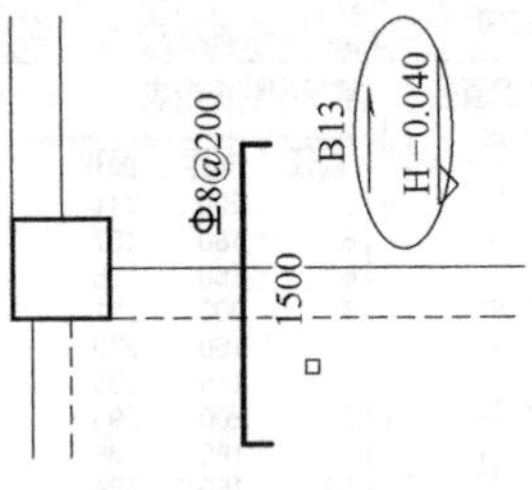

参数	详 细 说 明
统一说明贯通面筋的结构层号、对应的贯通面筋	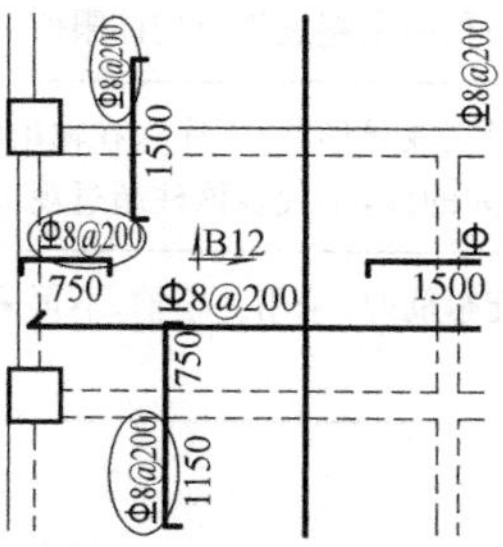 输入需要贯通板面筋的结构层号、对应的贯通面筋,平面图上只绘制支座附加短筋以满足计算结果,图纸右下角的说明文字中会提示楼面贯通面筋。输入时多个结构层号和贯通面筋用空格或逗号分开,最多可输入 10 组。当一个标准层包含多个结构层时,指定其中一个结构层即可。天面层和地下室顶层在此输入,例如 2,25 和 d10@200,d10@150,广厦自动概预算软件会自动按此处设定的钢筋来计算钢筋用量。 建议:由于板贯通面筋绘制比较繁琐,屋面和厚度大于 160mm 的厚板楼层输入构造钢筋全楼面的面筋贯通 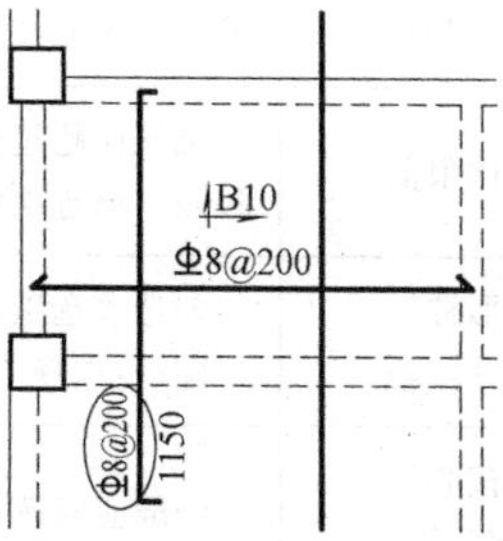
板负筋长度取大值	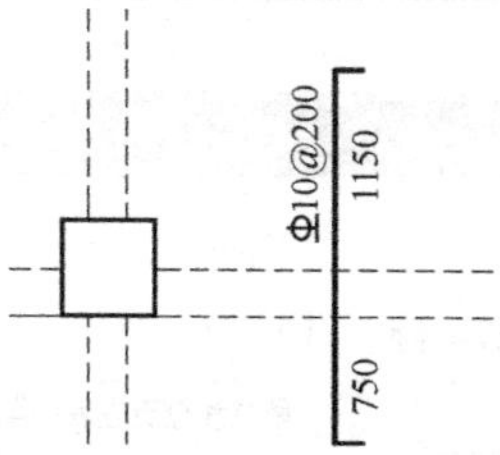 勾选该选项,板负筋按相邻两块板的负筋长度取大值对称配筋。 建议:方便施工的工程可选择,省钢筋的工程不用选择 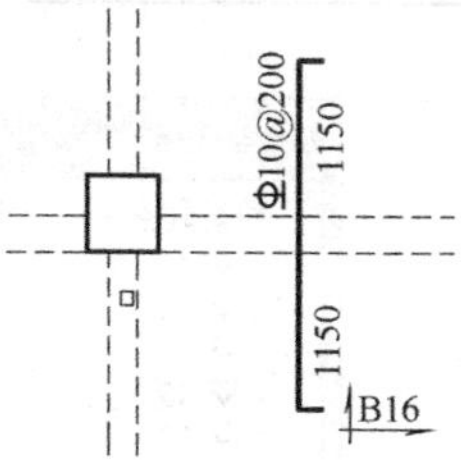

7.1.4 柱选筋控制

柱选筋对话框见图 7-6,对话框说明见表 7-3。

柱选筋控制表　　　　　　　　　　　　　　　　表 7-3

参数	详 细 说 明
纵筋直径	软件自动选筋时,柱纵向受力筋的钢筋直径范围。可全选
调整系数	和梁配筋控制中的调整系数类似,一般不用设置
中边柱最小配筋率	控制不同抗震等级下中柱、边柱最小构造配筋率。程序已按照规范要求控制最小配筋,此参数用于设置比规范要求更高的配筋率。一般不用设置
角柱和框支柱最小配筋率	控制不同抗震等级下角柱和框支柱最小构造配筋率。程序已按照规范要求控制最小配筋,此参数用于设置比规范要求更高的配筋率。一般不用设置
录入系统中第一层柱加长了( )m	如图 5-4 所示情况,由于在录入系统增加了首层柱的计算高度,出施工图需要减去这部分高度
柱纵筋最小直径	控制柱纵筋的最小直径。 建议:一般设置 12mm

参数	详 细 说 明
柱箍筋直径≥（　）mm 时使用二或三级钢	若录入系统中柱箍筋采用一级钢，该参数控制一级钢的最大直径，当选取的箍筋直径大于等于该参数，则程序自动按强度等代采用二或三级钢，此二或三级为柱的纵筋级别，此参数用于控制柱、墙和梁钢筋。 建议：一般输入 10mm
柱箍筋最小直径	程序自动按规范要求控制柱箍筋的最小直径，有更大要求在此设置。 建议：设置 8mm
柱配筋率＞（　）% 警告超筋	超过该配筋率的柱，程序将在输出的超限超筋警告文件中提示该柱超筋，该选项用于查找配筋率较大的柱，不代表该柱配筋面积一定超过规范配筋限值
轴压比限值	轴压比超过该值的矩形柱、圆形柱或异形柱，程序将在输出的超限超筋警告文件中提示该柱超限。该选项用于查找轴压比较大的柱，不代表该柱超过规范限值
矩形柱采用井字箍	勾选该选项，在进行矩形柱选配箍筋时，采用井字箍，不再采用菱形箍。 建议：选择
节点核心区受剪验算	一般应勾选该选项
柱纵筋最大间距 200mm	规范要求抗震且边长大于 400mm 柱纵筋间距不宜超过 200mm，勾选该选项将严格控制，否则三级和四级将按 250mm 控制，非抗震程序自动按 250mm 控制，不受此参数控制。 建议：若省钢筋，不要选择

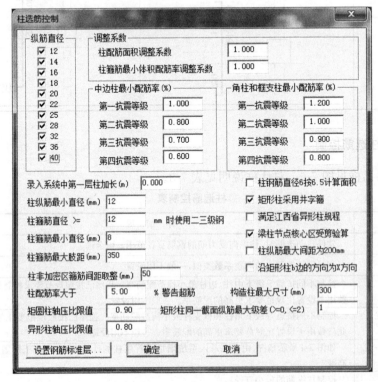

图 7-6　柱选筋控制对话框

7.1.5 剪力墙选筋控制

剪力墙选筋对话框见图 7-7，对话框说明见表 7-4。

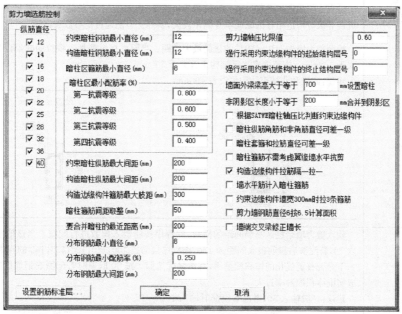

图 7-7 剪力墙选筋控制对话框

剪力墙选筋控制表   表 7-4

参数	详细说明
纵筋直径	选择剪力墙纵向钢筋的直径。 建议：全部选择
约束暗柱钢筋最小直径	控制剪力墙约束暗柱纵筋的最小直径。规范规定二级约束边缘构件最小配筋面积为 max$(0.010A_c, 6 \Phi 16)$，并不要求钢筋直径大于等于 16mm，只要求配筋面积不小于 6 Φ 16。但此处有歧义，故若需要输入 16mm 则输入 16mm，通常建议输入 12mm
构造暗柱钢筋最小直径	控制剪力墙构造暗柱纵筋的最小直径。规范规定二级构造边缘构件加强区最小配筋面积为 max$(0.008A_c, 6 \Phi 14)$，并不要求钢筋直径大于等于 14mm，只要求配筋面积不小于 6 Φ 14。此处有歧义，故若需要输入 14 则输入 14，通常建议输入 12mm
暗柱区箍筋最小直径	程序自动按规范要求控制，有特殊要求在此输入剪力墙暗柱区箍筋的最小直径。建议：一、二级抗震等级时输入 8mm，三、四级抗震等级或非抗震时输入 6mm
暗柱区最小配筋率	控制不同抗震等级下暗柱区最小构造配筋率。程序已按照规范要求控制最小配筋，该参数一般用于提高暗柱区的配筋率。一般不用设置
约束暗柱纵筋最大间距	控制剪力墙约束暗柱纵筋的最大间距。国标图集 12G101-4 中规定宜取 100～200mm，规范中没有专门规定。 建议：一、二级抗震等级设置 200mm，三、四抗震等级设置 300mm 设置 200mm：8Φ14+4Φ12，Φ8@150，300、200、200、300 设置 300mm：8Φ16，Φ8@150，300、200、200、300

参数	详 细 说 明
构造暗柱纵筋最大间距	控制剪力墙构造暗柱纵筋的最大间距。国标图集 12G101-4 中规定宜取 100~200mm,规范中没有专门规定。建议:一、二级抗震等级设置 200mm,三、四抗震等级设置 300mm。一、二级抗震等级时构造暗柱的纵筋本身面积较大,实际上不能通过此参数省钢筋
构造边缘构件箍筋最大肢距	控制剪力墙构造边缘构件的箍筋最大肢距。当隔一根纵筋加一根拉筋时,有可能箍筋肢距大于 300mm。规范要求抗震结构不宜大于 300mm。 建议:四级和非抗震结构可设置 400mm 设置 300mm 设置 400mm 6Φ16 Φ8@200 (400/200) 6Φ16 Φ8@200 (400/200)
暗柱箍筋间距取整(mm)	输入剪力墙暗柱区箍筋间距的模数,则程序按所输入模数进行配箍。当该值小于 50,如输入 10,若配箍后箍筋最大间距为 150,则程序自动按 100,110,120,130,140 的间距再分别计算一下是否有更优化的体积配箍率,并按最优选筋。按 50 取整时若配箍表钢筋级差太大,会造成实配体积配箍率过大。 建议:一般输入 50,考虑省钢筋时输入 10 设置 50mm 设置 10mm 8Φ12 Φ10@150 (500/200) 8Φ12 Φ10@140 (500/200) YAZ7 YAZ7 3.870~33.870 3.870~33.870 8Φ12 (0.90%)面积=904 计算=1000 8Φ12 (0.90%)面积=904 计算=1000 Φ10@150 (1.28%)计算=0.85% Φ8@140 (0.85%)计算=0.85%
要合并暗柱的最近距离	当相邻两个暗柱区的距离小于所输入的限值时,程序将合并两个暗柱区为一个。用于形成一内点暗柱时此暗柱覆盖相邻内点,初始形成的暗柱是比较简单的暗柱类型:矩形、L 形、T 形、十形和端柱暗柱。 GSPLOT 生成 Dwg 时中还有一个参数【要合并暗柱的最大距离】,用于控制已形成的暗柱是否还要合并,形成任意形的复杂暗柱,一般与这里设置相同的数值。 建议:输入 200mm
分布钢筋最小直径	控制剪力墙分布钢筋的最小直径。程序已按照规范要求控制剪力墙分布钢筋的最小直径,该参数一般用于提高剪力墙分布钢筋的最小直径。 建议:输入 8mm
分布钢筋最小配筋率	控制剪力墙分布钢筋的最小构造配筋率。程序已按照规范要求一~三级抗震 0.25 和四级抗震 0.2 控制最小配筋,故本参数只用于填写大于规范要求的值。通常输入 0.2
分布钢筋最大间距	控制剪力墙水平分布钢筋的最大间距。 建议:输入 300mm
剪力墙轴压比限值	轴压比超过该值的墙肢,程序将在输出的超限超筋警告文件中提示该墙超限。该选项用于查找轴压比较大的墙,不代表该墙肢超过规范限值

参数	详 细 说 明
强行采用约束边缘构件的起始、终止结构层号	输入强行采用约束边缘构件的起始结构层号和终止结构层号(录入系统定义的层号),则无论程序判断这些层的剪力墙暗柱是否为约束边缘构件,都强行指定这些结构层按照约束边缘构件配筋。若同一标准层中不同结构层有强行采用约束边缘构件层,也有采用构造边缘构件层,程序会自动将其细分成两标准层。 一般不需设置,当要强行取消轴压比对约束边缘构件判定的影响时,可在这强行设置
暗柱纵筋角筋和非角筋直径可差一级	勾选该选项,选筋时剪力墙暗柱区纵向钢筋的角筋和非角筋的直径可相差一级,从而可降低剪力墙含钢量。若想省钢筋可以选择
暗柱套箍和拉筋直径可差一级	勾选该选项,选筋时剪力墙暗柱区的套箍与拉筋的直径可相差一级,从而降低剪力墙含钢量。省钢筋且暗柱箍筋间距取整大于等于50mm时选择,暗柱箍筋间距取整小于50mm时,实配钢筋和计算要求很接近,不需设置本参数
暗柱箍筋不需考虑翼缘墙水平抗剪	计算结果中常出现剪力墙翼缘墙(小墙肢)的水平分布筋较大情况,当作为暗柱区箍筋配置时,箍筋直径较大。勾选该选项,暗柱区配箍时不考虑翼缘墙的水平抗剪,暗柱区包含整个翼缘墙肢,结构计算所得墙肢水平分布筋不用于配置暗柱箍筋,暗柱箍筋完全按构造处理。建议一般不选此项

7.1.6 施工图控制

施工图对话框见图7-8，对话框说明见表7-5。

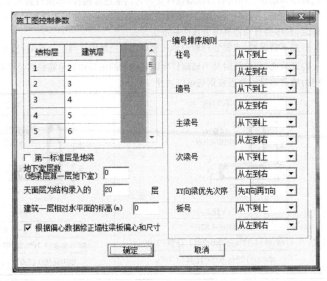

图7-8 施工图控制对话框

施工图控制表　　　　　　　　　　　　　　　　　　　　　　　　　表7-5

参数	详细说明
第一标准层是地梁层	当结构模型中第1结构层梁是承台间拉接的地梁层时，勾选该选项，梁编号前加J符号，此层柱将不出钢筋图
地下室层数	施工图的层号为建筑层号，计算的层号为广厦结构录入系统划分的结构层号（永远从1开始），通过输入地下室层数来确定它们之间的关系。如下图，地下室层数为4，地梁层算一层地下室。初始值为录入的地下室层数 结构录入层号　建筑层号 8 — 5 7 — 4 6 — 3 5 — 2 4 — 1 ▽地面 3 — −1 2 — −2 1 — 基础层
天面层为结构录入的（ ）层	输入天面层的结构层号，程序默认为结构最高层号。天面层梁、板的构造要求及裂缝验算与其他层不同，框架梁编号前加W字符。当录入结构模型中包含屋顶小塔楼时，该值应修改为小塔楼层下一层
建筑一层相对水平面标高	建筑一层相对±0.000的标高，应根据建筑标高填写，程序默认标高为0
编号排序规则	可以选择墙、柱、主梁、次梁和板施工图编号按从下到上、从上到下、从左到右或从右到左排号，XY向梁优先次序可选择先X向或先Y向。 当主梁、次梁选择从左到右，XY向梁选择Y向优先次序以及板选择从右到左时，可达到左右对称结构施工图中左边显示梁钢筋，右边显示板钢筋的目的

7.2 使用 AutoCAD 自动成图软件出图

7.2.1 使用 AutoCAD 自动成图软件出图的基本步骤

在主菜单中点击【AutoCAD 自动成图】，在弹出的对话框中选择 CAD 版本后，将自动进入 AutoCAD 软件，软件的左侧为自动成图软件（以下简称 GSPlot）的菜单，如图 7-9 所示。常用的有工程、板设计、梁设计、柱设计和剪力墙设计几个菜单，菜单的下方有望远镜按钮，为【构件编号查找与编辑】功能。

1. 导入导出施工图习惯

由于平法配筋和 GSPlot 均有许多选筋和出图参数，如果每个工程都去修改很不方便，而其中大部分参数有地域性特点，并且一旦设定后很少改变。因此如果第一次使用 GSPlot，可点击【工程】—【导入导出习惯】，在广厦安装文件夹中选择一个接近自己的习惯导入，也可修改参数、图层的颜色和线型（【工程】—【图层设置】）后，并导出备份习惯，供下次安装时导入。导入习惯后需要重新【平法配筋】和【生成施工图】。

图 7-9　出图常用菜单

(a) 工程菜单；(b) 板设计菜单；(c) 梁设计菜单；(d) 柱设计菜单；(e) 剪刀墙设计菜单

2. 生成图纸

【工程】—【生成 DWG 图】，弹出如图 7-10 所示对话框，注意左侧已经选择了自动归并，因此图 7-9（b）～图 7-9（e）菜单中的自动归并一般不需点。如果模型很大，可将对话框的右侧建筑层选择去掉几层，分成几个文件出图。点击【确定】，关闭对话框，等待出图完毕。

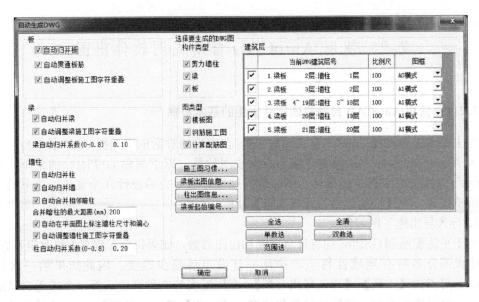

图 7-10　自动生成 DWG 菜单

3. 修改平法配筋提示的警告信息

【工程】—【平法警告】，软件将平法配筋中生成的警告读入，并以小旗标注在图纸上（图 7-11），鼠标点击小旗，将详细提示警告条文。

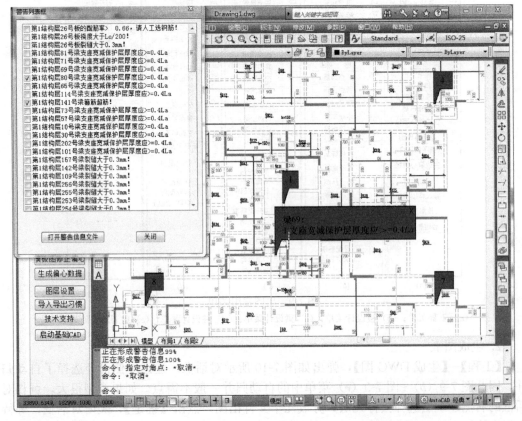

图 7-11　平法警告显示

修改完图纸以后，点击【工程】—【校核审查】，看是否已经消除了警告。

4. 修改板钢筋

切换到【板设计】菜单，勾选【同显配筋】，同时显示计算配筋和实配钢筋，可边校核边修改。可直接双击字串或者通过命令【板设计】—【修改板筋】修改钢筋（图7-12）。修改后软件将重新计算挠度和裂缝。

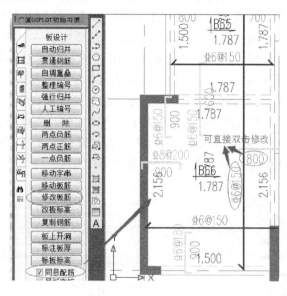

图 7-12　修改板筋

5. 修改梁钢筋

切换到【梁设计】菜单，勾选【同显配筋】，则同时显示计算配筋和实配钢筋，可边校核边修改。可直接双击字串或者通过命令【梁设计】—【改梁钢筋】修改钢筋（图7-13），

图 7-13　修改梁筋

在使用【改梁钢筋】命令时，若鼠标点在梁线上，则弹出【梁跨钢筋对话框】（图 7-13 右上）；若鼠标点在集中标注上，弹出"梁集中标注对话框"（图 7-13 左上）。修改后软件将重新计算挠度和裂缝。

6. 修改柱钢筋

切换到【柱设计】菜单，勾选【同显配筋】，同时显示计算配筋和实配钢筋，可边校核边修改。可直接双击字串或者通过命令【柱设计】—【改柱钢筋】修改钢筋（图 7-14）。注意在施工图中计算配筋值比图形方式结果（图 6-7）增加了一个括号（0/0），此为节点核心区验算配筋，当梁柱偏心时该值常会很大。图 7-15 描述了柱箍筋的节点核心区、加密区和非加密区与计算配筋的关系：a 为节点核心区，b 为加密区，c 为非加密区。计算配筋值为全柱长均要满足；若节点核心区配筋小于加密区配筋，则施工图只输出一行配箍结果，如 d8@100/200；若节点核心区配筋大于加密区配筋，则在配箍结果下会再输出一行打括号的节点核心区配箍结果，如（d8@80）；若计算值大于所有配筋结果，或者规范要求此柱全长加密，则配箍结果只有一个值，如 d8@100。

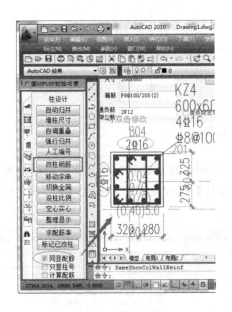

图 7-14　修改柱筋

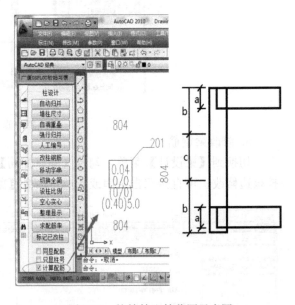

图 7-15　柱箍筋配筋范围示意图

7. 修改剪力墙钢筋

切换到【剪力墙设计】菜单（图 7-16）。点击【剪力墙设计】—【改暗柱筋】修改暗柱，修改后将在暗柱表中画出新的暗柱。点击【修改墙身】，修改完后墙身表会自动增删（图7-16）。点【合并暗柱】，可将两个相近的暗柱合并为一个，同样暗柱表会做相应修改。

暗柱表也可编辑，在图 7-17 中勾选【实际配筋】和【联动实配筋】后，在暗柱表中可直接双击字串修改钢筋，此时表格两侧的配筋值会实时变化，此暗柱也会重画；用复制和粘贴的办法修改暗柱钢筋，暗柱表中的字串以及表格两侧的配筋值也会实时变化。

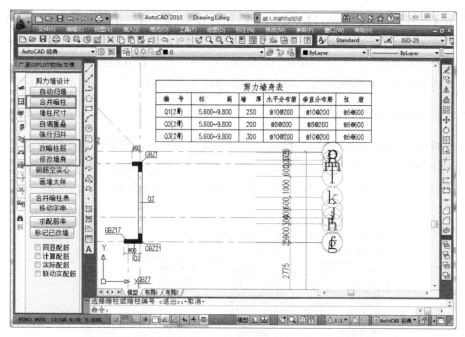

图 7-16　修改剪力墙钢筋

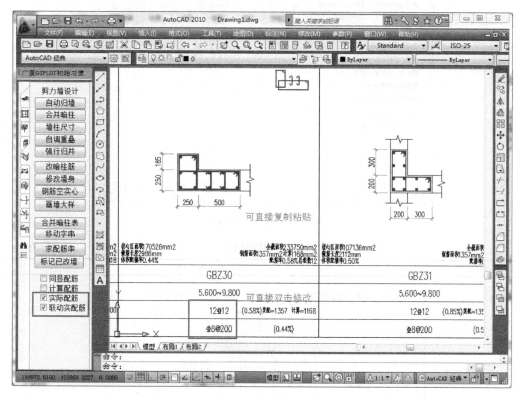

图 7-17　修改暗柱表

8. 输出图纸

修改完所有图纸后，再次点击【工程】—【校核审查】，看是否有违反规范强条的错误。

然后点击【工程】—【分存 DWG】，将施工图和计算书拆分为一个个单独的图纸（在之前一层的墙柱、梁、板图纸都在同一位置的不同图层中），然后补充一些大样图即可完成。如果一次未能完成图纸，可用 AutoCAD 的保存命令，下次打开继续编辑接口。分存前的图纸带结构数据可进行各种检查，分存后的图纸则不带结果数据。

7.2.2 出图控制

和选筋参数一样，出图控制参数很多，本章挑选一些常见参数以表格形式说明。点击【工程】—【出图习惯设置】，弹出图 7-18～图 7-20 所示对话框参数。

1. 板出图控制、图 7-18 为板出图控制对话框，各参数解释见表 7-6。

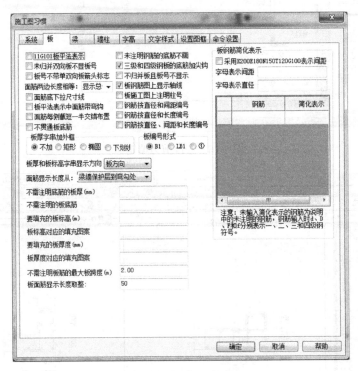

图 7-18　板施工图习惯

板出图控制表　　　　　　　　　　　　　　　　　　　　　　　　　　　　　表 7-6

参数	详细说明
11G101 板平法表示	勾选该选项，板配筋按 11G101 板平法表示，否则采用大样法

参数	详 细 说 明

板平法表示中面筋带弯钩

当选择【11G101 板平法表示】时,勾选该选项,则板面筋带弯钩。110 平法图集中板不带弯钩,但很多人习惯画弯钩

不勾选	勾选
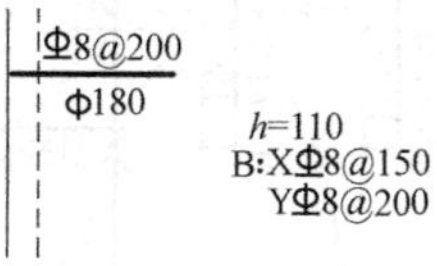 Φ8@200 / Φ180 h=110 B:XΦ8@150 YΦ8@200	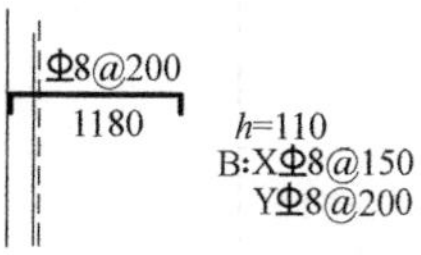 Φ8@200 / 1180 h=110 B:XΦ8@150 YΦ8@200

未注明钢筋的底筋不画

勾选该选项,程序自动统计较多的底筋,在说明中统一说明板底筋,当底筋基本相同时可选

三级钢或四级钢的板底筋加尖钩

勾选该选项,采用三级钢或四级钢的板底筋加尖钩表示。
建议:严格来讲三级钢或四级钢的板底筋不需要加尖钩,但很多人习惯加尖钩,请选择

Φ8@200

不归并板且板号不显示

勾选该选项,所有板都不进行归并,每一块板的钢筋都显示,且板钢筋平面图不显示板号。当板很少相同时(例如剪力墙中),选择此项图面更整洁,而当选择 11G101 板平法表示时,不同跨度板可归并显示,此时不应选择此参数

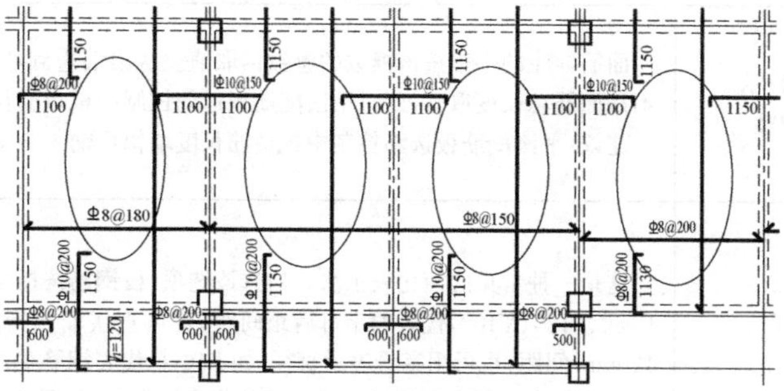

面筋显示长度的计算方法

选择【从梁墙边到弯勾处】时,若标注的长度是面筋向板内伸出的长度时,其标注值为梁或墙边到弯勾处的距离;若是面筋总长度时,其标注值为总长度。若选择 11G101 表示法,请选择【从梁墙边到弯勾处】

梁墙中到弯钩处	保护层到弯钩处	梁墙边到弯钩处
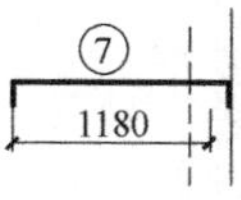 ⑦ / 1180	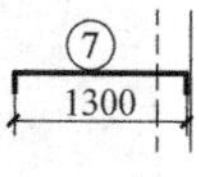 ⑦ / 1300	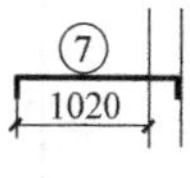 ⑦ / 1020

参数	详 细 说 明
不需注明底筋的板厚（mm）、不需注明的板底筋	这是一种简化画法:输入不需要标注板底筋的板厚度及对应的底筋,当板厚和底筋(如 d10@200)与设定值相同时,底筋不显示,在说明中统一说明 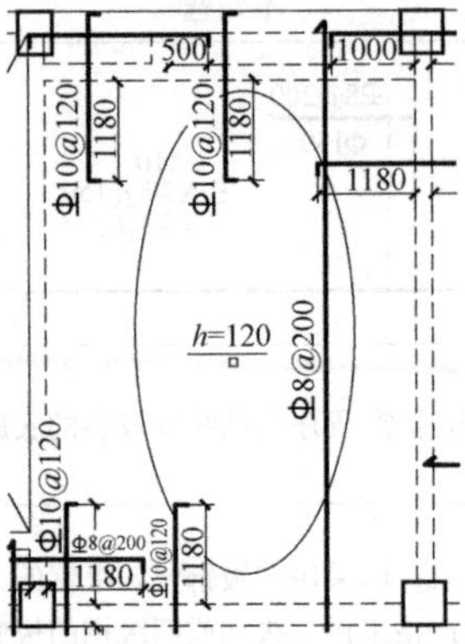 说明: 1. 楼面混凝土强度等级为 C25; 2. 图中未注明底钢筋板厚 120mm 按Φ 8@100 双向拉通
不需注明板筋的最大板跨度	输入不需要注明板筋的最大板跨(程序默认 2.0m),板的长向小于该板跨值的楼板不显示配筋,统一按说明配置构造钢筋。例如输入 5.0m,则小于 5.0m 板跨的板不注明配筋 建议:一般设置 2.0m
板面筋显示长度取整	面筋标注的字串按该模数的整数倍取值。从梁墙边到弯勾处或从梁墙中到弯勾处标注时,不是面筋总长度取整,此时平法配筋板选筋控制中板负筋长度增幅可输入 10,这里输入 50。 建议:平法配筋板选筋控制中板负筋长度增幅可输入 10,这里输入 50
板钢筋简化表示	这是一种常见的简化表示法。勾选该选项,板钢筋按指定字母简化表示间距,K200、G180、E150、P125、V100,代表的字母后跟间距;也可直接输入指定字母表示间距,如 A120,A 代表 120mm 间距;也可用字母表示直径,如 B10,B 代表钢筋直径 10mm。 也可按表格输入钢筋及其对应的简化表示字串,如果下图中只输入钢筋 F8@200 而不输入简化表示字串,则图纸右下角说明中增加:未注明钢筋为 F8@200 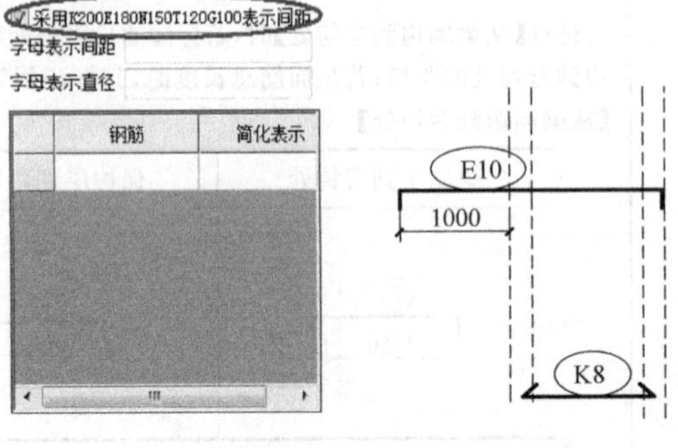

2. 梁出图控制，图 7-19 为梁出图对话框各参数解释见表 7-7。

图 7-19　梁施工图习惯

梁出图控制表　　　　　　　　　　　　　　　　　　表 7-7

参　数	详　细　说　明
梁 X 向 Y 向或框架梁与次梁分别调整字符重叠	当梁很密时(例如井字梁结构)，图纸的字串难以避免重叠。分别勾选这两个选项，梁图将分别按 X 向/Y 向或者框架梁/次梁分两张图出图(只有在分存 DWG 后才能看到效果)
与贯通筋相同的支座钢筋不显示	不勾选该选项，支座负筋与贯通筋相同时仍显示在原位标注。 若按标准平法表示，当面筋和底筋各跨相同时，面筋和底筋应在集中标注，原位不标注。故建议一般不选择(右图) KL4(10A)　250×500　Φ8@100/200(2)　2Φ22 KL4(10A)　250×500　Φ8@100/200(2)　2Φ22

参数	详 细 说 明
梁底筋不全部伸入支座（1/10净长处断开）	这是一种省钢筋方法：当梁端部只有上部受拉，底部不受拉时采用可省筋。勾选该选项，部分底筋在距离支座1/10净长处断开。部分钢筋不伸入支座时，程序仍会保证满足规范要求的一、二、三级抗震等级的底筋与面筋的比值。同时伸入支座的钢筋根数也会满足箍筋绑扎肢数的要求。本选项一般不会选择，若选择则在图纸中的表示如下： 1. 3D20(-1)，表示其中有1根不伸入支座； 2. 3D20(-2)/4D22，表示下排全部伸入支座，上排有2根不伸入支座； 3. 6D20(-2)/4，表示下排全部伸入支座，上排2根不伸入支座； 4. 3D20(-3)/2D22+1D20(-1)，表示下排1D20不伸入支座，上排3根不伸入支座 4Φ14 2/2　　　　　　　3Φ14 L4(1) 200×400 Φ8@200(2) 2Φ14(2Φ22(-2)/2Φ22)　　6Φ10　22/2Φ20
一些临界状态下主、次梁的判断	以下三个选项用于在一些条件模棱两可情况下判断主次梁。需要指出的是，软件默认的判断方法要更加合理一些，因此这三个选项一般情况下建议都不选择。 　　垂直墙的梁为框架梁，缺省垂直墙的梁为次梁。 　　关于与墙相连的梁是否为次梁，软件从严到松有4种选择： 　　1. 与垂直墙相连的梁为框架梁：除连梁外，所有与墙相连的梁为框架梁； 　　2. 与垂直墙相连的梁为次梁：当有关选择都不选时，缺省与垂直墙相连的梁为次梁，其他为框架梁或连梁； 　　3. 一端与墙方向一致，另一端搭梁的梁为次梁：其他为框架梁或连梁； 　　4. 一端与墙方向一致的梁为次梁：不管另一端搭接条件都为次梁，其他为框架梁或连梁

<table>
<tr><td colspan="2" align="center">垂直墙的梁为框架梁，不勾选时为次梁</td></tr>
<tr><td align="center">不勾选</td><td align="center">勾选</td></tr>
<tr><td>L7(1) 200×500
Φ8@200(2)
2Φ12;2Φ14</td><td>KL4(1) 200×500
Φ8@90/200(2)
2Φ12;2Φ12</td></tr>
<tr><td colspan="2" align="center">一端与墙方向一致的梁为次梁</td></tr>
<tr><td align="center">不勾选</td><td align="center">勾选</td></tr>
<tr><td>LL2 200×700
Φ8@100(2)
2Φ18+1Φ14;
2Φ22
G6Φ10</td><td>L10(1) 200×700
Φ8@200(2)
3Φ12/3Φ12;
2Φ22
G6Φ10</td></tr>
<tr><td colspan="2" align="center">一端与墙方向一致另一端搭梁的梁为次梁（此为某些地方的做法）</td></tr>
</table>

续表

<table>
<tr><th>参数</th><th>详 细 说 明</th></tr>
<tr><td>对称归并的梁编号前/后加符号</td><td>以下左图前加“＊”号，右图后加“＃”号。注意对称梁的两端面筋与原图是相反的
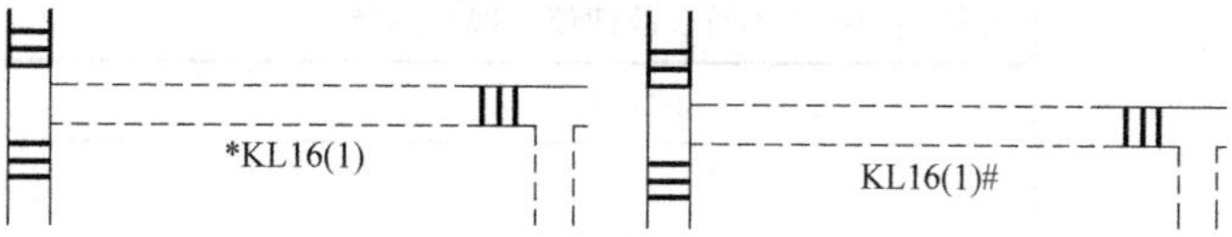
</td></tr>
<tr><td>采用梁表表示的小梁跨度(m)</td><td>采用小梁表是减少小梁之间标注重叠的有效办法。建议设置 2.0，如果填 0，则不出现小梁表。当单跨梁的长度小于等于该限值时不在原位标注钢筋，而在图纸右上的梁表中显示钢筋</td></tr>
<tr><td>墙长≤()mm 时两端的梁为连续梁</td><td>指定短墙的长度，小于且等于该长度的短墙两边的梁判断为同一连续梁，否则判断为不同的连续梁。本参数需要到“楼板、次梁和砖混计算”模块重新计算才起作用。建议设置 500mm
<table>
<tr><th>连续梁</th><th>非连续梁</th></tr>
<tr><td>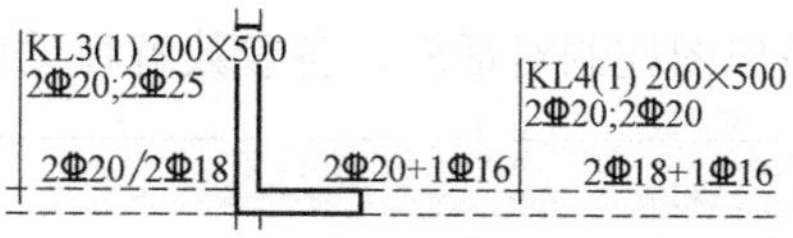
</td><td>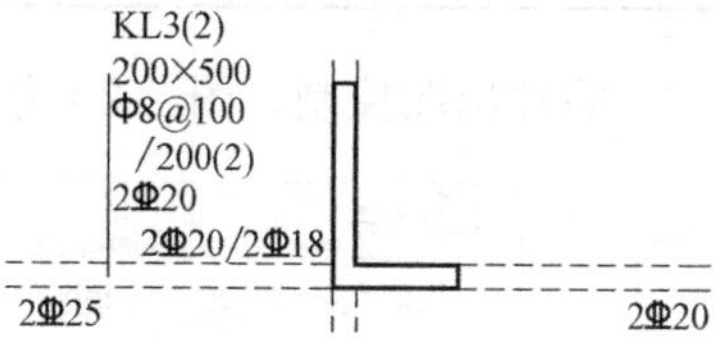
</td></tr>
</table></td></tr>
<tr><td>连梁在墙柱钢筋图上显示</td><td>连梁受力时可看作墙的一部分，故有在梁钢筋图上显示或在墙钢筋图上显示两种画法
<table>
<tr><th>不勾选</th><th>勾选</th></tr>
<tr><td>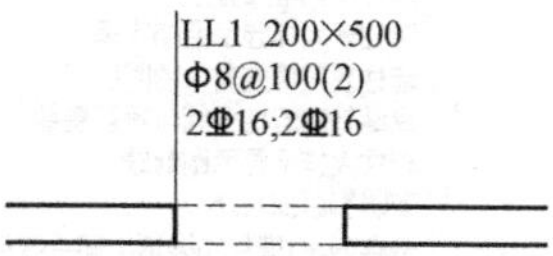
</td><td>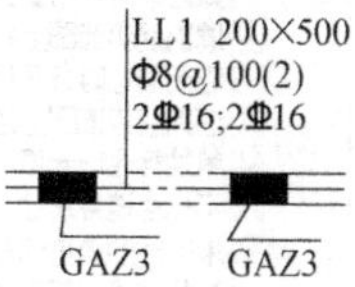
</td></tr>
</table></td></tr>
<tr><td>连梁未注明腰筋同墙水平筋</td><td>连梁受力时可看作墙的一部分，故若不注明，可看作与墙水平筋相同。建议选择
<table>
<tr><th>不勾选</th><th>勾选</th></tr>
<tr><td>LL1 200×700
Φ8@90(2)
2Φ12;2Φ12
G6Φ8</td><td>LL1 200×700
Φ8@90(2)
2Φ12;2Φ12</td></tr>
</table></td></tr>
</table>

参数	详　细　说　明
连梁上搭接其他的梁， 此梁为非连梁	连梁被次梁搭接，若连梁在地震下损坏，与之搭接的次梁也要损坏。这与连梁在地震下开裂并耗能的初衷不符。故建议一般要选择 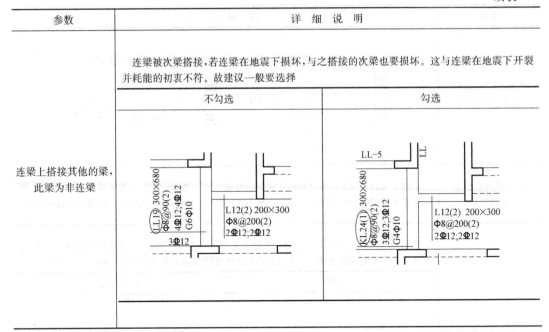 不勾选勾选

3. 墙柱出图控制，图 7-20 为墙柱出图控制对话框，各参数解释见表 7-8。

图 7-20　墙柱施工图习惯

墙柱出图控制表

表 7-8

参数	详 细 说 明

平法：

KZ3
400×600
4Φ18
Φ8@100/150

柱表示方法

国标柱表：

柱号	标高	b×h (圆柱直径D)	b₁	b₂	h₁	h₂	全部纵筋	角筋	b边一侧中部筋	h边一侧中部筋	箍筋类型号	箍筋	备注
KZ1	0.00～9.00							4Φ18	2Φ18	2Φ18	8	Φ8@100	
KZ2	0.00～9.00	400×600						4Φ18	1Φ16	2Φ16	1(3×4)	Φ8@100/150	
KZ3	0.00～9.00	400×600						4Φ18	1Φ18	2Φ18	1(3×4)	Φ8@100/150	

参数 | 详 细 说 明

广东柱表：

柱编号	层号	高度或 H_j/H_o	混凝土强度等级	截面形式	截面尺寸 $b×h$ 或直径	竖筋			插筋	箍筋 中部	箍筋 端部	节点内	复合箍内箍肢数 ①b边短肢	②h边长肢	备注
KZ3	1—3	3000	C25	1	400×600	2Φ18	1Φ18	2Φ18		Φ8@150 上	Φ8@100 中下 900	Φ8@100	2	1	
	H_o		C25	1	400×600	2Φ18	1Φ18	2Φ18		Φ8@100	Φ8@100	Φ8@100			
	H_j					2Φ18	1Φ18	2Φ18		上	中下 各	1Φ8			
KZ2	1—3	3000	C25	1	400×600	2Φ18	1Φ16	2Φ16		Φ8@150 上	Φ8@100 中下 900	Φ8@100	2	1	
	H_o		C25	1	400×600	2Φ18	1Φ16	2Φ16		Φ8@100	Φ8@100	Φ8@100			
	H_j					2Φ18	1Φ16	2Φ16		上	中下 各	1Φ8			
KZ1	1—3	3000	C25	L	200×500	2Φ18	2Φ18	1/1	4Φ18	Φ8@100 上	Φ8@100 中下	Φ8@100			
	H_o		C25	L	200×500	2Φ18	2Φ18 2Φ12	1	4Φ18	Φ8@100	Φ8@100	Φ8@100			
	H_j					2Φ18	2Φ18 2Φ12	1	4Φ18	上	中下 各	1Φ8			
柱表示方法	层号	高度或 H_j/H_o	混凝土强度等级	截面形式	$b×h$ 或直径 $b_1×h_1$ t_1 t_2 截面尺寸	①	②	③	④	⑤a+⑤b	⑥	⑦	中部	端部 L_n	⑧⑨⑩⑪⑫号箍筋
						竖筋			插筋	箍筋					

参数	详　细　说　明	
柱表示方法	柱大样表示法,常用于剪力墙结构中只有少量柱时,此时还可将"柱大样显示在暗柱表中"	

柱大样表示法,常用于剪力墙结构中只有少量柱时,此时还可将"柱大样显示在暗柱表中"

KZ1
200×500/200×500
Φ8@100
2Φ18
4Φ18
500

KZ2
400×600
4Φ16
Φ8@100/150
1Φ16
2Φ16
600
400

截面	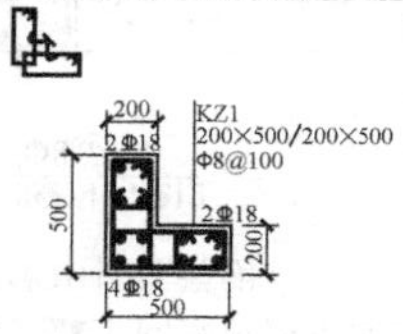	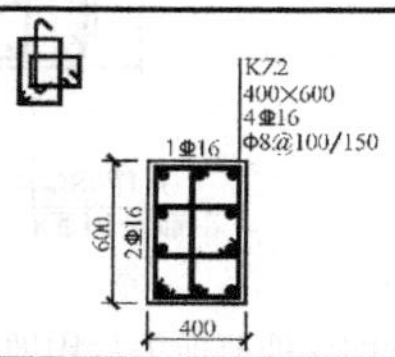
编号	KZ-1	KZ-2
层号	-1~2	-1~2
纵筋		
节点域箍筋	Φ8@100	Φ8@100/150

柱原位大样比例	输入柱原位大样的比例尺。建议:输入 50
暗柱采用截面注写方式	勾选该选项,剪力墙边缘构件不生成暗柱表,暗柱配筋直接在截面上注写。一般情况下不选择
单独标注 L_c 长度	勾选该选项,L_c 位置单独标注,否则与墙定位尺寸一起标注。L_c 为约束边缘构件沿墙肢的长度,L_c 可能分阴影区和非阴影区,下图中 YAZ3 上端填充部分为阴影区,下端非阴影充部分为非阴影区。非阴影区相对于阴影区箍筋减半。建议:一般要选择

不勾选
YAZ3 700
Q1
3800
YJZ2 100
100 1000

勾选
YAZ3 $L_c=700$
Q1
4500
YJZ2 100
100 1000

153

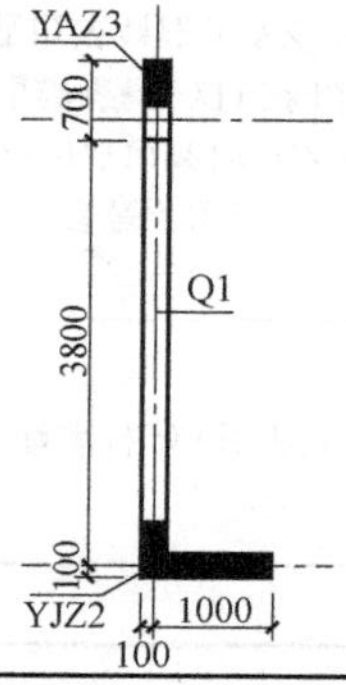

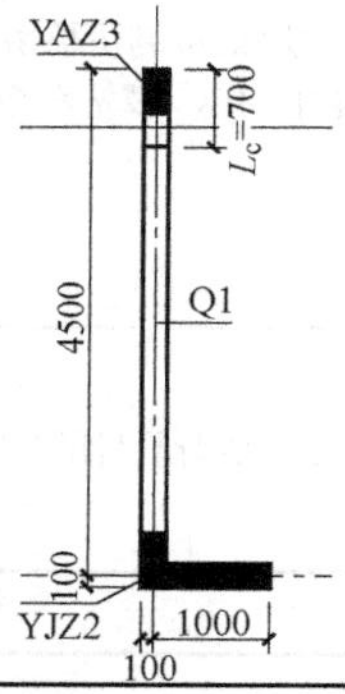

参数	详 细 说 明
未注明的墙身编号为 Q1	勾选该选项，程序自动统计最多的墙身编号为 Q1，图中剪力墙编号为 Q1 的不标注，而改在图纸右下角中说明，选择后有利于图面整洁，因此建议选择
暗柱按 11G101 编号	11G101 简化了旧版国标图集暗柱的编号表示法： 11G101 编号：YBZ 约束边缘柱，GBZ 构造边缘柱，AZ 暗柱，FBZ 扶壁柱； 旧版国标图集编号：YAZ 矩形约束边缘暗柱，YDZ 约束边缘端柱，YYZ-T 形约束边缘翼柱，有柱为约束边缘翼墙，YJZ-L 形约束边缘转角墙，有柱为约束边缘转角柱，GAZ 矩形构造边缘暗柱，GDZ 构造边缘端柱，GYZ-T 形构造边缘翼墙，有柱为构造边缘翼柱，GJZ-L 形构造边缘转角墙，有柱为构造边缘转角柱，AZ-十形非边缘暗柱，FBZ 扶壁柱。 现在一般选择 11G101 法表示 不勾选（YYZ4、YAZ3、Q1、1500、1000、1000）　　勾选（YBZ4、YBZ3、Q1、1500、1000、1000）
暗柱加强筋的表示方法	勾选【空心显示暗柱加强筋】，暗柱加强筋以空心显示（左图）；勾选【不同颜色显示加强筋】，加强筋用与非加强筋不同颜色显示（右图）。当暗柱中有两种直径钢筋时采用。若打印成图纸时二者区分不明显，可在此基础上手工以字串标注说明 （左图 8Φ14+4Φ12、Φ8@150、300、200、200、300）　　（右图 8Φ14+4Φ12、Φ8@150、300、200、200、300）

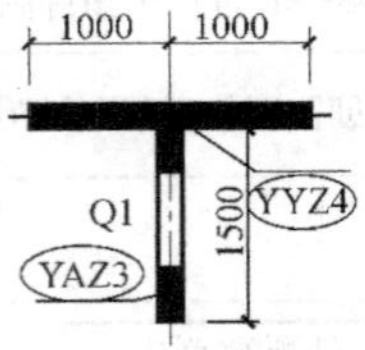

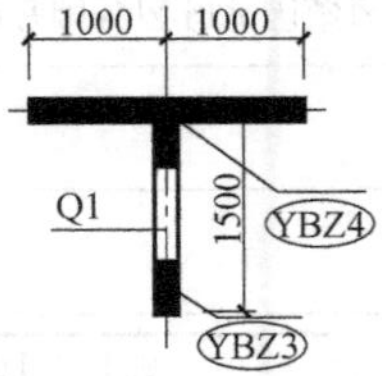

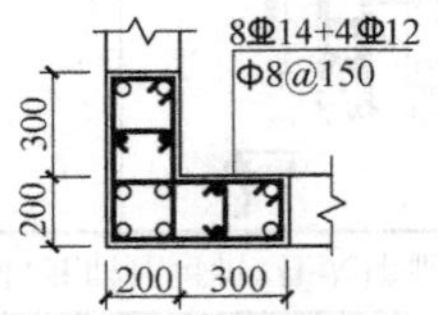

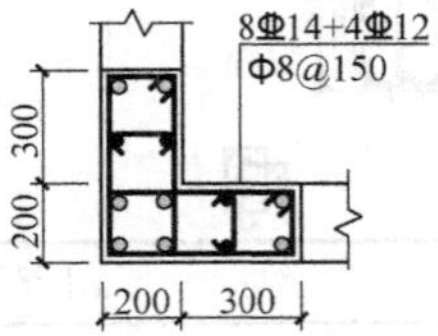

参数	详 细 说 明
约束边缘构件/构造边缘构件采用复合箍	勾选，边缘构件采用复合箍。不勾选，边缘构件采用拉筋。约束边缘构件比较重要，一般要选择复合箍。构造边缘构件则可放松，一般不选择复合箍 不勾选 8Φ16+10Φ14　Φ8@150　200　300　200　900 勾选 8Φ16+10Φ14　Φ8@150　200　300　200　900
抽筋图单线绘制	绘制抽筋图是为了看清暗柱箍筋的绑扎形式，一般都是用细线表示。建议选择 不勾选　200　300　300　200 勾选　200　300　300　200
剖断处的暗柱边缘筋与箍重叠	本选项虽不常用，却表示了一个有趣的细节：在暗柱的剖断线一侧有墙体的，故不需要画保护层。钢筋的位置应注到右图所示边线（到暗柱外边 500mm 处）上。因此右图的位置是正确的，但大家习惯却按至左图表示。因此通常不选本选项 不勾选　200　300　200 勾选　300　200　300
暗柱常用比例尺	输入暗柱常用的比例尺，可以多个，逗号分开。建议：输入 25
抽筋图缩小比例	输入抽筋图缩小比例。建议：输入 2.0

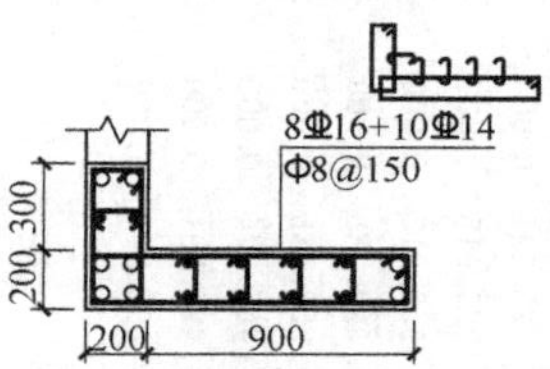

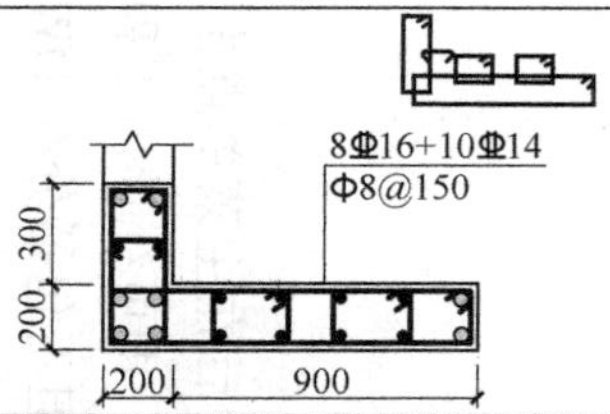

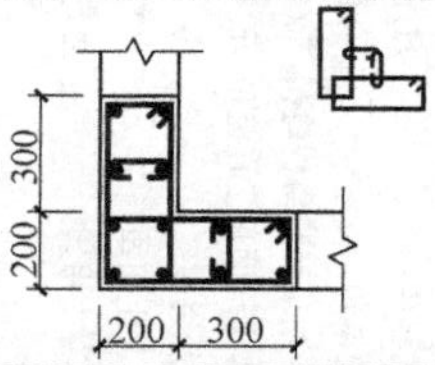

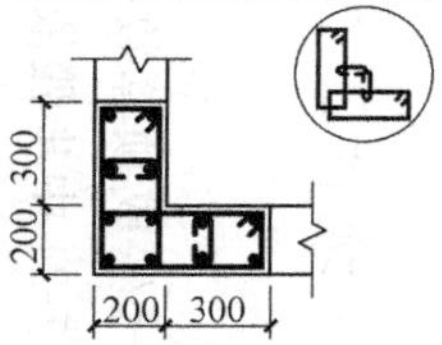

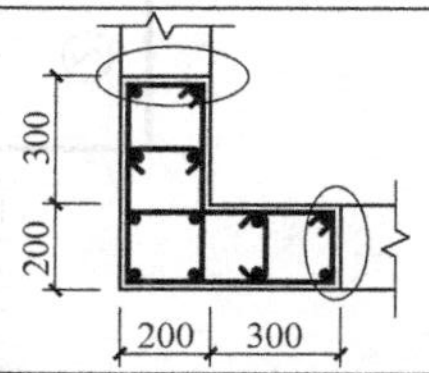

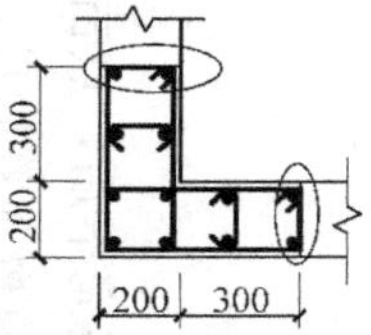

7.3 输 出 计 算 书

计算书分两部分，第一部分为总控结果，可点击【主菜单】—【送审报告】生成。也可分别从【主菜单】—【文本方式】中打印各文本结果。第二部分为构件结果，在自动成图中点击【工程】—【分存 DWG】，在生成的 DWG 图纸中就包含配筋计算结果。

7.4 统 计 工 程 量

图纸调整完毕后，点击【工程】—【生成预算数据】。然后在主菜单点击【自动概预算】，打开广厦概预算软件，然后按图 7-21 中步骤依次点击，即可统计出工程量。此工程量依据 GSPlot 中生成的施工图，包括了其中的修改内容，但不包括分存 DWG 后修改的内容。根据经验与实际情况相比，平均误差在 10% 左右，其中框架结构误差大些；剪力墙结构由于墙体本身配筋比例较重，误差小些。统计工程量可总体把握本结构施工图是否合理，并且对限额工程有一定参考价值。

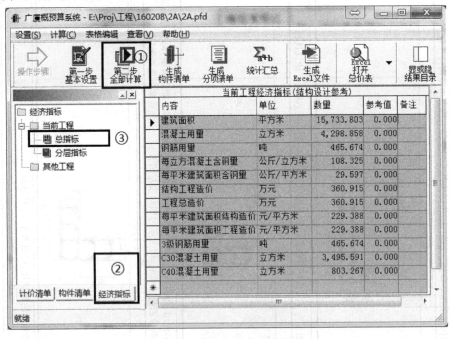

图 7-21 广厦自动概预算软件

练习与思考题

1. 参考本章或者《广厦 AutoCAD 自动成图参数详解》，修改成图系统的每一个参数，体会修改前和修改后出图效果有什么不同。

2. 找一张实际的施工图纸，对比软件参数，定制一个施工图习惯，使该习惯生成的施工图与实际图纸最接近。

3. 若施工图中的梁计算配筋比图形方式中的梁计算配筋大，可能是什么原因造成？

4. 施工图中柱实配钢筋等于计算配筋，是什么原因造成？

5. 列举至少 5 条软件提供的省钢筋参数。

6. 列举至少 5 条软件提供的使图纸图面整洁的参数。

第 8 章 基础计算与设计

结构计算的最后一步是基础设计。当上部结构算完后，基础得到上部结构传来的墙柱底力，首先，基础应能承受这些荷载；其次，上部结构计算假定了底层柱固接，基础设计应保证此假定能够成立；最后，支撑基础的土体、岩石不应遭到破坏。以上三点概念虽简单，但计算内容却多且杂。本章先叙述基础设计的计算内容，然后简述"广厦 AutoCAD 基础软件"（以下简称 AJC）的计算原理，最后说明如何利用 AJC 设计常见的扩展基础、桩基础、弹性地基梁基础和筏板基础。图 8-1 为 AJC 中可设计的一些基础类型。

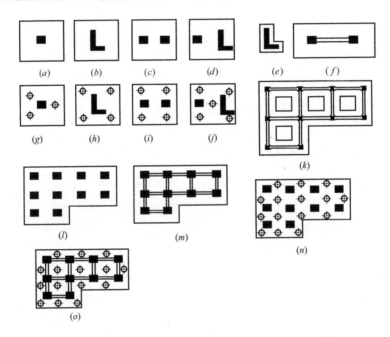

图 8-1　AJC 中可设计的一些基础类型

(a) 单柱扩展；(b) 墙下扩展；(c) 多柱下扩展；(d) 墙柱下扩展；

(e) 墙下条基；(f) 布梁联合基础；(g) 单柱桩基；(h) 墙下桩基；

(i) 多柱下桩基；(j) 墙柱下桩基；(k) 弹性地基梁；(l) 平板式筏基；

(m) 梁式筏基；(n) 桩筏基础；(o) 梁桩筏基础

8.1　基础计算的基本内容

对于扩展基础、桩基础、弹性地基梁基础以及筏板基础四种基础类型，初学者常不知道它们应该计算那些内容，希望通过本节的简单图示说明基础设计的基本内容，以及为什么要计算这些内容。

8.1.1 扩展基础

首先设想一下如果不做基础，让上部结构的墙柱直接落在地基上，上部荷载通过柱直接传给地基【图8-2（a）】。由于柱的截面较小，柱下单位面积土体需要承受的荷载很容易超过其承载力，导致柱下土体破坏【图8-2（b）】。

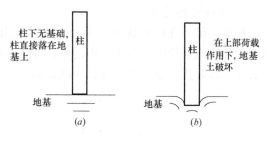

图 8-2　柱直接落在地基上

为防止地基土破坏，要么增大地基土的承载力，要么减小单位面积地基土分担的上部结构的荷载。在实际工程中，仅使用一种方法很难达到要求，这两种方法往往同时使用。要减小单位面积地基土分担的上部结构荷载，最简单有效的方法就是扩大柱脚的面积，也就是实际工程中常做的扩展基础（图8-3）。

为了保证上部结构的荷载能够顺利通过基础传递到地基上，还需要保证基础本身不破坏。扩展基础通常有以下几种破坏形式：

通过扩大柱脚，降低单位面积土承受的压力到土能够承受的程度。这就是扩展基础计算的第一步——承载力验算

图 8-3　扩展基础

1. 冲切破坏、剪切破坏

如果板的厚度不够，在集中力作用下柱脚下可能冲切破坏或剪切破坏，因此需要对扩展基础进行冲切、剪切计算（图8-4）。

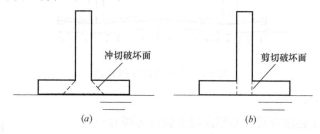

图 8-4　冲切、剪切破坏

当基础的冲切、剪切比不能满足要求时，一般采取加大板厚的方式解决。实际工程中，为了节省材料，一般把厚度较大的扩展基础做成阶梯式或锥式（图8-5）。对于多级阶式基础，每一级台阶都需要进行冲切、剪切验算。

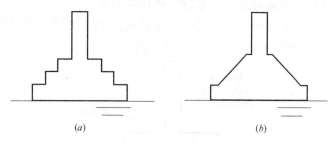

图 8-5　两种常见的扩展基础

（a）阶式扩展基础；（b）锥式扩展基础

2. 基础底部受弯破坏

扩展基础板在柱荷载和土压力的共同作用下，板底受弯会导致板底开裂。如裂缝过大，会导致钢筋锈蚀；如果弯矩过大，可能使得底筋超过受拉承载力而破坏。为了防止这种破坏，需要进行受弯配筋计算（图8-6）。

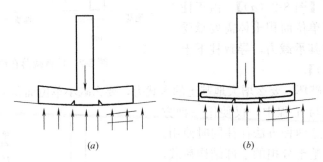

图 8-6　扩展基础受弯配筋计算
(a) 基底受弯、开裂；(b) 增加受弯钢筋、减小裂缝

3. 多柱下扩展基础跨中顶面受弯、开裂

如图8-7所示，双柱下的扩展基础跨中部位，在土压力作用下可能反拱开裂，需要配适量面筋。

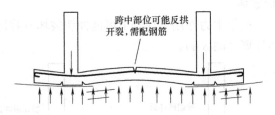

图 8-7　跨中部位反拱开裂

4. 局部受压破坏

当墙柱底混凝土强度等级比基础混凝土强度等级高时，基础直接与墙柱接触的部分可能会在荷载作用下被压碎（图8-8），对这部分混凝土，应当专门进行受压验算，以防破坏。

通过上面的计算，基本保证了地基土和基础本身不被破坏，但对实际工程来说还应进行以下验算：

5. 当地下水位超过基础埋深时，水浮力作用值可能超过建筑物自重及其压重之和。为了保证基础的抗浮稳定性满足要求，应对基础进行抗浮稳定性验算（图8-9）。

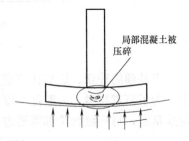

图 8-8　基础的局部受压破坏

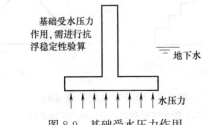

图 8-9　基础受水压力作用

6. 上部结构计算假定了底层柱固接，这就要求基础间的沉降差不能太大，基础沉降差过大会导致上部结构墙体开裂、柱体断裂或压碎、结构整体倾斜甚至倒塌。因此，在进行基础设计时必须验算沉降，控制沉降差（图8-10）。

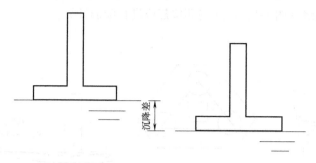

图 8-10　基础间的沉降差

8.1.2　桩基础

扩展基础的上部结构荷载通过扩展基础直接传递给地基土，桩基础的上部荷载通过桩承台传递给下部的桩身，桩能否承受承台传来的桩顶荷载由桩承载能力决定。桩基础的承载力由桩身周边土体的摩擦力和桩底阻力构成（图8-11），需要根据地质资料计算。

当上部结构传来荷载较大，单根桩承载力不足以支撑上部结构传来的力，需要几根桩共同承担一根柱的力，这就是桩的承载力计算。注意此处假定了每根桩承受的内力相同，为满足此假定，则桩承台必须是刚性的。图8-12所示为三桩基础，其承台为三角形承台。

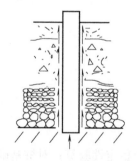

图 8-11　单桩承载力的组成

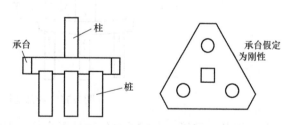

图 8-12　三桩基础

为保证柱荷载传递到桩，作为柱桩的连接件，桩承台不能破坏。因此，要做以下验算以确保桩基的承台不破坏：

1. 柱和桩对承台的冲切、剪切验算

冲切破坏是桩承台最容易发生的破坏形式之一，承台在柱和桩的冲切下都可能发生破坏。如图8-13所示，冲切面与水平面假定成45°夹角，直接位于柱下的桩不需要进行冲切验算。一般情况桩承台的厚度由冲切、剪切决定，如果冲切、剪切不满足要求可增加承台厚度重新验算。

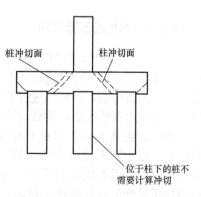

图 8-13　柱和桩对承台的冲切面

2. 受拉部位的配筋计算

钢筋混凝土构件的受拉部位会产生裂缝，需要配筋以抵抗拉力。在柱荷载作用下承台底部受拉部位会产生裂缝（图 8-14）；对多柱下的桩基础，承台跨中在土压力作用下，面部也会受拉产生裂缝（图 8-15），这些部位都应进行配筋计算。

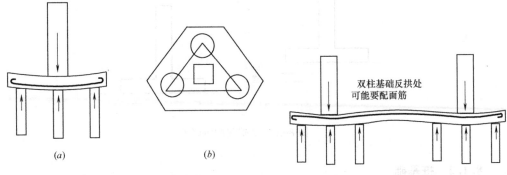

图 8-14　承台底部受拉部位

（a）桩和柱共同作用，承台底部受拉；（b）桩和桩之间的承台底部受拉

图 8-15　承台面部受拉部位

3. 局部受压验算

当墙柱底的混凝土强度比桩承台的混凝土强度高时，桩承台与墙柱接触部分的混凝土可能在荷载作用下被压碎（图 8-16），对这部分混凝土应进行受压验算，以防局部受压破坏。

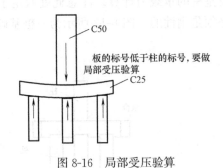

图 8-16　局部受压验算

与扩展基础类似，当桩承台位于地下水位以下时要进行抗浮稳定性验算；对桩基础的沉降差也应进行控制。

8.1.3　弹性地基梁基础

图 8-17 为弹性地基梁模型，梁下端的弹簧模拟土支撑的作用。弹性地基梁的计算模型就是梁—土弹簧模型，弹性地基梁需先按有限元模型算出内力和梁配筋，再做后续验算。

为保证地基土在上部荷载作用下不破坏，应首先进行地基承载力验算。如图 8-18 所示，在上部荷载作用下地基土受压，地基土受到的压力如超过修正后的地基承载力，地基土将不能承受上部结构传来的荷载，这时可通过增大

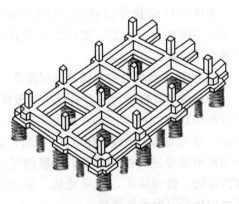

图 8-17　弹性地基梁三维模型

翼缘宽度来调整。

同样,为使上部结构的荷载能够通过弹性地基梁传递给地基,就必须保证弹性地基梁本身不破坏。因此,还需做以下验算以确保弹性地基梁的安全。

1. 冲切、剪切验算

冲切、剪切验算是为了保证翼缘根部不会在上部荷载的作用下发生冲切或剪切破坏(图 8-19)。当冲切、剪切验算不满足时,通常加厚翼缘板。

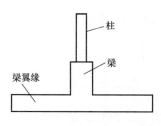

图 8-18 弹性地基梁剖面图

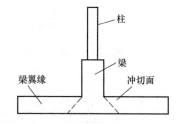

图 8-19 弹性地基梁的冲切计算

2. 配筋计算

弹性地基梁的配筋计算包括两部分,梁身配筋和翼缘配筋。

梁身配筋通过有限元计算获得,在上部荷载和土反力共同作用下,柱下的弹性地基梁下部受拉,跨中的弹性地基梁上部受拉。因此,柱下部分弹性地基梁的受力钢筋应配在梁下部,跨中的受力钢筋应配在梁上部(图 8-20),类似倒置的框架梁。

除了梁身配筋还需要计算翼缘配筋。如图 8-21 所示,弹性地基梁的翼缘实际是一种悬臂梁的受力状态,软件中翼缘的配筋也是按照悬臂梁的方法计算的。

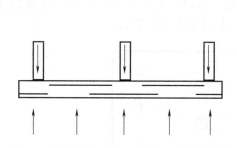

图 8-20 沿梁长方向布置底筋、面筋和箍筋

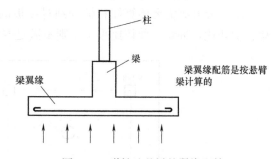

图 8-21 弹性地基梁的翼缘配筋

3. 局部受压验算

当墙柱底混凝土强度等级比弹性地基梁混凝土强度等级大时,还需要进行局部受压验算,以免基础与墙柱接触部分的混凝土被压碎。

当弹性地基梁基础位于地下水位以下时,为了保证抗浮稳定性满足要求,还需进行抗浮稳定性计算;为了防止基础间过大的沉降差对建筑结构产生不良影响,还必须进行沉降计算,控制沉降差。

8.1.4 筏板基础

筏板基础计算时需要先划分单元,采用有限元方法进行计算内力和板配筋,再做后续验算。

筏板基础一般按柔性基础计算,不满足无限刚假定,因此筏板下部土体受到的压力是不均匀的,局部地基土受到压力可能会超过土的承载力。如图 8-22 所示为筏板基础的土反力,由图可见筏板各节点处的土反力并不均匀。

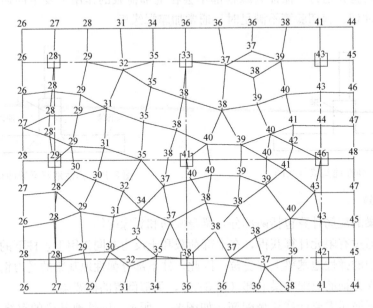

图 8-22　筏板的节点土反力

为了保证筏板本身不破坏,需要进行以下计算:

桩筏板基础需要验算柱和桩分别对筏板的冲切、剪切。图 8-23 为柱和桩对筏板的冲切、剪切比,冲切、剪切比小于 1 则不满足要求,软件里会显红提示。

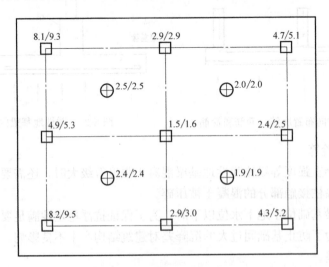

图 8-23　筏板的冲切剪切比

筏板是柔性板,在柱荷载和土反力的共同作用下,柱位处板下部受拉要配底筋,跨中处板反拱,上部受拉需配面筋。如图 8-24 所示,筏板的配筋软件输出的是节点配筋结果,

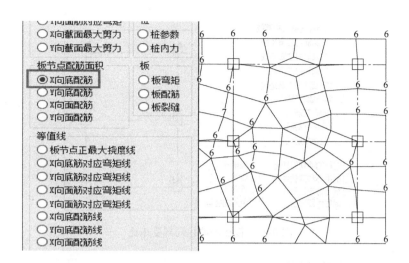

图 8-24　筏板的节点配筋值

图示为筏板 X 向底筋配筋面积，没有配筋值的节点按构造配筋。

　　若地下水位超过筏板标高，需要进行抗浮稳定性验算。图 8-25 是软件输出的抗浮稳定性系数，抗浮稳定性系数应大于 1.05。某些工程中筏板还兼做为防水板，这时还需要控制筏板的裂缝。

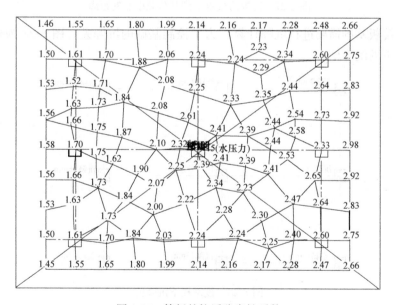

图 8-25　筏板的抗浮稳定性系数

　　筏板基础中，上部结构柱墙的混凝土强度等级大于板的混凝土强度等级时，也需要做局部受压验算。图 8-26 是软件输出的墙柱局部受压比。

　　对单幢建筑物，在地基均匀条件下，筏形基础的基底平面形心宜与结构竖向永久荷载重心重合，过大的偏心距可能导致基础甚至上部结构的整体倾覆，因此，必须验算筏板重心到荷载中心的距离。图 8-27 为软件输出的筏板重心到荷载中心的距离，若图示结果不满足要求（软件里会显示红色），应当对结构进行调整。

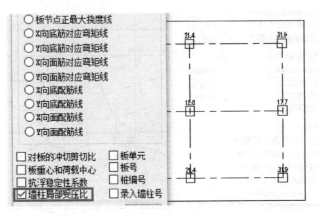

图 8-26　筏板的墙柱局部受压比

图 8-27　筏板的板重心到其荷载中心的距离

最后，筏板基础需要进行沉降计算，为了控制基础的沉降差。图 8-28 为软件输出的筏板基础柱下的沉降值。

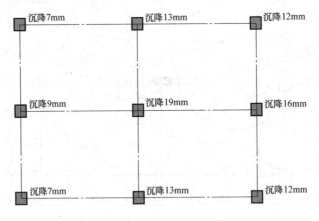

图 8-28　筏基柱下沉降值

8.2　基础设计软件的计算原理

上一节我们说明了基础设计要计算的内容。针对这些内容的详细计算方法，请参考《广厦 AutoCAD 基础软件说明书》（以下简称基础说明书）第 8 章（www.gscad.com.cn 中下载）。本节只做简要介绍。

1. 关于基础设计采用的内力组合：软件读取柱墙底单工况内力重新做内力组合，和上部结构的内力组合无关。承载力计算采用标准组合；沉降计算采用准永久组合；其他冲切剪切、配筋计算等采用设计组合。计算过程不假定哪一组内力组合为最不利内力组合，而是所有组合都算一遍，取最不利的计算结果输出。以上可解释计算结果中的两个现象：1) 单柱扩展基础的最不利组合不一定是最大轴力组合；2) 多柱、多墙肢下的扩展基础、桩基础的最不利组合常常不是所有柱（墙肢）的最大轴力，因为各柱（墙肢）的最大轴力常不在同一个内力组合。

2. 扩展基础、桩基础的设计采用了迭代计算：初始尺寸不满足，自动增大尺寸至满足为止，故布置扩展基础、桩基础的同时也计算完毕。而弹性地基梁、筏板基础采用有限元计算，计算结果不满足不会自动增大基础尺寸，需要手工调整，反复计算才能满足设计要求。

3. 扩展基础、桩基础的计算公式为单柱公式，用于多柱基础设计本身暗含了承台无限刚假定。承台不变形，就算不出多柱下承台反拱引起的面筋（图 8-15 和图 8-17），因此若要算出面筋，需要利用筏板基础来补充计算。

4. 和上部框架结构或者无梁楼盖结构不同，上部结构中，相对于梁板而言，柱墙的竖向结构是很小的，可视作不变。而弹性地基梁、筏板模型下为可变形的土弹簧，不均匀柱墙轴力引起梁、板不均匀变形，由此造成的内力不可忽略。故老式的倒梁法计算弹性地基梁、筏板的结果与软件相比误差较大，倒梁法只适用于柱墙底轴力均匀的情况。

5. 考虑水浮力对弹性地基梁基础和筏板基础的配筋影响：弹性地基梁基础采用梁—土弹簧模型、筏板基础采用板—土弹簧模型。对于梁、板而言，土弹簧约束是均匀的，而水浮力对梁板的作用也是均匀的，没有变形也就没有弯矩，梁板的受弯配筋不变，故水浮力较小时对梁板的面筋底筋没有影响。但是因为土弹簧受压不受拉，当水浮力局部超过梁板的竖向荷载时，其对应的土弹簧应断开，这样梁、板的边界条件改变了，内力和配筋也随之改变，到底有多少土弹簧应该断开，软件采用迭代计算来确定。当水浮力大于整个结构竖向荷载时，基础的抗浮计算已不满足，应将其处理至满足再来考虑水浮力对梁、板的配筋问题。

6. 沉降计算采用分层总和法，设计资料中获得的土压缩模量没有考虑深层土压力的影响，压缩模量偏小，需要进行修正。故填写沉降计算的压缩模量时要按每 3~4m 一层分层填写（即使其压缩模量相同），且在计算沉降时对软件给出的【压缩模量按土自重压力进行增大修正】提示点【是】，不修正得到的结果将偏大。

8.3 扩展基础设计

扩展基础模块可以设计单、多柱扩展基础，墙下扩展基础，墙下条形基础，墙柱下扩展基础和联合扩展基础承台上的梁。扩展基础设计步骤如下：1. 读入基础数据；2. 填写总体信息；3. 选择要布置的基础形式（单柱阶式、单柱锥式、多柱阶式、多柱锥式或墙下条基），弹出基础参数对话框，填写对话框参数；4. 布置扩展基础；5. 查看文本计算结果。

8.3.1 读入基础数据

在读入基础数据之前，先确定基础数据已生成（在【图形录入】—【生成基础 CAD】）模型已计算。然后进入【AutoCAD 基础软件】，点击【工程】—【读入基础数据】，软件将同时读取上部结构的墙柱定位信息和墙柱底力，如图 8-29 所示。

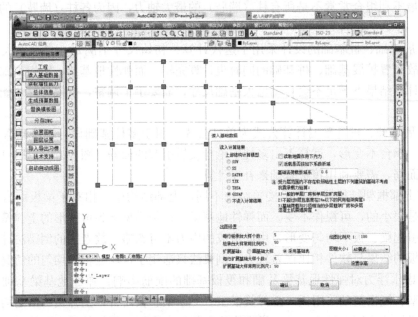

图 8-29　基础平面图窗口

8.3.2 扩展基础总体信息

点击【工程】—【总体信息】，在弹出的对话框点击【扩展基础总体信息】，弹出对话框如图 8-30 所示。

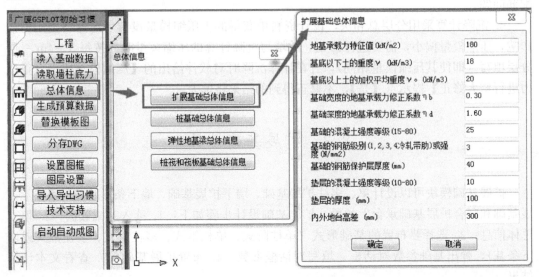

图 8-30　扩展基础总体信息

【地基承载力特征值】输入修正前的承载力，可进行宽度和深度修正；若输入修正后的承载力，则宽度和深度修正系数填 0。

【基底以下土的重度】用于承载力修正公式。若基底位于地下水位以下取浮重度。

【基底以上土的加权平均重度】用于承载力修正公式。若基底以上有水，加权重度应考虑浮重度的贡献。

【基础宽度、深度地基承载力修正系数 η_b、η_d】按《基础规范》中表 5.2.4 选取。

【基础的混凝土强度等级】软件可填 C15～C80，设计时其混凝土强度等级不应低于 C20。当鉴定和加固基础时，有可能填入非标准强度等级（例如 C18），此时其强度将插值计算。

【基础的钢筋强度级别（1、2、3、4 冷轧带肋）或强度（N/mm²）】1 为 HPB300 级钢，强度设计值 270N/mm²；2 为 HRB335 级钢，强度设计值 300N/mm²；3 为 HRB400 级钢，强度设计值 360N/mm²。

【基础的钢筋保护层厚度】基础中纵向受力钢筋的混凝土保护层厚度不应小于 40mm；当无垫层时不应小于 70mm。

【垫层的混凝土强度等级】不用于计算。用于生成图纸时填写平面图说明，一般取 C10。

【垫层的厚度（mm）】不用于计算。用于生成图纸时填写平面图说明，一般≥100mm。

【内外地台高差（mm）】不用于计算。用于生成图纸时填写平面图说明。

8.3.3 扩展基础设计

以单柱阶式基础为例，点击【扩展基础】—【单柱阶式】，弹出扩展基础参数对话框（图 8-31）。

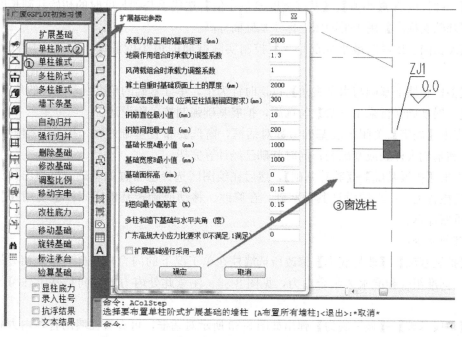

图 8-31　扩展基础参数

【承载力修正用的基底埋深】基础埋置深度一般自室外地面标高算起。在填方整平地区，应从填土地面标高算起；但填土在上部结构施工完成后时，应从天然地面标高算起。对于地下室，如采用箱形基础或筏形基础时，基础埋置深度自室外地面标高算起；当采用独立基础或条形基础时，应从室内地面标高算起。

【地震作用组合时承载力调整系数】采用地震作用效应标准组合时，地基土抗震承载力应取地基承载力特征值乘以地基土抗震承载力调整系数计算。地基土抗震承载力调整系数按表 8-1 取值。

抗震承载力调整系数表　　　　　　　　　　　　　表 8-1

岩土名称和性状	ξ_a
岩石，紧密的碎石土，密实的砾、粗、中砂，$f_{ak} \geqslant 300$ 的黏性土和粉土	1.5
中密、稍密的碎石土，中密和稍密的砾、粗、中砂，密实和中密的细、粉砂，$150 \leqslant f_{ak} < 300$ 的黏性土和粉土，坚硬黄土	1.3
稍密的细、粉砂，$100 \leqslant f_{ak} < 150$ 的黏性土和粉土，可塑黄土	1.1
淤泥，淤泥质土，松散的砂，杂填土，新近堆积黄土及流塑黄土	1.0

【基础上土的厚度】承载力计算时用于求土产生的压力。

【基础高度最小值】迭代求基础高度时的初始基础高度。基础规范构造要求锥形基础的边缘高度不宜小于 200mm；阶梯形基础的每阶高度宜为 300～500mm。

【钢筋直径最小值】按规范构造要求，扩展基础底板受力钢筋的最小直径不宜小于 10 mm。

【钢筋间距最大值】按规范构造要求，扩展基础底板受力钢筋间距不宜大于 200 mm，也不宜小于 100 mm。

【基础长度 A 最小值】、【基础宽度 B 最小值】迭代求基础长度时的初始基础长度。

【基础面标高】用于平面图上标注基础面标高。

【A 长向、B 短向最小配筋率%】控制实际截面的最小配筋率（扣除台阶以外的面积）。

【多柱和墙下基础与水平夹角】以逆时针为正，单柱基础的角度自动按柱的角度。

【扩展基础强行采用一阶】勾选后，扩展基础强制按一阶设计。

点击【确定】关闭扩展基础参数对话框，窗选要布置基础的柱，生成基础图（图 8-31），和基础大样表或基础表；同时基础已经计算完毕。

点击【扩展基础】—【验算基础】，然后在绘图区选择已布置的基础，将弹出其计算结果，经检查无误后继续设计其他基础。在修改、移动或旋转基础后同样也要用【验算基础】重新计算。

其他命令：

【扩展基础】—【改柱底力】修改所选墙柱在单工况下的内力，并自动修改相关的基本组合、标准组合和准永久组合内力，见图 8-32。注意此处内力的方向是基于柱墙的局部坐标。

【扩展基础】—【显柱底力】弹出如图 8-33 所示对话框，可查看柱墙的各种内力和内力组合。注意【控制扩展或桩基础高度的基本组合】和【控制扩展基础底面积或桩基础桩数的标准组合】在设计前是 0，只有设计以后才有确定值。基本组合和标准组合墙柱内力包含地震时，轴力后有"震"字。

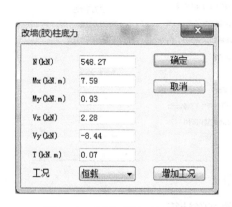

图 8-32　改墙（肢）柱底力

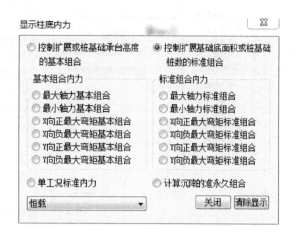

图 8-33　显示柱底内力

8.3.4　扩展基础设计计算书

点击【扩展基础】—【文本结果】，打印所有柱的计算结果形成计算书。文本结果中的墙柱号对应录入系统中的墙柱号。

8.4　桩基础设计

桩基础模块可以设计单柱桩基础、多柱桩基础、墙下桩基础及墙柱下桩基础。桩基础设计步骤如下：1. 读入基础数据；2. 填写总体信息；3. 选择要布置的基础形式（单柱桩基础、多柱桩基础、墙下桩基础、墙柱下桩基础），弹出基础参数对话框，填写对话框参数；4. 布置桩展基础；5. 查看文本计算结果；6. 查看桩基础施工图、桩承台施工图。

8.4.1　桩基础总体信息

读入基础数据。点击【工程】—【总体信息】，在弹出的对话框点击【桩基础总体信息】，弹出对话框如图 8-34 所示。

【基础上土的重度】用于计算承台上土的自重。

【承台的混凝土强度等级】软件可填 C15～C80，设计时其混凝土强度等级不应低于 C20。当鉴定和加固基础时，有可能填入非标准强度等级（例如 C18），此时其强度将插值计算。

【承台的主钢筋强度级别（1、2、3、4 冷轧带肋）或强度（N/mm²）】1 为 HPB300 级钢，强度设计值 270N/mm²；2 为 HRB335 级钢，强度设计值 300N/mm²；3 为 HRB400 级钢，强度设计值 360N/mm²。

【承台的钢筋保护层厚度】基础中纵向受力钢筋的混凝土保护层厚度不应小于 40mm；当无垫层时不应小于 70mm。

【1 号钢筋最小配筋率】、【2 号钢筋的最小配筋率】控制两方向全截面的最小配筋率。

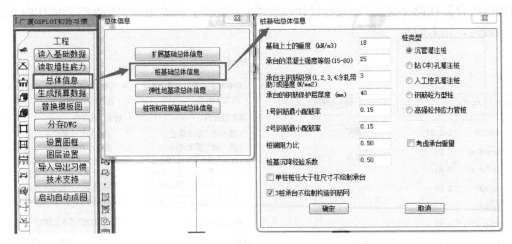

图 8-34　桩基础总体信息

【桩端阻力比】和【沉降经验系数】用于桩基础的沉降计算。

【桩形式】不用于计算，用于基础平面图的说明。

【考虑承台重量】缺省为不考虑承台重量，桩基础计算时未考虑土对承台的作用，两因素互相抵消，故可以选择不考虑承台重量。

【单桩桩径大于柱尺寸不绘制承台】用于单桩基础，当桩直径大于柱尺寸，可不要承台。

【三桩承台不绘制构造钢筋网】勾选后，不绘制三角形三桩承台的构造钢筋网。

8.4.2　桩基础设计

以单柱阶式基础为例，点击【桩基础】—【单柱桩基】，弹出桩基础参数对话框如图 8-35 所示。

【桩径】圆桩为桩直径，方桩为桩边长。

【桩中心距】根据填写为桩径的倍数。桩的最小中心距应符合表 8-2 和表 8-3 的规定。

桩的最小中心距　　　　　　　　　　　　　　　　　　表 8-2

土类与成桩工艺		排数不少于 3 排且桩数 不少于 9 根的摩擦型桩基	其他情况
非挤土和部分挤土灌注桩		$3.0d$	$2.5d$
挤土 灌注桩	穿越非饱和土	$3.5d$	$3.0d$
	穿越饱和土	$4.0d$	$3.5d$
挤土预制桩		$3.5d$	$3.0d$
打入式敞口管桩和型钢桩		$3.5d$	$3.0d$

注：d——圆桩直径或方桩边长。

扩底灌注桩除应符合表 8-2 要求外，尚应满足表 8-3 的规定。

扩底灌注桩最小中心距　　　　　　　　　　　　　　　　表 8-3

成桩方法	最小中心距
钻、挖孔灌注桩	$1.5D$ 或 $D+1$m（当 $D>2$m 时）
沉管夯扩灌注桩	$2.0D$

注：D——扩大端设计直径。

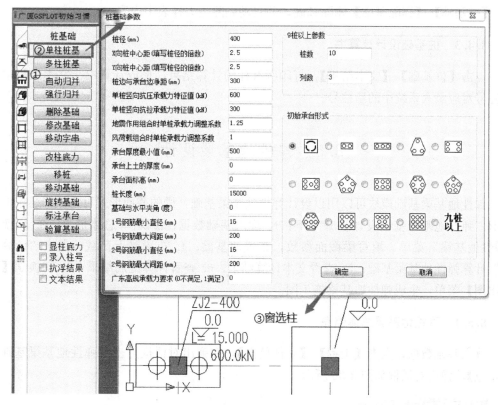

图 8-35 桩基础参数

【单桩竖向抗压承载力特征值】采用地震作用效应标准组合时，单桩抗震承载力应取单桩承载力特征值乘以抗震承载力调整系数计算，地基抗震承载力调整系数按表 8-1 取值。

【单桩竖向抗拉承载力特征值】采用地震作用效应标准组合时，抗震承载力应取地基承载力特征值乘以地基抗震承载力调整系数计算。

【单桩抗震承载力调整系数】单桩抗震承载力调整系数缺省取 1.25。

【承台厚度最小值】用于迭代求基础高度时的初始基础高度，初始基础高度已包括桩伸入承台的 100mm，且不宜小于 250mm。

【承台上土的厚度】用于承载力计算时求土产生的压力，指室外地面到基础顶面的距离。

【初始承台形式】确定初始承台桩数，若计算时桩数不足，软件将自动增加桩数直至满足承载力要求。如果布置九桩以上承台，还须输入总桩数和列数。

点击【确定】关闭桩基础参数对话框，窗选要布置基础的柱，生成基础平面图（图 8-35）和桩承台大样表；同时基础已经计算完毕。

点击【桩基础】—【验算基础】，然后在绘图区选择已布置的基础，将弹出其计算结果，检查无误后继续设计其他基础。在修改、移动或旋转基础以及移桩后，同样也要用【验算基础】重新计算。

其他命令：

【桩基础】—【删除基础】删除基础，并自动删除桩大样表中内容。

8.4.3 桩基础设计计算书

点击【桩基础】—【文本结果】，打印所有柱的计算结果，形成计算书。文本结果中的墙柱号对应录入系统中的墙柱号。

8.5 弹性地基梁设计

弹性地基梁基础模块可以用以设计弹性地基梁基础，梁的截面形式可为矩形、⊥形和T形。弹性地基梁基础设计步骤如下：1. 读入基础数据；2. 填写总体信息；3. 切换到"弹性地基梁"菜单，填写梁截面参数，布置地基梁；4. 布置梁上荷载，点击"计算地梁"计算弹性地基梁基础；5. 查看文本计算结果；6. 查看计算配筋结果；7. 切换到【地梁出图】菜单，生成弹性地基梁施工图。

8.5.1 弹性地基梁总体信息

读入基础数据，点击【工程】—【总体信息】，在弹出对话框点击【弹性地基梁基础总体信息】，弹出对话框如图8-36所示。

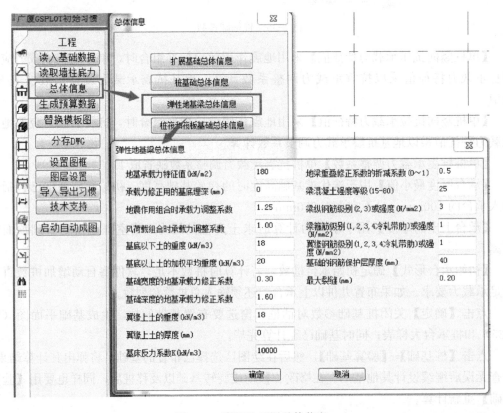

图8-36 弹性地基梁总体信息

174

【地基承载力特征值】输入修正前的承载力，可进行宽度和深度修正；若输入修正后的承载力，则宽度和深度修正系数值填 0。

【承载力修正用的基底埋深】基础埋置深度一般自室外地面标高算起。在填方整平地区，应从填土地面标高算起；但填土在上部结构施工后完成，应从天然地面标高算起。对于地下室，如采用箱形基础或筏形基础时，基础埋置深度自室外地面标高算起；当采用独立基础或条形基础时应从室内地面标高算起。

【地震作用组合时承载力调整系数】采用地震作用效应标准组合时，地基土抗震承载力应取地基承载力特征值乘以地基土抗震承载力调整系数计算。地基土抗震承载力调整系数按表 8-1 取值。

【基底以下土的重度】用于承载力修正公式。若基底位于地下水位以下取浮重度。

【基底以上土的加权平均重度】用于承载力修正公式。若基底以上有水，其重度加权应考虑浮重度的贡献。

【基础宽度、深度地基承载力修正系数 η_b、η_d】按《基础规范》中表 5.2.4 选取。

【翼缘上土的重度、厚度】用于计算翼缘上土的自重。

【基床反力系数】用于土刚度的弹簧系数，可参考表 8-4 填写。

基床反力系数 表 8-4

地基一般特性	土的种类		$K(\text{kN/m}^3)$
松软土	流动砂土、软化湿黏土、新填土		1000～5000
	流塑黏性土、淤泥质土、有机质土		5000～10000
中等密实土	黏土及粉质黏土	软塑的	10000～20000
		可塑的	20000～40000
	轻粉质黏土	软塑的	10000～30000
		可塑的	30000～50000
	砂土	松散或稍密的	10000～15000
		中密的	15000～25000
		密实的	25000～40000
	碎石土	稍密的	15000～25000
		中密的	25000～40000
	黄土及黄土粉质黏土		40000～50000
密实土	硬塑黏土及粉质黏土		40000～100000
	硬塑轻粉质黏土		50000～100000
	密实碎石土		50000～100000
极密实土	人工压实的填粉质黏土、硬黏土		100000～200000
坚硬土	冻土层		200000～1000000
岩石	软质岩石、中等风化或强风化的硬质岩石		200000～1000000
	微风化的硬质岩石		1000000～15000000
桩基	弱土层内的摩擦桩		10000～50000
	穿过弱土层达到密实砂层或黏土层的桩		50000～150000
	打至岩层的端承桩		8000000

【地梁重叠修正系数的折减系数】考虑到梁交叉重叠部位的自重和刚度被重复计算，以及其他一些未被计算考虑的有利因素，故对此修正系数还可适当折减，软件缺省为 0.5。

【梁混凝土强度等级】软件可填 C15～C80。当鉴定和加固基础时可能填入非标准强度等级（例如 C18），此时其强度将插值计算。

【梁纵钢筋强度级别（2、3）或强度（N/mm²）】2 为 HRB335 级钢，强度设计值 300N/mm²；3 为 HRB400 级钢，强度设计值 360N/mm²。

【梁箍筋、翼缘的钢筋强度级别（1、2、3、4 冷轧带肋）或强度（N/mm²）】1 为 HPB235 级钢，强度设计值 270N/mm²；2 为 HRB335 级钢，强度设计值 300N/mm²；3 为 HRB400 级钢，强度设计值 360N/mm²。

【基础钢筋保护层厚度】基础中纵向受力钢筋混凝土保护层厚度不应小于 40mm；当无垫层时不应小于 70mm。

【最大裂缝】根据此限值验算裂缝，若不满足增加钢筋至满足或配筋率达到 2%。限值可参考《混规》中 3.4.5 条。结果在【地梁出图】—【显梁裂缝】、【含缝配筋】中显示。

8.5.2 弹性地基梁设计

布置弹性地基梁有【两点地梁】、【距离地梁】、【轴线地梁】和【延伸地梁】四种方式。以【两点地梁】为例，点击【弹性地基梁】—【两点地梁】，弹出梁截面参数对话框见图 8-37。

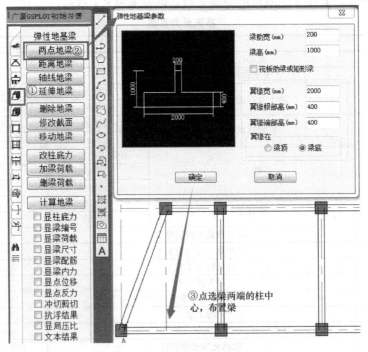

图 8-37　弹性地基梁参数

布置弹性地基梁荷载：点击【弹性地基梁】—【加梁荷载】，在命令行输入梁上的均载标准值（kN/m），然后选择要布置荷载的梁。注意软件已自动计算梁的自重不需输入。

计算弹性地基梁：点击【弹性地基梁】—【计算地梁】，软件自动计算所有地梁的内力和配筋。

其他命令：

点击【弹性地基梁】—【删除地梁】，选择要删除的梁。

点击【弹性地基梁】—【显梁编号】，显示的编号对应文本结果中的梁编号。

点击【弹性地基梁】—【显梁荷载】显示【加梁荷载】添加的梁上荷载。

点击【弹性地基梁】—【显梁尺寸】显示梁尺寸（单位为 cm），格式举例如下："50100"为 500×1000mm² 矩形梁截面；"50100（20040）"为⊥形或 T 形梁截面，梁肋宽 500mm，梁高 1000mm，翼缘宽 2000mm，翼缘根部高 400mm。

点击【弹性地基梁】—【显梁配筋】显示梁配筋，如图 8-38 所示，其中横线上方为梁左—中—右面筋（cm²），下方为梁左—中—右底筋（cm²）/端部箍筋（cm²/0.1m）/翼缘底部配筋。

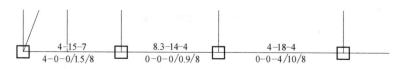

图 8-38　弹性地基梁配筋图

点击【弹性地基梁】—【显梁内力】，显示梁内力，如图 8-39 所示，其中第一行为梁左—中—右截面最小弯矩（kN·m），第二行为梁左—中—有截面最大弯矩（kN·m），第三行为梁左端剪力/最大扭矩（kN·m）/右端剪力（kN）。

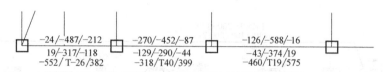

图 8-39　弹性地基梁内力图

点击【弹性地基梁】—【显点位移】，显示点最大位移，以向下为正，单位为 mm。软件求最大位移时，地震作用组合下的位移除以地基土抗震承载力调整系数后才能与非地震作用组合下的位移比较，而此处显示的位移已除以地基抗震承载力调整系数。

点击【弹性地基梁】—【显点反力】，显示点最大反力，以向下为正，单位 kN/m²。软件求最大反力时，地震作用组合下的反力除以地基土抗震承载力调整系数后才能与非地震作用组合下的反力比较，而此处显示的反力已除以地基抗震承载力调整系数。若反力为红色，表示此处承载力不满足。目前弹性地基梁未作宽度修正，只作深度修正。

点击【弹性地基梁】—【冲切剪切】，显示冲切剪切结果，显示格式为翼缘冲切比/翼缘剪切比。若比值为红色，表示冲切剪切不满足，需增加翼缘厚度。可在文本计算结果中查看验算过程来分析原因。

8.5.3　弹性地基梁设计计算书

计算书包括文本计算书和图形计算书。点击【弹性地基梁】—【文本结果】，可查看文本计算书。8.5.2 节中的各种显示结果为图形计算书。

8.5.4　绘制弹性地基梁施工图

计算通过后点击【地梁出图】—【生成梁图】，弹出如图 8-40 所示对话框，填写参数并点击【确定】，软件将自动生成梁和翼缘边线、梁平法钢筋施工图，如图 8-41 所示。

图 8-40 梁钢筋控制对话框

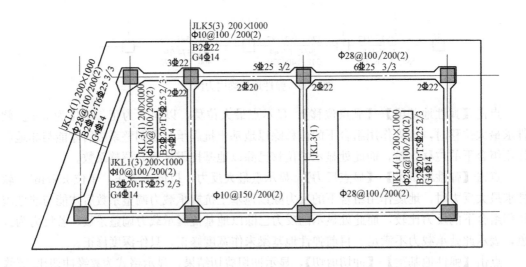

图 8-41 弹性地基梁施工图

点击【地梁出图】—【显梁裂缝】，显示弹性地基梁的裂缝宽度值，如图 8-42 所示。其中横线以上为梁面跨中裂缝宽度，横线以下为左或右支座裂缝宽度。

点击【地梁出图】—【含缝配筋】，显示考虑了裂缝的配筋值，其格式和图 8-38 类似。若显示红色为超筋，需修改梁截面尺寸并重新计算。

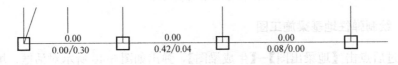

图 8-42 弹性地基梁裂缝宽度图

8.6 桩筏和筏板基础设计

桩筏和筏板基础设计可以计算平板式筏基、梁式筏基、桩筏基础和梁桩筏基础。其设计步骤如下：1.读入基础数据；2.填写总体信息；3.切换到【桩筏和筏板】菜单，布置筏板；4.布置板上荷载，划分有限元网格，点击【计算筏基】计算筏板基础；5.查看文本计算结果；6.查看计算配筋结果；7.切换到"筏板出图"菜单，绘制筏板施工图。

8.6.1 桩筏和筏板基础总体信息

读入基础数据，点击【工程】—【总体信息】，在弹出的对话框点击【桩筏与筏板基础总体信息】，弹出对话框如图 8-43 所示。其中大部分参数与"弹性地基梁总体信息"类似，不再赘述。

【板的变形方式】若为 0 按弹性变形计算；若为 1 按刚性板变形计算，且满足面外无限刚。一般工程按弹性计算，但有时为了估计筏板基础两端的变形差，可指定为刚性计算。

【桩顶和板的连接（0 铰接，1 刚接）】小截面桩按铰接计算，大截面桩可考虑按刚接计算。按刚接计算，桩将承受弯矩和水平剪力，故后续桩身的补充计算需考虑按水平力作用下的桩验算。

【桩钢筋保护层厚度】桩主筋的混凝土保护层厚度不应小于 35mm，水下灌筑混凝土不得小于 50mm。

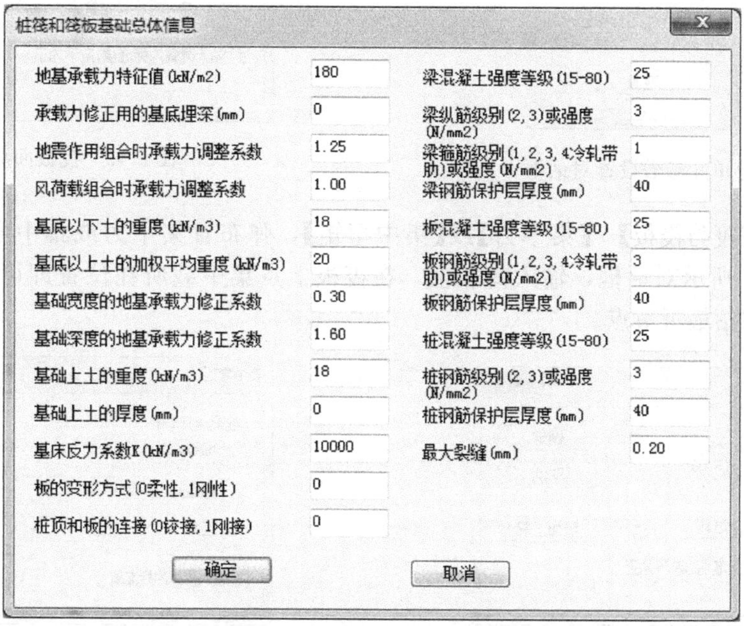

桩筏和筏板基础总体信息			
地基承载力特征值 (kN/m2)	180	梁混凝土强度等级 (15-80)	25
承载力修正用的基底埋深 (mm)	0	梁纵筋级别 (2,3) 或强度 (N/mm2)	3
地震作用组合时承载力调整系数	1.25	梁箍筋级别 (1,2,3,4冷轧带肋) 或强度 (N/mm2)	1
风荷载组合时承载力调整系数	1.00	梁钢筋保护层厚度 (mm)	40
基底以下土的重度 (kN/m3)	18	板混凝土强度等级 (15-80)	25
基底以上土的加权平均重度 (kN/m3)	20	板钢筋级别 (1,2,3,4冷轧带肋) 或强度 (N/mm2)	3
基础宽度的地基承载力修正系数	0.30	板钢筋保护层厚度 (mm)	40
基础深度的地基承载力修正系数	1.60	桩混凝土强度等级 (15-80)	25
基础上土的重度 (kN/m3)	18	桩钢筋级别 (2,3) 或强度 (N/mm2)	3
基础上土的厚度 (mm)	0	桩钢筋保护层厚度 (mm)	40
基床反力系数K (kN/m3)	10000	最大裂缝 (mm)	0.20
板的变形方式 (0柔性,1刚性)	0		
桩顶和板的连接 (0铰接,1刚接)	0		
确定		取消	

图 8-43 桩筏和筏板基础总体信息

8.6.2 筏板和筏板基础设计

1. 平板式筏板基础设计

1) 布置筏板

点击【桩筏与筏板】—【角点定边】，根据所选角点和每边挑出长度确定边界线。如果板上有洞，点击【桩筏与筏板】—【板上开洞】，在板上开多边形洞口。

点击【桩筏与筏板】—【划分单元】，弹出如图 8-44 所示对话框，对话框中的间距参数一般按缺省值即可。【与水平夹角】只用于矩形剖分，为划分后的 4 边形单元与 X 轴的夹角。【筏板厚度】为剖分后单元的缺省厚度。剖分方式一般选【3 和 4 节点混合剖分】。点击【确定】，在绘图区选择筏板（点选单元边线），软件将自动进行有限元划分。剖分速度是很快的，如等待时间很长，则可能是剖分陷入死循环，可先在图形录入检查底层模型节点关系是否有问题（按 F4），若无问题，可将最小间距适当调大。

2) 布置筏板荷载

点击【桩筏与筏板】—【面荷载】，弹出图 8-45 所示对话框，输入荷载值，在筏板上点选形成闭合多边形即可。面荷载主要是板上的使用荷载、填土重等。

图 8-44　划分单元参数设置对话框

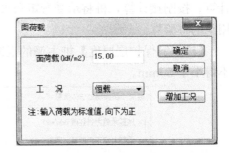

图 8-45　筏板面荷载

点击【桩筏与筏板】—【集中力】或【集中弯矩】，弹布置集中力或集中弯矩，弹出图 8-46 或图 8-47 所示对话框，输入荷载值，在筏板上点集中载所在位置即可。而计算时，集中荷载将附给最近节点。

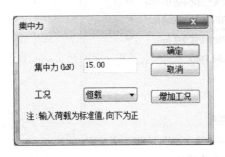

图 8-46　筏板上集中力

图 8-47　筏板上集中弯矩

3）计算筏板

点击【桩筏与筏板】—【计算筏基】，在绘图区选择筏板，软件将计算筏板的内力和配筋。

其他命令：点击【桩筏与筏板】—【内筒冲剪】，选择角点以确定内筒范围，软件将计算并输出多边形内筒的冲切和剪切文本文件。

查看计算简图：点击【桩筏与筏板】—【计算简图】，弹出对话框如图 8-48 所示，说明如下：

（1）梁筏基础中梁计算结果，和弹性地基梁中的结果类似，请参考 8.5.2 节。

（2）板结点位移和内力

【正最大挠度】为标准组合内力作用下的最大向下位移，软件求最大位移时，地震作用组合下的位移除以地基土抗震承载力调整系数后才能与非地震作用组合下的位移比较，而此处显示的位移已除以地基抗震承载力调整系数。

【负最大挠度】为标准组合内力作用下的最大向上位移，设计应避免出现向上的位移。

【最大反力】为标准组合内力作用下的最大反力，单位为 kN/m^2。软件求最大反力时，地震作用组合下的反力除地基土抗震承载力调整系数后才能与非地震作用组合下的反力比较，而此处显示的反力已除地基抗震承载力调整系数。若反力为红色，表示此处承载力不满足。

【内力】为基本组合作用下的内力，其中节点弯矩和剪力的方向由整体坐标的 X、Y 方向。弯矩单位为 $kN \cdot m$，剪力单位为 kN/m。

【板节点配筋面积】对应基本组合内力作用下的配筋，单位为 cm^2/m。

（3）板的其他计算结果

【板单元】显示板的计算单元网格。

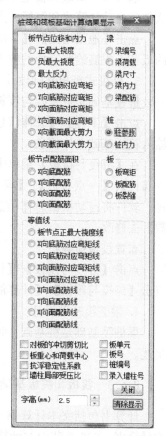

图 8-48　筏板计算简图对话框

【对板的冲切剪切比】例如：4.32/3.22 表示为板冲切比/板剪切比。若其值＜1，则冲切剪切不满足要求，需要增加板厚度。可在文本计算结果中查看其验算过程。

【板重心和荷载中心的距离】应避免过大的荷载偏心，若显示大于规范值，则需要修改。

【板号】对应文本计算结果中冲切比和剪切比验算中的板号。

（4）桩筏基础中的桩结果

【桩参数】显示桩的设计参数，例如 C600 为单桩竖向抗压承载力特征值 600kN；T300 为单桩竖向抗拉承载力特征值 300kN；L15 为桩长 15m；D500 为桩径 500mm。

【桩内力】显示标准组合内力作用下的桩最大反力。

【桩编号】对应文本计算结果中桩对板冲切验算中的桩号。

2. 梁式筏板基础设计

梁式筏板基础是弹性地基梁与筏板的结合，其设计过程如下：

点击【工程】—【总体信息】，在弹出的对话框点击【桩筏与筏板基础总体信息】，点击输入筏板基础总体信息。

分别在【弹性地基梁】菜单中输入梁（选择筏板肋梁）、在【桩筏与筏板】菜单中布置筏板。

输入梁上荷载和板上荷载；点击【桩筏与筏板】—【计算筏基】，在绘图区选择筏板，软件将自动计算梁和筏板。点击【桩筏与筏板】—【计算简图】，查看计算结果。

点击【地梁出图】—【生成梁图】，生成梁施工图。点击【筏板出图】，根据计算简图中的板节点配筋绘制筏板的施工图。

3. 桩筏式筏板基础设计

桩筏基础是桩基础与筏板的结合，其设计过程如下：

点击【工程】—【总体信息】，在弹出的对话框点击【桩筏与筏板基础总体信息】，点击输入筏板基础总体信息；

在【桩筏与筏板】菜单中布置筏板和桩，布桩可用【参数布桩】、【参数布桩 2】、【两点布桩】、【一点布桩】、【墙下布桩】命令布置，也可直接在桩图层上画圆或者矩形来布置，软件将自动根据总体信息的缺省值设置桩参数，也可点击【桩筏与筏板】—【改桩参数】去修改。

布置筏板荷载：

点击【桩筏与筏板】—【计算筏基】，在绘图区选择筏板，软件将自动计算桩和筏板。点击【桩筏与筏板】—【计算简图】，查看计算结果。

4. 梁桩筏基础设计

梁桩筏基础是桩基础、弹性地基梁和筏板基础的结合，其设计过程和前面类似，不再赘述。

8.6.3　筏板和筏板基础设计计算书

计算书包括文本计算书和图形计算书。点击【桩筏与筏板】—【文本结果】，可查看文本计算书。8.6.2 节中的计算简图结果为图形计算书。

筏板基础施工图需要根据计算配筋的结果手工绘制。在【筏板出图】菜单中提供了一些绘制命令。

8.7　沉降和回弹计算

在前面的设计完毕以后，还需要做沉降计算。

点击【沉降回弹】—【布置孔点】，弹出如图 8-49 所示对话框，根据勘察资料，填写孔点信息，注意土层一定要每 3～4m 填一层。点击【确定】关闭对话框，在基础图上布置孔点。

点击【沉降回弹】—【计算沉降】，软件提示【是否计算所有沉降?】，选择【是】；软件

图 8-49　输入地质资料

再提示"压缩模量按土自重进行增大修正吗?",选择"是",完成沉降计算。

点击【沉降回弹】—【计算回弹】,软件提示【是否计算所有回弹?】,选择【是】;软件再提示输入【基坑地面以上土的自重压力】,输入完毕,完成回弹计算。

点击【沉降回弹】—【显示沉降】,显示沉降结果如图 8-50 所示。

点击【沉降回弹】—【显示回弹】,显示回弹结果。

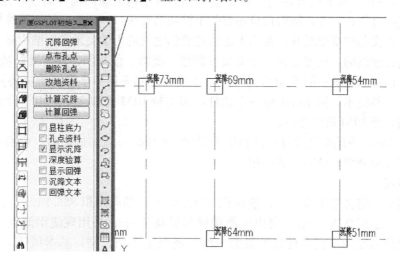

图 8-50　沉降计算结果

练习与思考题

1. 描述四种基础计算的基本内容。

2. 为什么改变扩展基础的承载力值或桩基础的单桩抗压承载力值,会改变软件算出的扩展基础尺寸或桩基础根数;而对弹性地基梁基础和筏板基础却无影响?

3. 设计一个筏板基础,由小到大加载不同的水浮力,观察板节点配筋的变化,并说明其理由。

4. 为什么沉降计算中一般压缩模量要按土自重进行增大修正?

第9章 广厦在 BIM 设计中的应用

　　BIM（Building Information Modeling）作为建筑业的一项新技术，目前已经取得了长足的发展。它要求将工程项目在全生命周期（设计、施工、运维）中各个不同阶段的工程信息、过程将资源集成在一个模型中，以方便被工程各参与方使用。然而，BIM 的实践并不容易。因为人们对于工程数据的研究并不完备，工程阶段之间的数据也没有做到有效互联互通。而设计作为 BIM 数据的源头，首先应该满足完备性和有效互联互通的要求。为了有效沟通，设计各专业采用统一的平台是一个可行的办法。目前，设计院使用最广的 BIM 设计平台软件是欧特克（Autodesk）公司的 Revit 产品。建筑、机电专业已基本实现在 Revit 中完成 BIM 设计，然而结构相对落后是由于 Revit 中缺乏结构设计必备的计算参数、荷载（Revit 自带的荷载模块不够完整）和具有结构概念的构件属性，这导致 Revit 模型不能直接计算；另外，结构自身还有若干模块需要统一：例如，结构计算模型中所有梁柱、梁墙相交部位都要断开，否则无法描述它们之间的力学关系；而结构施工图模型中梁、墙表达是连续的，这需要在一个模型下能建、能算、能出图，就需要解决这些矛盾，在结构设计内部采用统一的模型达到协同，在设计之间采用一个平台解决协同，BIM 是一种理念、一种技术，而 Revit 是一个软件，来支持 BIM 的理念，应用于设计阶段，用于建立模型，是 BIM 软件之一。

　　广厦在 Revit 下的结构设计软件和施工图软件 GSRevit 就是这样的一个模块。下面将以一个例子简要介绍 GSRevit 的应用。

　　案例概况

　　本案例为一宿舍楼工程，总建筑面积 1732.48m²，基底面积 836.24m²。地上主体共两层，一、二层层高为 3.6m，突出屋面楼梯间层高 2.8m；采用现浇钢筋混凝土框架结构，抗震设防烈度为 7 度，抗震等级为三级，场地土类别二类，基本风压 0.45kN/m²。结构模型见图 9-1。

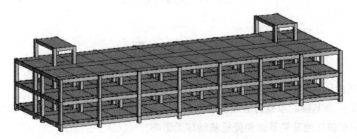

图 9-1　宿舍楼三维结构模型

9.1　输　入　模　型

　　启动广厦建筑结构 CAD 软件，出现图 9-2 所示主控菜单，点击【新建工程】，在弹出的对话框中选择或新建要存放工程的文件夹，并输入工程名。

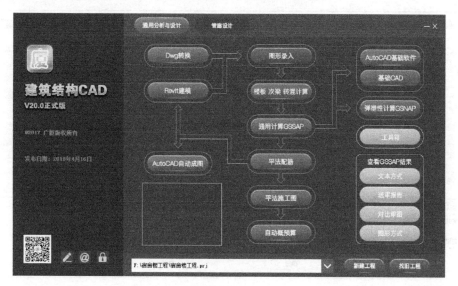

图 9-2　广厦建筑结构 CAD 主控菜单

点击【Revit 建模】，进入 GSRevit 建模系统，在项目菜单栏新建【结构样板】，开始建立结构模型。在 Revit 建立结构模型可按图 9-3 中的五个步骤依次进行：【结构信息】—【轴网轴线】—【构件布置】—【荷载输入】—【模型导出】（在 GSSAP 计算）—（回到 Revit）【钢筋施工图】。

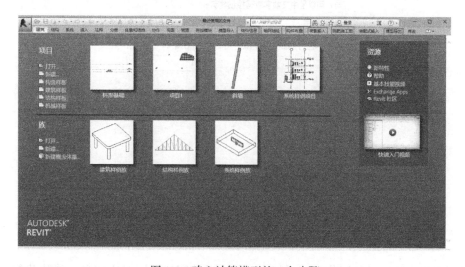

图 9-3　建立计算模型的 5 个步骤

9.1.1　填写各层信息和总信息

点击【结构信息】—【各层信息】，在图 9-4 所示对话框中点击【输入建筑总层数】按钮，总层数填 5（为与建筑专业模型统一，在 Revit 中楼层按建筑层定义，故模型底部作为支撑要算一层，设为 0 层，计算基础梁，考虑基础梁与±0 为同一层，设为结构一层）。

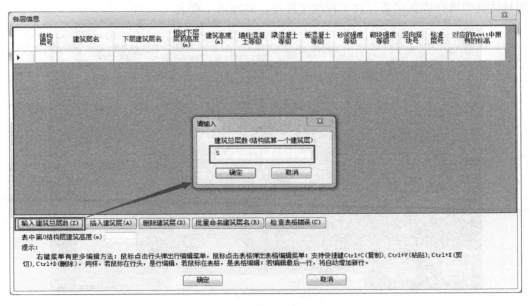

图 9-4　各层信息-输入建筑总层数

点击【确定】，将弹出图 9-5 所示对话框，起始编号填−1，点击【确定】。

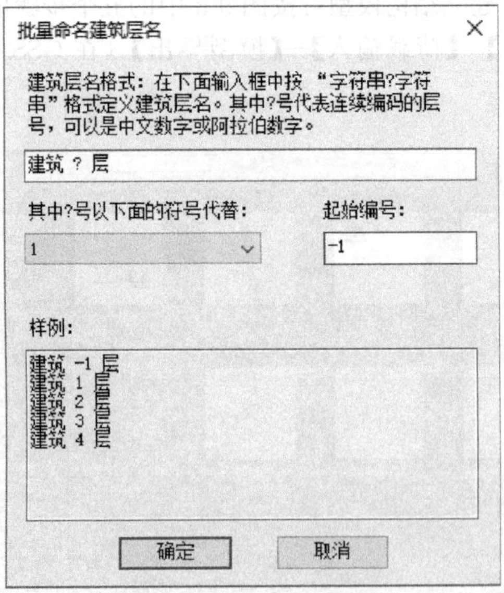

图 9-5　批量命名建筑层名

此时在图 9-6 所示各层信息对话框中，将自动填写建筑层对应信息。修改建筑 1 层为地梁层；补充输入相对下端层顶高度为 0、1、3.6、3.6、2.8；柱、梁、板的混凝土等级为 30；砂浆强度等级为 5，砌块强度等级为 7.5，标准层号为 1。

在"表中第 0 结构层建筑高度"中输入−1，这样结构层标高和建筑层标高就一一对应了。

点击【确定】关闭对话框，在 Revit 侧边的项目浏览器中可看到多出了 5 个建筑层视图，双击下方的立面图，可以看到每个建筑层所在的标高，见图 9-7。

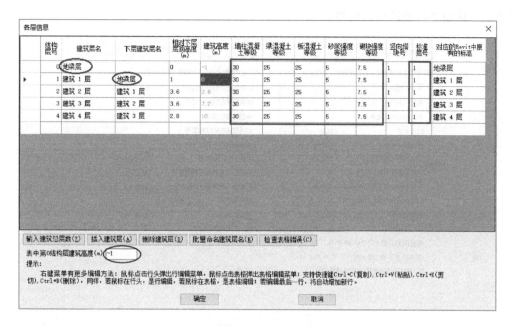

图 9-6　填写完毕的各层信息

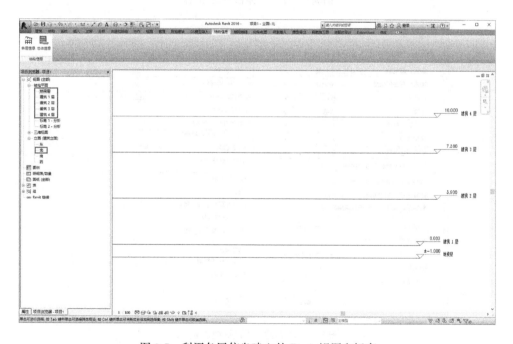

图 9-7　利用各层信息建立的 Revit 视图和标高

下一步填写计算总信息参数，总信息参数原理见本书第 5 章 GSSAP 总体信息解析。点击【结构信息】—【总体信息】弹出总体信息对话框。将图 9-8 所示总信息页红框标识部分按图中数据修改，其他参数按软件默认值设置。

点击【地震信息】，切换到图 9-9 所示地震信息页。将其中矩形框标识部分按图中数据修改，其他参数按软件默认值设置。

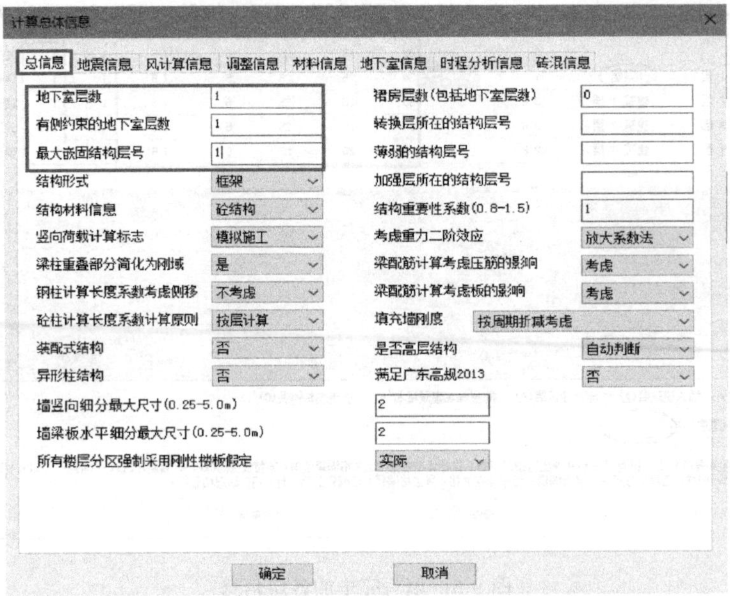

图 9-8　计算总体信息-总信息

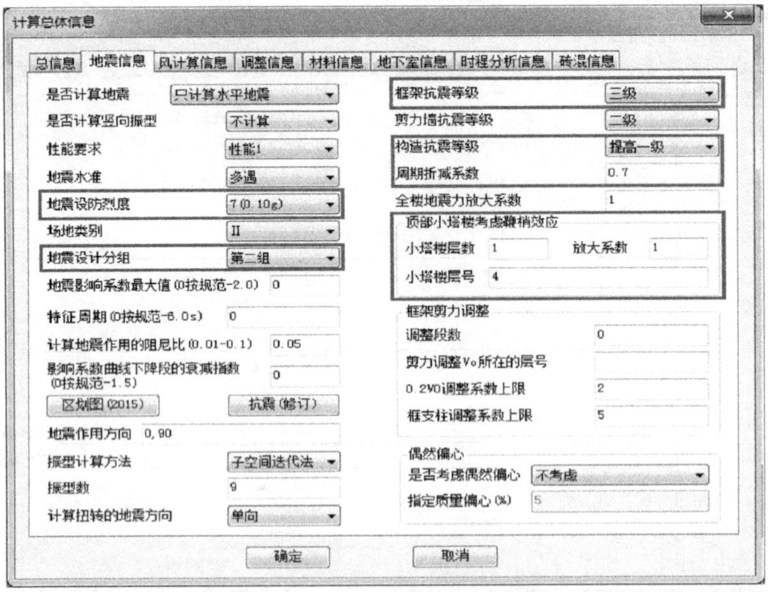

图 9-9　计算总体信息-地震信息

　　点击【风计算信息】，切换到图 9-10 所示风计算信息页。将其中矩形框标识部分按图中数据修改，其他参数按软件默认值设置。

　　点击【材料信息】切换到图 9-11 所示材料信息，将其中矩形框标识部分按图中数据修改，其他参数按软件默认值设置。

　　点击【确定】按钮完成计算总信息设置。

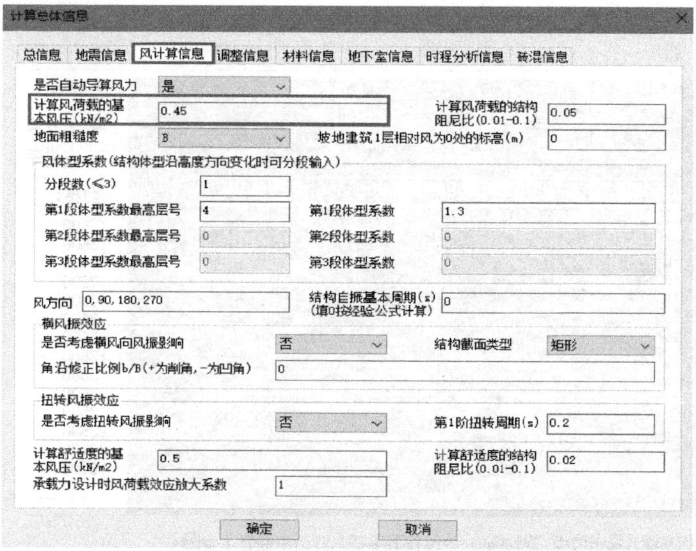

图 9-10 计算总体信息-风计算信息

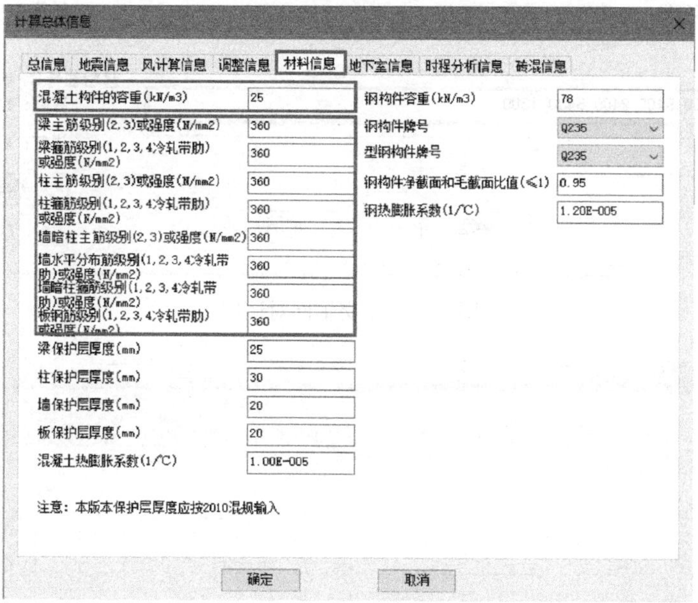

图 9-11 计算总体信息-材料信息

9.1.2　建立轴网

在【项目浏览器】中双击视图-结构平面中的【建筑1层】，模型将切换到建筑1层（图9-12）。

点击【轴网轴线】—【正交轴网】，弹出图9-13所示正交轴网对话框。按图中矩形框标识部分输入开间和进深（注意逗号为半角符号）。

点击【确定】按钮关闭对话框，然后在屏幕上选择一点，将轴网布置于屏幕中，如图9-14所示。

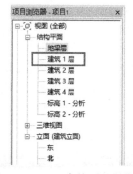

图 9-12 Revit中的项目浏览器

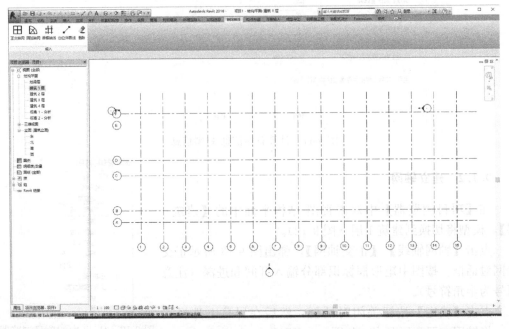

图 9-13　正交轴网对话框

图 9-14　布置轴网

9.1.3　布置柱

点击【构件布置】—【轴点建柱】，弹出图 9-15 所示柱截面尺寸表和柱布置参数对话框。

图 9-15　轴点建柱

在柱截面尺寸表中点击【增加】按钮，软件弹出图 9-16 所示截面输入对话框，输入柱截面尺寸 500×600，点击【确定】按钮，软件将在柱截面尺寸表中增加截面尺寸 500×600，先输入好所有截面尺寸，才布置构件。多次增加柱截面尺寸，形成柱截面尺寸表如图 9-17 所示。

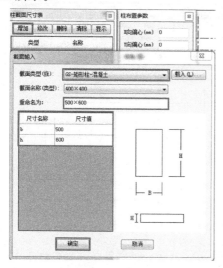

图 9-16　截面输入

图 9-17　柱截面尺寸表

选中 500×600 尺寸，点选或框选图示轴线交点，在 1、2、3、5、7、9、11、13、14、15 轴的相应位置布置柱。再选中 500×700 尺寸，在图 9-17 中矩形框所示部位布置柱。布置效果如图 9-18 所示。

柱布置完成后，按键盘【Esc】键，退出【轴点建柱】命令，见图 9-18 布置柱。

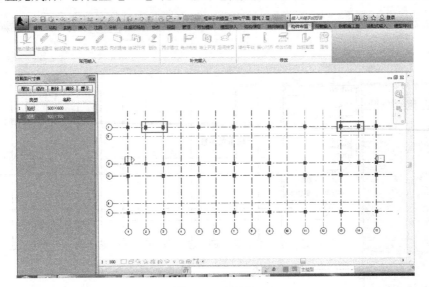

图 9-18　布置柱

9.1.4　调整柱偏心

点击【构件布置】—【墙柱平收】，在墙柱平收参数对话框中选择平收方向为"上平"，墙柱边到轴线距离输入 100，然后鼠标窗选 A、C 轴的所有柱，将 A 轴、C 轴柱的上边线与轴线的距离调整为 100mm。同理，命令调整 D、F 轴为下平，调整 1 轴为左平，调整 15 轴为右平。最终结果如图 9-19 所示。

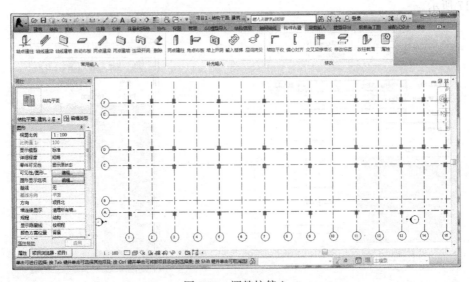

图 9-19　调整柱偏心

柱偏心调整完成后，按键盘【Esc】键，退出【墙柱平收】命令。

9.1.5 布置梁

点击【构件布置】—【轴线建梁】，弹出图 9-20 所示梁截面尺寸表和梁布置参数对话框。

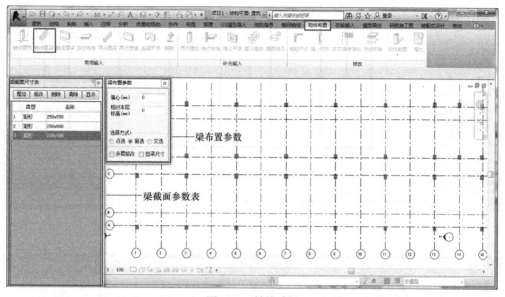

图 9-20　轴线建梁

在梁截面尺寸表中点击【增加】按钮，增加梁截面尺寸 250×600，250×550，200×500。然后选择尺寸 250×600，在 F 轴上窗选布置水平梁，偏心值为 −25；在 A 轴上窗选布置水平梁，偏心值为 25；在 1 轴上窗选布置竖向梁；偏心值为 −25；在 15 轴上窗选布置竖向梁，偏心值为 25。效果如图 9-21 所示。

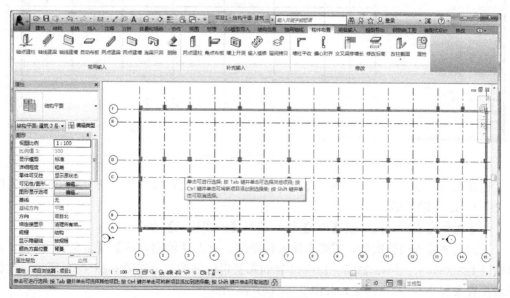

图 9-21　布置外围梁

然后改偏心值为 0，在图 9-22、图 9-23 所示部位布置梁。

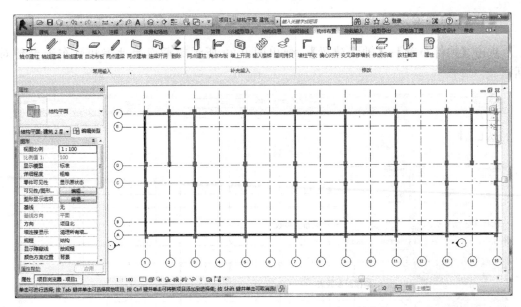

图 9-22　布置 2、3、5、7、9、11、13、14 轴的梁

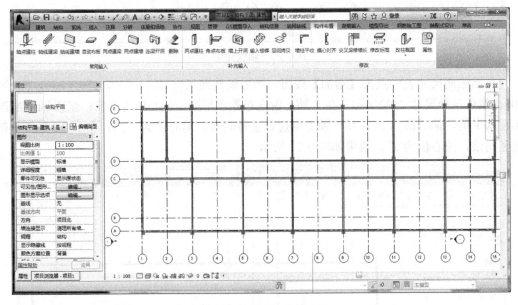

图 9-23　布置 C、D 轴的梁

选择截面尺寸 250×550，输入图 9-24 所示位置的梁；选择尺寸 200×500，输入图 9-25 所示 B、E 轴的梁。

上述操作完成后，按键盘【Esc】键，退出【轴线建梁】命令。

下面需要输入两根次梁，需要先输入辅助线。点击【轴网轴线】—【定位详图线】，在 D 轴以上 2000mm、2～3 轴间、13～14 轴间布置定位辅助线，如图 9-26（a）所示；在辅助线位置布置 200×500 的梁，如图 9-26（b）所示。

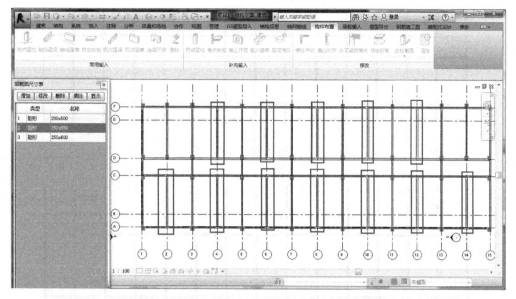

图 9-24　布置 2、4、6、8、10、12、14 轴的梁

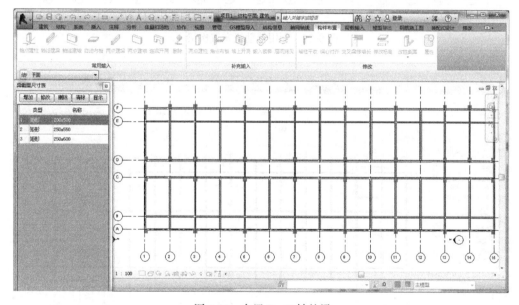

图 9-25　布置 B、E 轴的梁

按键盘【Esc】键，退出【轴线建梁】命令。

点击【构件布置】—【删除】，在删除参数对话框中选择梁，窗选图 9-27 中所圈的梁，将其删除。

删除完成后，点按【Esc】键，退出【删除】命令。

9.1.6　调整梁偏心

点击【构件布置】—【偏心对齐】，在偏心对齐参数对话框中选择【边对齐】；鼠标点选

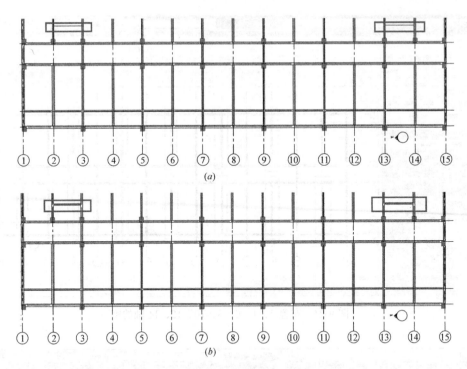

图 9-26　利用辅助线布置次梁

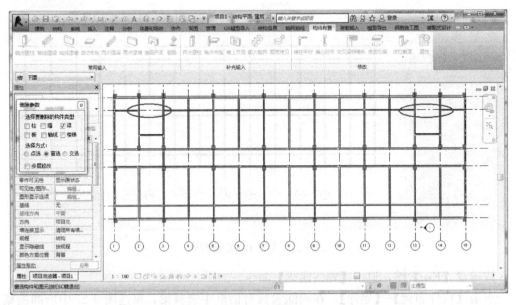

图 9-27　删梁

【偏心对齐】参考的构件（Ⓕ-②轴点的柱）；随后点击图中①点位置（确定对齐边方向）；最后点选Ⓕ-②、Ⓕ-③轴线的梁，使梁外边与柱边对齐，如图 9-28 所示。

　　同理，使⑬、⑭-Ⓕ轴的梁上边线与柱边平齐，如图 9-29 所示。

　　操作完成后，点按键盘上键，退出【偏心对齐】命令。

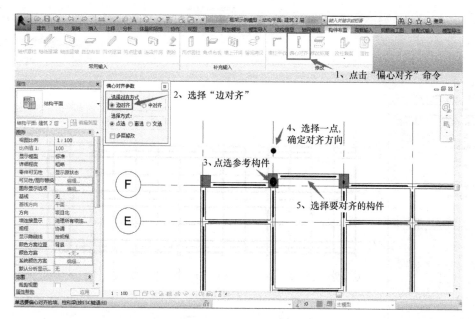

图 9-28　偏心对齐步骤

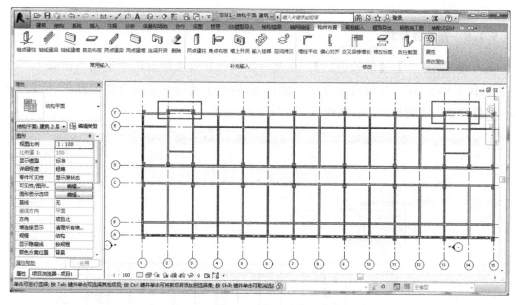

图 9-29　偏心对齐

9.1.7　布置板

点击【构件布置】—【自动布板】，在板【截面尺寸】中缺省板厚 100mm；点击【所有开间自动布板】—【确定】，软件自动在本层的所有开间布置上厚度为 100mm 的板，如图 9-30 所示。

操作完成后，点按键盘上【Esc】键，退出【自动布板】命令。

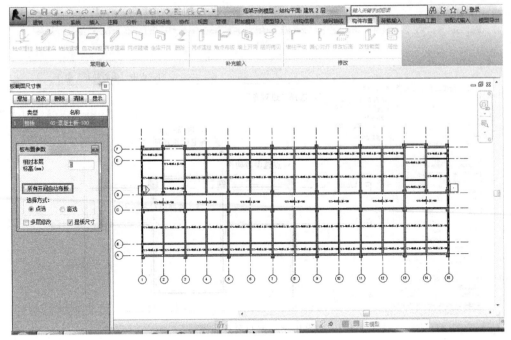

图 9-30　楼板布置

9.1.8　布置板荷载

点击【荷载输入】—【楼板恒活】，在楼板恒活载布置参数对话框中输入恒载 1.5kN/m²、活载 2.0kN/m²（构件自重自动考虑）；随后点击【所有楼板自动布置恒\活载】按钮，软件自动布置楼板的恒、活荷载，如图 9-31 所示。

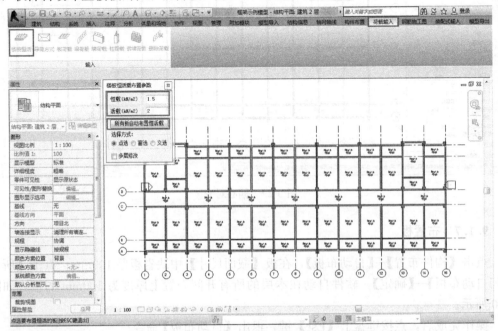

图 9-31　板荷载布置

操作完成后，点按键盘上【Esc】键，退出【楼板恒\活】命令。

9.1.9 布置梁荷载

点击【荷载输入】—【梁荷载】，弹出图 9-32 所示梁荷载表和荷载布置参数对话框。

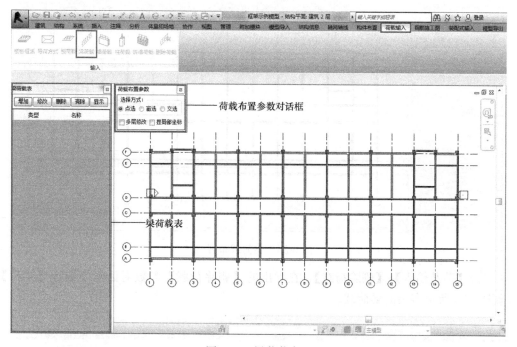

图 9-32　梁荷载布置

在梁荷载表中点击【增加】按钮，软件弹出图 9-33 所示荷载输入对话框，输入梁均载 10kN/m 和 5kN/m 两种，如图 9-34 所示。

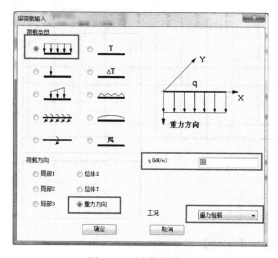

图 9-33　梁荷载输入

图 9-34　梁荷载表

在图 9-35 中框线所框梁上布置 5kN/m 的恒载，椭圆线框梁上不布置荷载。其余位置布置 10kN/m 的恒载。如图 9-35 所示。

操作完成后，点按键盘上【Esc】键，退出【梁荷载】命令。

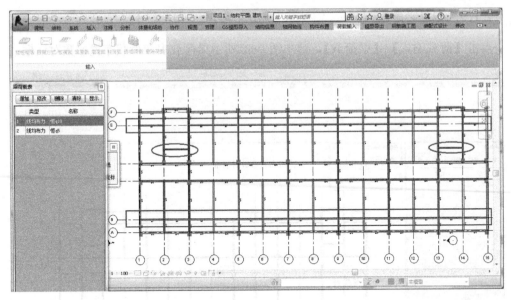

图 9-35　梁荷载布置

点击【荷载输入】—【删除荷载】，在弹出的【删除荷载】参数对话框中选择【梁荷】，删除图 9-36 所示多余的梁荷载。

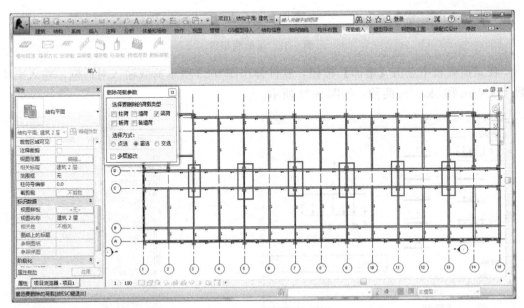

图 9-36　删除梁荷载

操作完成后，点按键盘上【Esc】键，退出【梁荷】命令。

9.1.10　层间拷贝

点击【构件布置】—【层间拷贝】，在弹出的【层间拷贝】对话框中选择建筑 3 层、建筑 4 层；点击【确认】按钮，将建筑 2 层复制到建筑 3、4 层，如图 9-37 所示。

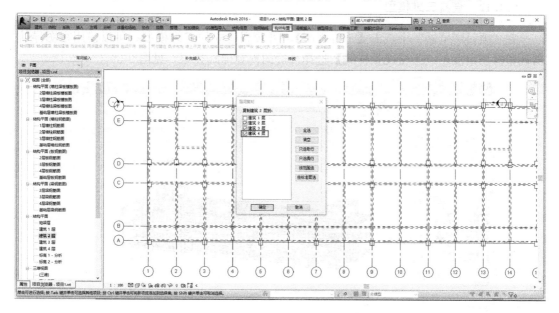

图 9-37　层间拷贝

9.1.11　编辑屋面小塔楼

在项目浏览器中，点击"建筑 4 层"，切换到建筑 4 层平面视图，如图 9-38 所示。删除框线所框部位之外的所有梁、柱、板。按【Esc】键，退出【删除】命令。

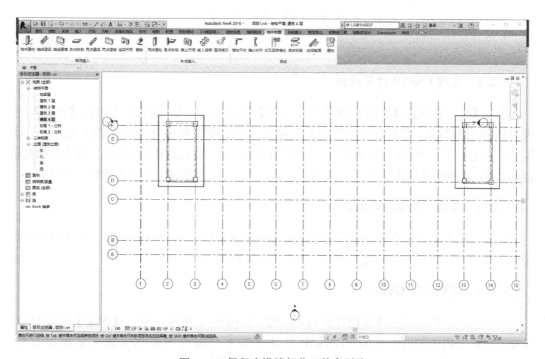

图 9-38　保留小塔楼部分，其余删除

9.1.12 查看三维模型

在"项目浏览器"中点击【三维视图】，可看到建立的三维模型；可以使用视图导航器调整模型角度，点击【视觉样式】选择合适的视觉样式类型，见图9-39。

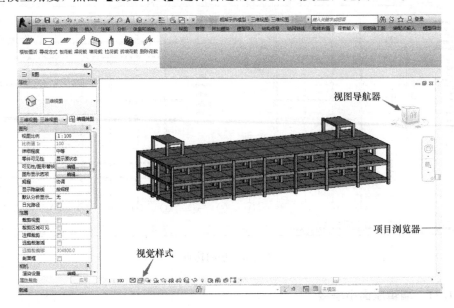

图 9-39　查看三维模型

9.2　结　构　计　算

9.2.1　生成 GSSAP 计算数据

点击【模型导出】—【生成 GSSAP 计算数据】，在图9-40所示对话框中点击【转换】，生成 GSSAP 计算数据。软件在生成数据的过程中，会自动将 Revit 模型转换成广厦结构计算模型，因此需要注意模型的导出路径。导出路径默认为广厦主菜单上的路径，因此转换前请新建工程，以免覆盖原来的模型。转换完成后可以在广厦图形录入中看到转换后的模型。

9.2.2　楼板、次梁、砖混计算

打开广厦主菜单，在图9-2所示对话框中点击【楼板 次梁 砖混计算】，软件自动进行楼板计算。计算完毕后关闭【楼板 次梁 砖混计算】模块。

9.2.3　通用计算 GSSAP

在广厦主菜单中点击【通用计算 GSSAP】，如图9-41所示，点击【确定】开始计算。计算完毕，关闭 GSSAP 模块。GSSAP 的计算结果分析可参考本书第 6 章相关章节，GSRevit 所使用的 GSSAP 模块和广厦原有模块是一样的。

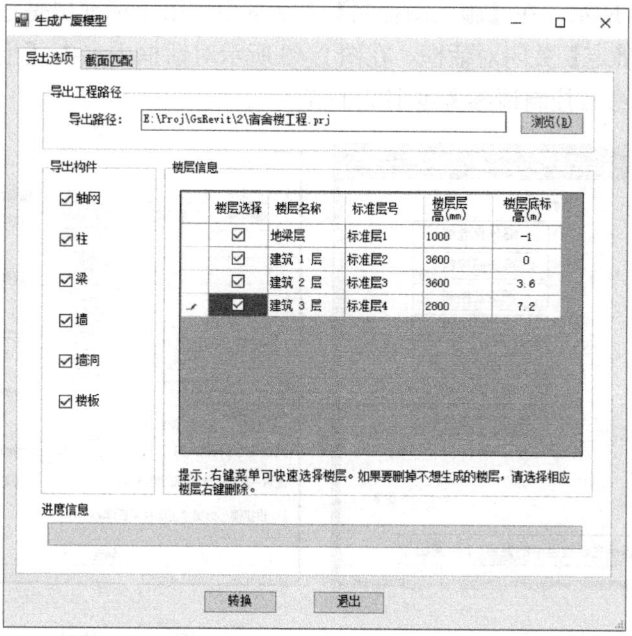

图 9-40　生成 GSSAP 计算数据

图 9-41　通用计算 GSSAP

9.3　生成施工图

9.3.1　平法配筋

在广厦主菜单中点击【平法配筋】，在图 9-42 所示对话框中点击【施工图控制】，弹出对话框如图 9-43 所示。在【施工图控制】对话框中"第 1 标准层是地梁"，并填地下室层数为 1。点击【确定】关闭对话框，在图 9-42 所示对话框中点击【生成施工图】，完成选筋工作。选筋的参数控制请参考本书 7.1 节。

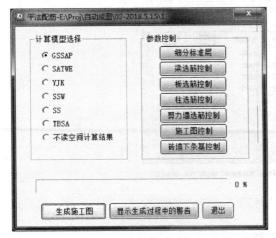

图 9-42　平法配筋

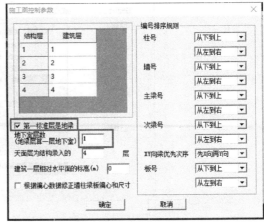

图 9-43　修改施工图控制参数

9.3.2　生成 Revit 施工图

回到 GSRevit 模块，点击【钢筋施工图】—【生成施工图】，在弹出的对话框中选择要生成施工图的建筑层，等待施工图的生成。生成 Revit 施工图的时间要比在 AutoCAD 上生成施工图慢一些，生成完毕后可看到梁、柱、板施工图如图 9-44～图 9-47 所示。

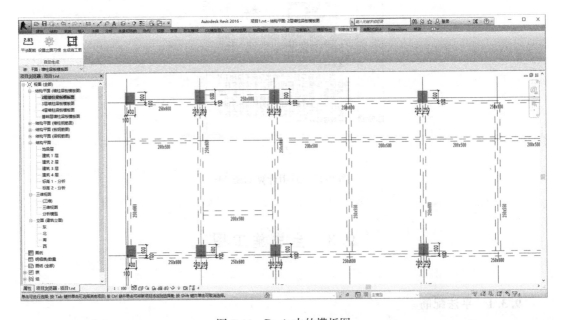

图 9-44　Revit 中的模板图

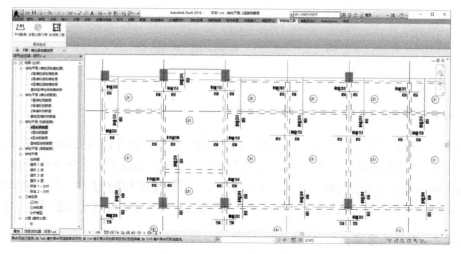

图 9-45　Revit 中的板钢筋图

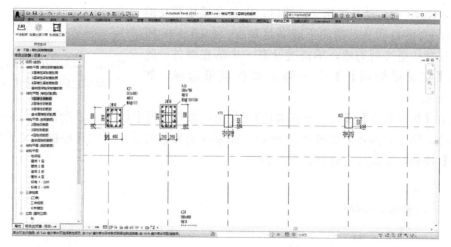

图 9-46　Revit 中的墙柱钢筋图

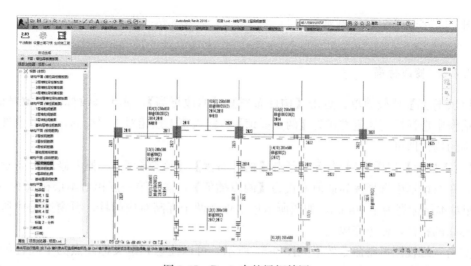

图 9-47　Revit 中的梁钢筋图

9.4 其他一些相关命令

9.4.1 楼梯输入

在 Revit 中输入楼梯，既可以采用 Revit 自带命令输入，也可以用 GSRevit 提供的命令输入。GSRevit 中提供的楼梯命令与 Revit 命令相比更简单，涵盖了 2.7 节中列举的 12 种楼梯类型，输入方法也完全类似。命令位置在【构件布置】—【输入楼梯】中。如果遇到更复杂的楼梯，例如旋转楼梯，则可采用 Revit 自带命令输入，命令位置在【建筑】—【楼梯】。

9.4.2 交叉梁修墙长

在 Revit 中输入梁和墙，其中在梁梁相交、墙墙相交的位置，Revit 会自动补足相交的缺口；但是在梁墙相交的地方，Revit 的自动补足功能不能满足要求。如图 9-48 所示，梁按轴线搭接剪力墙，梁搭接处有一半落在墙外。此时可用【交叉梁修墙长】命令修正墙长至梁边缘，如图 9-50 所示。

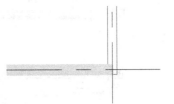

图 9-48　Revit 中布置墙和梁，墙梁之间的搭接情况

点击【构件布置】—【交叉梁修墙长】，弹出参数对话框中如图 9-49 所示，然后点击要修正的墙，修正后的效果如图 9-50 所示。如果点击参数对话框中的【根据交叉梁修正所有墙长】按钮，则软件自动修正所有的墙。

图 9-49　交叉梁修墙长参数对话框

图 9-50　交叉梁修墙长后的效果

9.4.3 修改标高

【1 点标高】比较简单，点击【构件布置】—【修改标高】，弹出修改标高参数对话框，在对话框中选择标高插值方式为【两点插值】，输入第 1 点相对本层标高，然后窗选要修改标高的构件即可。

【两点插值】以图 9-51 为例，点击【构件布置】—【修改标高】，弹出修改标高参数对话框，在对话框中选择标高插值方式为【两点插值】，输入第一点相对本层标高为 0，第 2 点相对本层标高为 1000mm，如图所示依次点选两个标高对应的柱，再窗选图中所有要修改标高的构件，命令完成。

点击三维视图可得命令效果如图 9-52 所示。可以注意到定义标高点的中间柱的标高也按比例插值了。

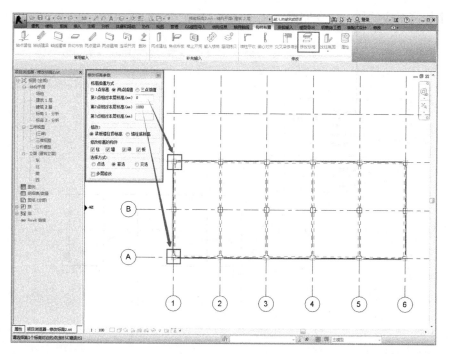

图 9-51　两点插值

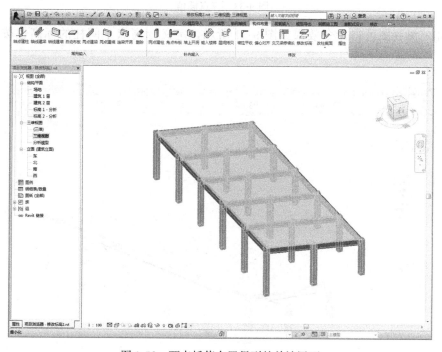

图 9-52　两点插值布置得到的单坡屋面

【三点插值】可定义坡平面同时沿 x，y 两个方向线性变化，点击【构件布置】—【修改标高】，在参数对话框中选择标高插值方式为【三点插值】，输入第 1 点相对本层标高为 0，第 2 点相对本层标高为 1000mm，第 3 点相对本层标高为 500mm，如图 9-53 所示依次点选三个标高对应的柱，命令完成。

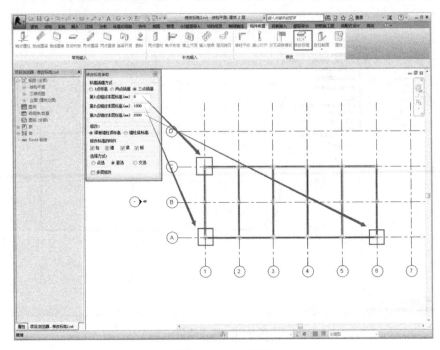

图 9-53　三点插值

点击三维视图可得命令效果如图 9-54 所示，定义标高点中间柱的标高也按比例插值了。

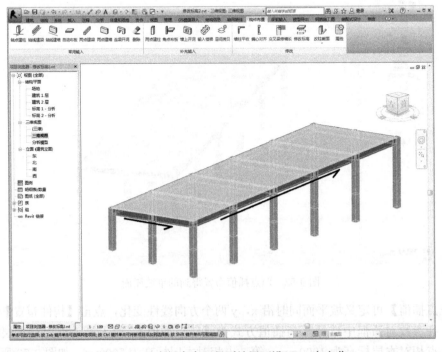

图 9-54　三点标高布置得到坡屋面沿 x，y 向变化

9.5 GSRevit 的四种使用场景

针对目前 BIM 使用情况，GSRevit 有如下几种使用方案。

1. 从计算模型得到 Revit 模型，用于碰撞检查和管线综合设计

如已有了计算模型，且该计算模型中墙柱、梁、板的尺寸和位置是准确的，可直接读入计算模型得到 Revit 模型，具体操作如下：

以 PKPM 的计算模型为例，其他计算模型类似，点击【GS 模型导入】—【导入 PKPM 模型】，弹出图 9-55 所示对话框，在对话框中定义一个广厦工程名称，并点击【浏览】找到一个计算完毕的 PKPM 计算模型所在文件路径。然后点击【一键导入 PKPM 生成 Revit 模型】按钮，程序弹出图 9-56 所示对话框，此时选择要导入的结构层，缺省为所有结构层，程序开始导入模型直至完成。

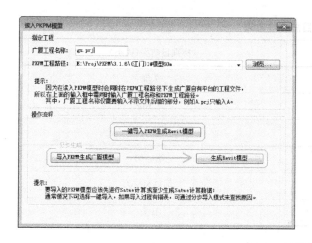

图 9-55 从 PKPM 读入模型步骤 1

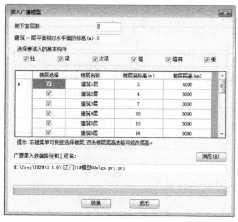

图 9-56 从 PKPM 读入模型步骤 2

2. 接力计算模型自动生成 Revit 结构施工图模型

如果要进一步生成 Revit 中的结构施工图，在转换了上述模型的基础上，点击【钢筋施工图】—【生成施工图】即快速完成。

3. 直接用 Revit 建模进行正向设计并直接计算，然后使用 AutoCAD 自动成图模块出施工图

虽然 Revit 中已可生成施工图，但目前在 Revit 中改图的效率远比在 AutoCAD 中慢，一般习惯在 AutoCAD 上快速成图并改图，故在使用 Revit 建模计算完毕后，可使用 AutoCAD 自动成图模块来自动出施工图，这是目前设计单位比较可行的正向设计方案。

4. 直接用 Revit 建模进行正向设计并直接计算，然后使用 AutoCAD 自动成图模块出图、改图，最后使用 Revit 出施工图

如果需要在 Revit 中出施工图，可先使用 AutoCAD 自动成图模块出图、改图并保存。此时 AutoCAD 自动成图已经保存了修改钢筋的结果，再使用 Revit 出施工图（注意此时

不可再用平法配筋，否则将把钢筋的修改结果覆盖了），可在 AutoCAD 中修改结果进行 Revit 出图，减轻工作量。

注意此方案不会保留 AutoCAD 中调整好的子串位置，由于 AutoCAD 中使用 shx 字体，而 Revit 中使用 truetype 字体，子串的位置和大小算法与此息息相关，故二者不能共用。

练习与思考题

1. 参考课外书籍，结合本章学习利用 GSRevit 实现结构正向设计的概念和方法。

2. 某乡村别墅，地上 3 层，地下 1 层，屋顶为坡屋面。要求根据建筑图使用 GSRevit 进行上部结构设计，生成计算结果并在 Revit 中绘制结构施工图，并利用 Revit 软件的明细表功能进行混凝土用量统计。

具体设计参数如下：钢筋：所有钢筋统一选用 HRB400 级钢筋。混凝土：C30≤柱墙≤C40，C25≤梁板≤C35。

项目总体信息表

抗震设防分类标准	标准设防类（丙类）
结构抗震设防烈度	7 度
设计基本地震加速度	0.10g
建筑场地类别	II 类
设计地震分组	第一组
基本风压	0.3kN/m²
地面粗糙度	B 类

结构设计荷载表

荷载功能分区		楼面附加恒荷载	楼面活荷载
楼面荷载 (kN/m²)	卫生间	6.0	根据《建筑结构荷载规范》GB 50009—2012 取值
	门厅、走道、大厅、卧室、客厅、厨房、阳台、露台	1.5	
	楼梯	2.0	
	屋顶花园	4.0	
	其他未注明功能区域	1.5	2.0
屋面荷载 (kN/m²)	—	3.0	按不上人屋面设计
线荷载	外墙荷载	按 3.2kN/m² 计算	
	内墙荷载（不区分墙厚）	按 2.8kN/m² 计算	
	阳台栏杆荷载	3.0kN/m	

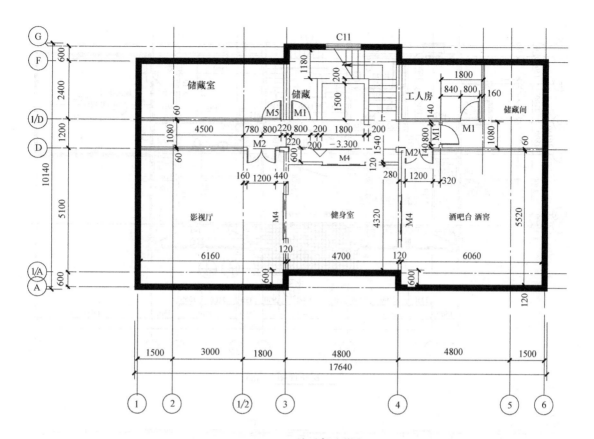

地下室平面图 1:100

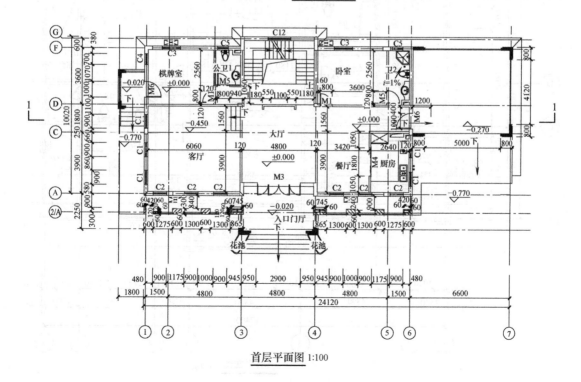

首层平面图 1:100

211

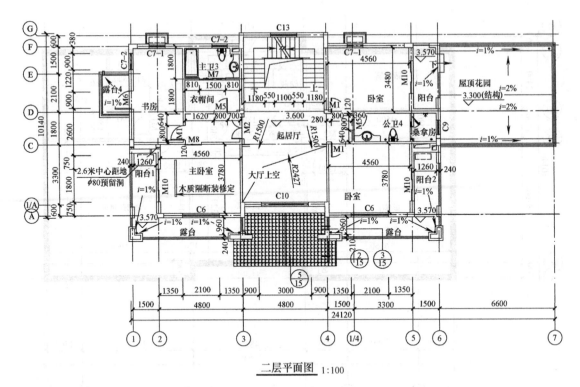

二层平面图 1:100

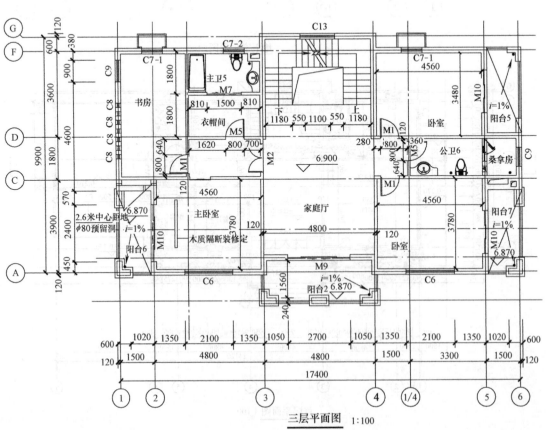

三层平面图 1:100

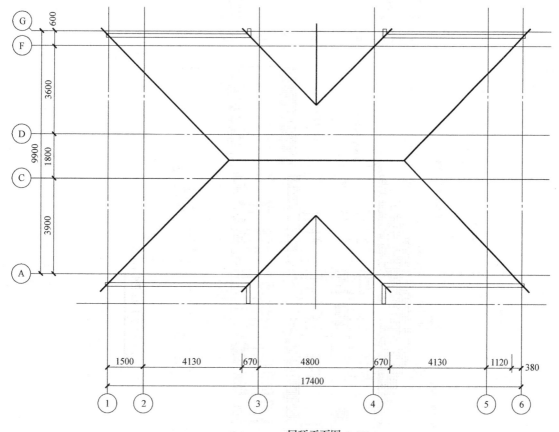

屋顶平面图 1:100

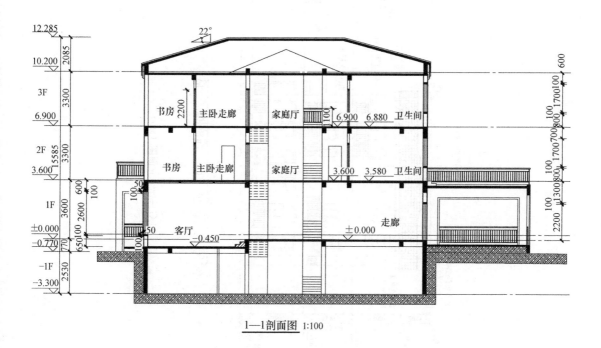

1—1剖面图 1:100

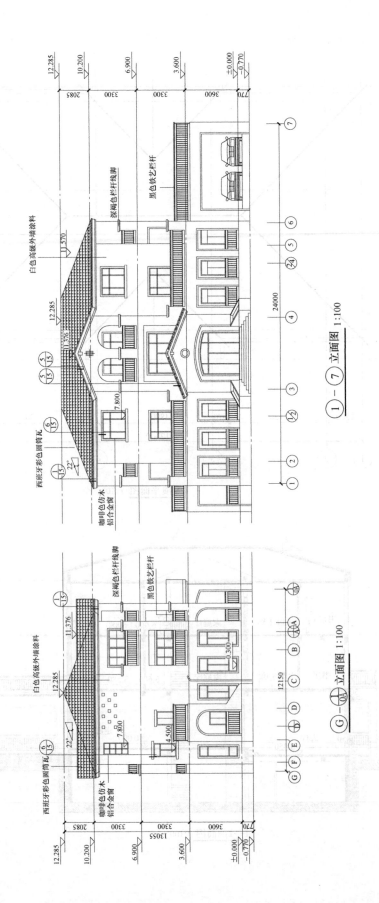

西班牙彩色圆筒瓦

白色高级外墙涂料

深褐色栏杆线脚

黑色铁艺栏杆

咖啡色仿木铝合金窗

①—⑦ 立面图 1:100

西班牙彩色圆筒瓦

白色高级外墙涂料

深褐色栏杆线脚

黑色铁艺栏杆

咖啡色仿木铝合金窗

Ⓖ—Ⓐ 立面图 1:100

214

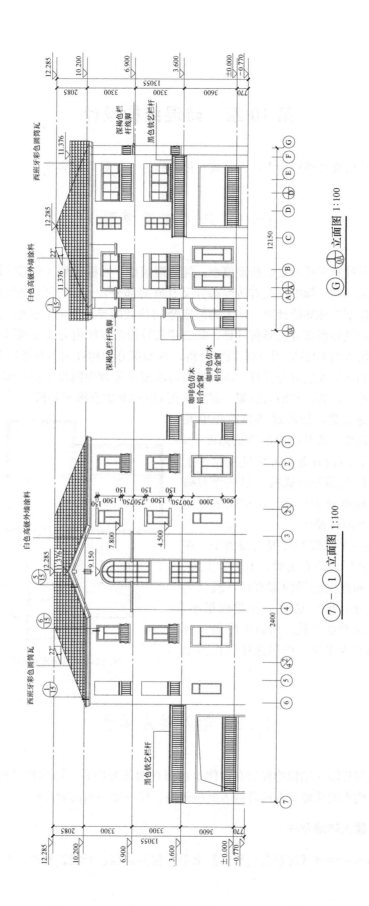

西班牙彩色圆筒瓦

深褐色栏杆线脚

白色高级外墙涂料

深褐色栏杆线脚

黑色铁艺栏杆

咖啡色仿木铝合金窗
咖啡色仿木铝合金窗

西班牙彩色圆筒瓦

白色高级外墙涂料

黑色铁艺栏杆

G — ① 立面图 1:100

⑦ — ① 立面图 1:100

215

第 10 章　砖混结构设计

由于砖混结构现在使用较少，因此放在最后作为一个附章来学习。

10.1　选择砖混模型

广厦软件可计算三种形式的砖混模型：纯砖混模型、底框模型（底部框架，上部纯砖混）和混合模型（同一标准层既有砖混部分又有框架部分）。这三种结构形式的计算方法不同：纯砖混模型为纯导荷计算，即人为假定竖向荷载的导荷方向；底框模型分为两步，第一步将上部的纯砖混部分按导荷计算，第二步将算得的砖墙内力加载到框架的顶层，然后将框架部分输入到 GSSAP 中做有限元分析，框架部分的构件内力按刚度分配；混合模型中由于砖墙和框架无法分开计算，故只能将砖墙刚度等效为同尺寸剪力墙刚度的 1/10，把砖墙按墙壳单元计算，砖墙与框架一起输入到 GSSAP 做有限元分析。

由于砖墙易开裂，把砖墙当弹性壳单元计算的可靠性较差。故从计算软件的角度看，应尽量避免混合结构方案，可尽量在设计上将框架部分和砖混部分分成两个单独受力结构，并建两个模型分别计算，实在无法避免才采用混合模型进行设计。

图 10-1 是一个错误的砖混模型例子。在广厦中，纯砖混层只能有次梁，不能有主梁。由于结构师看到此图的梁两端有柱，故认为其上的梁为主梁，但可见图中柱截面很小，只能算构造柱而非框架柱。所以可将图 10-1 中的主梁全部改为次梁，仍然选择结构类型为纯砖混。

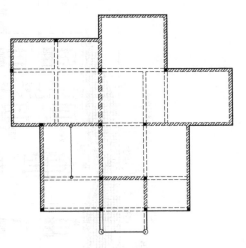

图 10-1　不合理的砖混布置

10.2　输入砖混模型

砖墙输入包括输入结构构件和在构件上加荷载两部分内容。结构构件包括墙柱、梁、楼板及砖混结构中的砖墙，在构件输入时按砖墙、柱—梁—板的顺序输入。

10.2.1　输入砖墙及柱

砖墙的输入命令在【砖混几何编辑】菜单，包括建墙、开洞、修改、对齐四个部分。

【两点砖墙】利用鼠标选取任意两点或输入任意两点坐标建砖墙。

【轴线砖墙】选择轴线建砖墙。程序默认此方法为整条轴线布置砖墙,输入"C"可切换到在梁、墙柱间布置砖墙。

【距离砖墙】选择任意距离建砖墙。有三种方法:选一构件和离该构件端点的距离确定砖墙一个端点,然后选择一点,即可形成原端点与所选构件垂直方向的交点间布置的新砖墙;选两个构件和离该两构件端点的距离确定砖墙;选一个构件和离该构件端点的距离确定砖墙一个端点,确定方向和伸出长度建立砖墙。

【延伸砖墙】沿砖墙轴线拉伸砖墙到需要的长度。

【删除砖墙】删除已建的砖墙。

【砖墙开洞】在砖墙上开窗口或门洞。有两种方法:离砖墙左右端开洞;在砖墙中开洞。

【删砖墙洞】框选洞口,删除砖墙上窗口或门洞。

【改墙厚度】修改已建砖墙的厚度。此操作不影响已完成的梁板布置,常用于数据检查后的修改。

【指定圈梁】在砖墙上指定位置设置圈梁,再指定一次即删除圈梁。

【X向左平】、【X向右平】、【Y向上平】、【Y向下平】指定墙肢、柱的左右上下边与轴网线的距离即平收距离。

【偏心对齐】可选择对齐方式编辑砖墙与轴线的距离。当某一墙柱不靠近任何轴线时,程序自动判断不能指定其平收关系,此时用该功能移动其位置。

【构造柱】砖混中的柱输入方法与混凝土结构柱的输入方法相同。在砖混结构平面中,柱子自动设为构造柱。

10.2.2　输入砖混次梁和板

【砖混次梁】纯砖混结构平面中建梁的方法与混凝土结构次梁建法相同,纯砖混平面中没有主梁,所有受力的梁都应作为次梁输入。

【纯砖混结构平面中的悬臂梁】砖混结构平面所有的梁都作为次梁输入,悬臂次梁有两种输入方法,第一种方法是点按"建悬臂梁"按钮,利用同方向的次梁向外延伸;第二种方法是点按【距离次梁】按钮,利用与悬臂次梁垂直的砖墙往一侧方向挑出悬臂次梁。当单跨悬臂时常按第二种方法建悬臂梁,计算时按单跨悬臂次梁计算,对于伸入部分的构造做法设计人员在梁通用图中加以统一说明即可。

【布现浇板】方法与混凝土结构布置现浇板相同。

【布预制板】方法与混凝土结构布置预制板相同。

10.2.3　输入砖混荷载

砖墙荷载的输入命令在【砖墙荷载】菜单,砖墙荷载的输入方式和梁荷载的输入类似。注意砖墙的自重程序自动考虑,墙面抹灰荷载可以在砖混总体信息中通过增加砌块自重来考虑,剩下的砖墙荷载才需要输入。

10.2.4 输入板荷载

【现浇板荷载】 方法与混凝土结构加板荷载相同。

【预制板荷载】 程序自动计算现浇板、梁和砖混结构中砖墙、构造柱的自重，预制板自重需人工计算作为板恒载加在板上。预制板为单向板，需注意预制板的布置方向和导荷模式及导荷方向，所有荷载以标准值输入。

10.2.5 次梁荷载

次梁自重及板传来的荷载程序自动导荷，次梁荷载是指隔墙及不能自动导荷的外加荷载。

10.2.6 楼梯荷载

因为纯砖混模型不进入 GSSAP 分析，而 2.7 节介绍的楼梯只用于考虑楼梯对结构抗震的影响，而要考虑楼梯对结构抗震的影响，只有将楼梯输入到 GSSAP 中分析，二者矛盾。且《抗规》中主要针对框架结构考虑楼梯对结构抗震的影响，因此在纯砖混模型中，楼梯只能当荷载输在楼面梯梁（按次梁输入）上。

10.2.7 例题

下面以一个砖混结构的例题来说明建模和设计过程。

例题： 某 3 层砖混结构综合办公楼，属丙类建筑。抗震设防烈度为 7 度，场地类别Ⅱ类，设计地震分组为第一组，基本风压 $\omega_0 = 0.45 \text{kN/m}^2$，基本雪压 $s_0 = 0.30 \text{kN/m}^2$，地面粗糙度为 B 类。工程的建筑平、剖面示意图见图 10-2～图 10-5，首层层高 3.3m，二、三层层高均为 3.0m，不上人屋面。为满足保暖要求，外墙厚度取 360mm，内墙厚度取 240mm。

解： 本设计取砂浆强度等级：M7.5；普通烧结砖，强度等级：MU10；混凝土强度等级选用：梁、板：C20；构造柱：C25。按照建筑设计确定的轴线尺寸和结构布置原则进行布置。结构布置图见图 10-6～图 10-8。

确定并验算砖墙截面尺寸：

砖墙高厚比验算：$\beta = \dfrac{H_0}{h} \leqslant \mu_1 \mu_2 [\beta]$，其中根据已知墙厚度 $h = 360\text{mm}$，首层层高 $H = 3300\text{mm}$，根据《砌体结构设计规范》GB 50003—2011 表 5.1.3，查得 $H_0 = 4.25\text{m}$，查表 6.1.1、墙柱允许高厚比 $[\beta] = 26$，自承重墙允许高厚比修正系数 $\mu_1 = 1.2$，有门窗洞口墙允许高厚比的修正系数 $\mu_2 = 1 - 0.4 \dfrac{b_s}{s} = 1 - 0.4 \times \dfrac{1800}{3600} = 0.8$，于是，$\beta = \dfrac{H_0}{h} = \dfrac{4250}{360} = 11.8 \leqslant \mu_1 \mu_2 [\beta] = 24.96$，符合要求。

墙厚 360mm。

布置构造柱、砖墙：

进入砖混几何菜单，点按【轴线砖墙】，点选参数对话框，弹出图 10-9 修改墙体厚度为 360mm，偏心 $A = 0$，点选轴线可布置整条轴线上砖墙，利用框选，可以布置一段轴线建墙。结果见图 10-10 中Ⓐ轴所示。

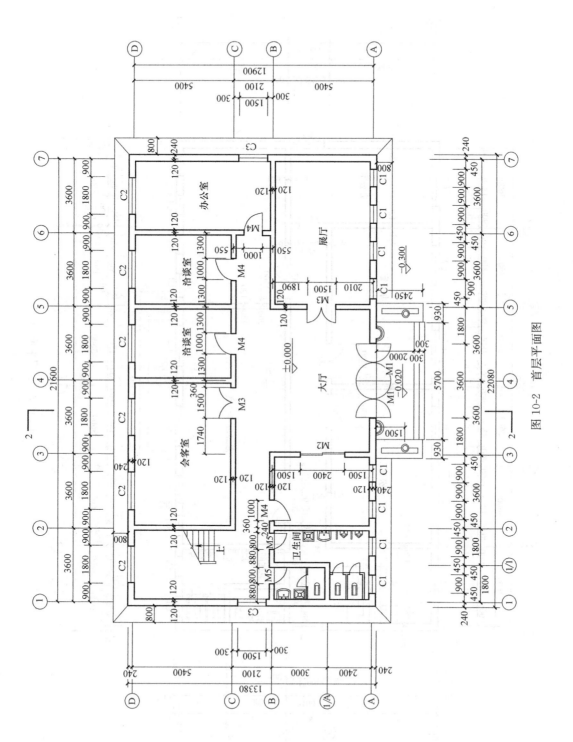

图 10-2 首层平面图

219

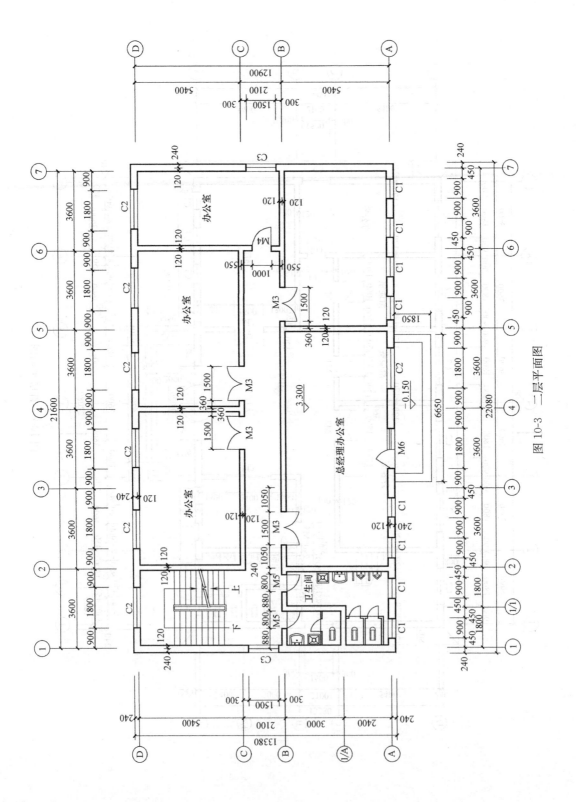

图 10-3 二层平面图

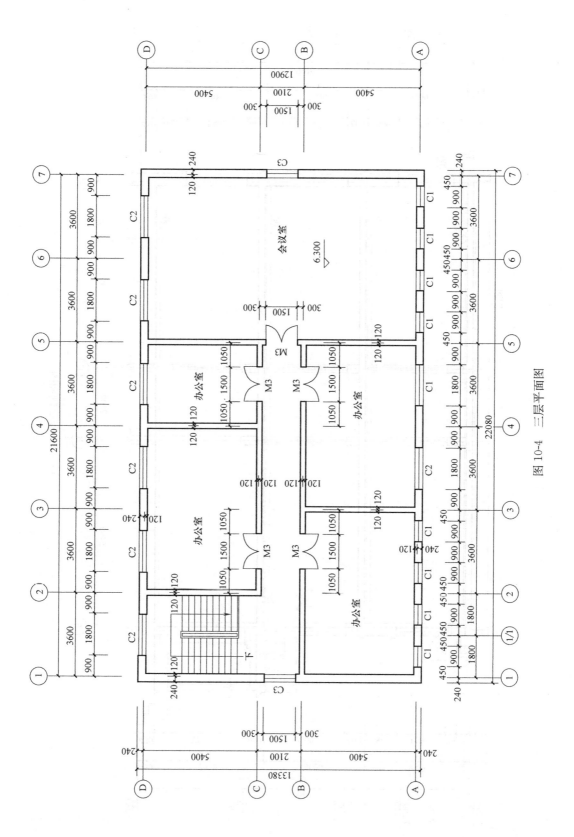

图 10-4 三层平面图

会议室

办公室

办公室

办公室

221

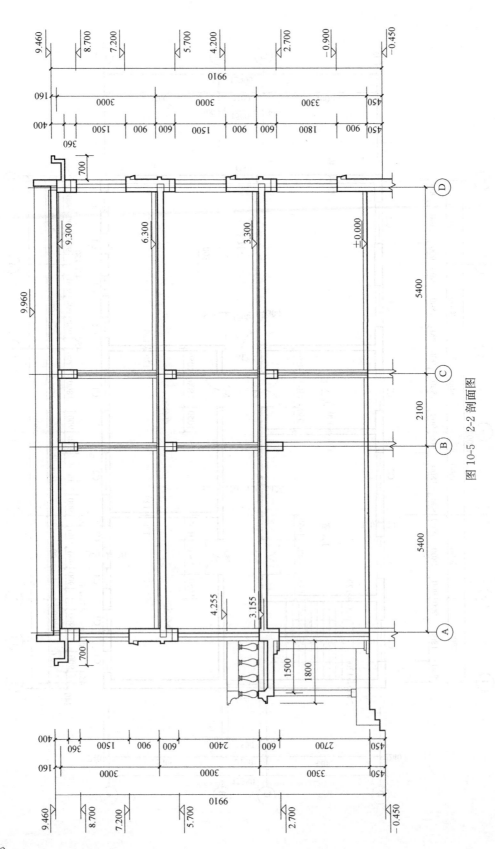

图 10-5　2-2 剖面图

222

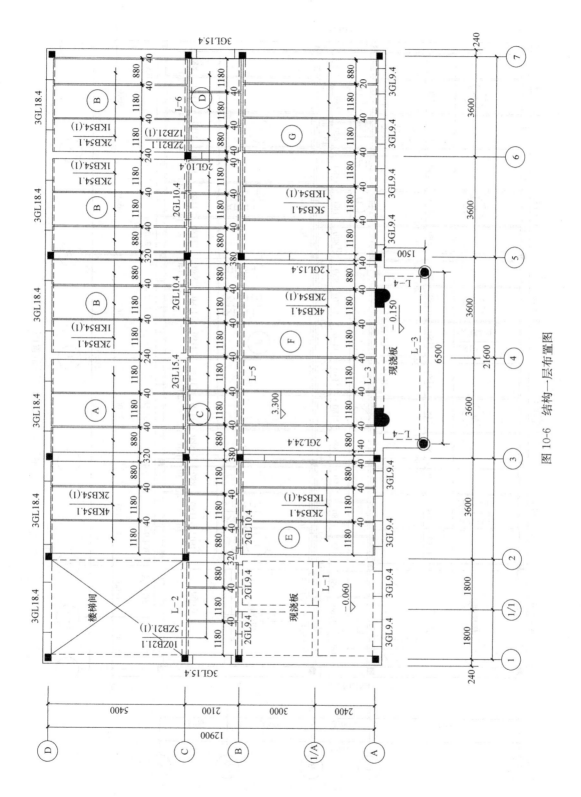

图 10-6　结构一层布置图

223

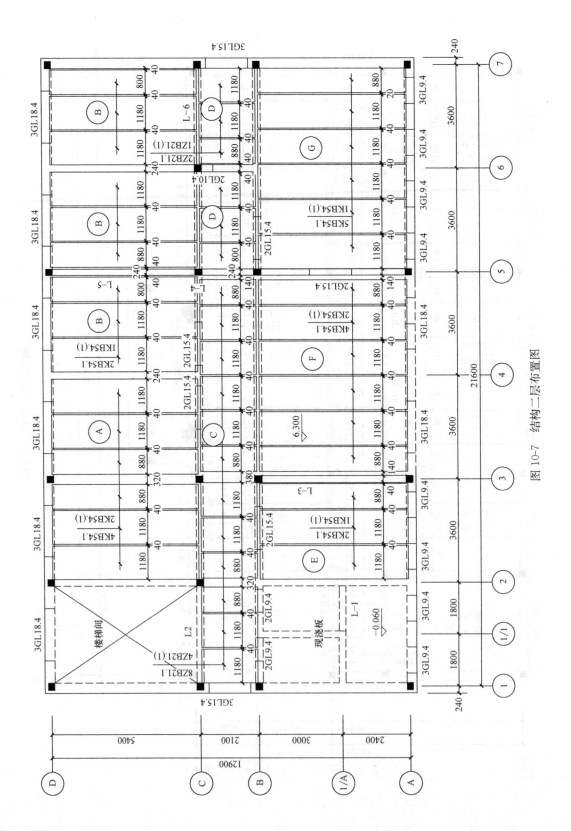

图 10-7 结构二层布置图

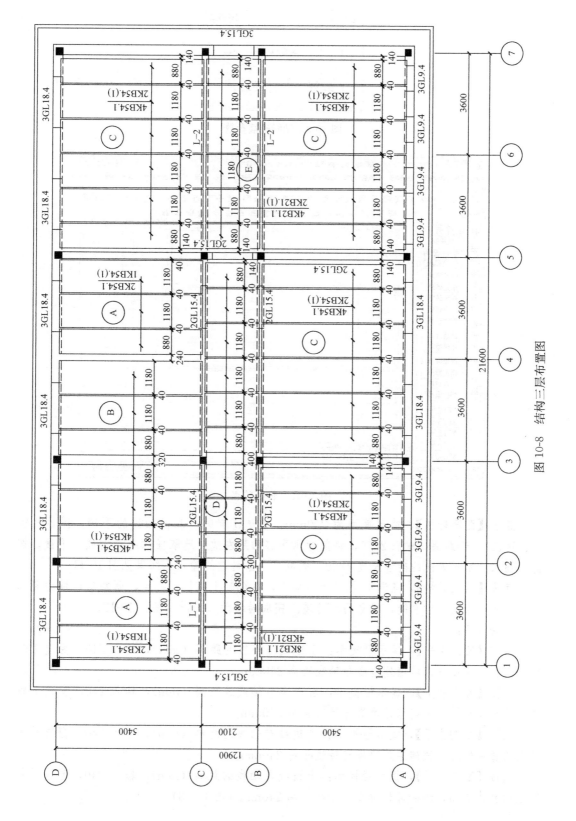

图 10-8 结构三层布置图

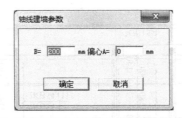

图 10-9　轴线砖墙参数

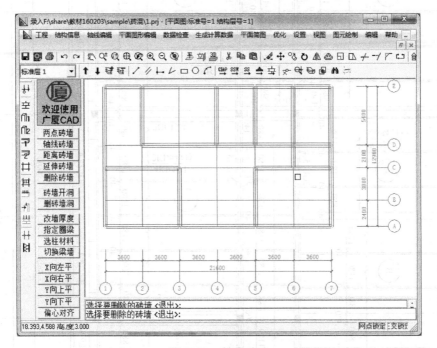

图 10-10　轴线砖墙

点击【距离砖墙】，修改截面为 240mm，点选①轴Ⓐ—Ⓑ段轴线的下端，提示栏提示：离左/下部距离，输入 2400，将鼠标水平移动到左边，选取任意一点构成水平线，按提示输入沿水平方向的砖墙长度 1800。完成了一条砖墙的输入。结果见图 10-11。

点按【两点砖墙】，点选 1/Ⓐ轴上右端点，在Ⓒ轴上捕捉到一点，调整新砖墙为竖直向上方向，点击鼠标左键，建立两点砖墙。完成砖墙录入工作。见图 10-12。

砖墙对齐：

点按【X 向左平】，提示栏提示：左边线与轴线的距离（mm），输入 240，窗选 1 轴线上的整片砖墙，该砖墙外边线与轴线距离 240mm。

点按【X 向右平】，提示栏提示：右边线与轴线的距离（mm），输入 240，窗选 7 轴线上的整片砖墙，该砖墙外边线与轴线距离 240mm。

点按【Y 向上平】，提示栏提示：上边线与轴线的距离（mm），输入 240，窗选Ⓔ轴线上的整片砖墙，该砖墙外边线与轴线距离 240mm。

点按【Y 向下平】，提示栏提示：上边线与轴线的距离（mm），输入 240，窗选Ⓐ轴线上的整片砖墙，该砖墙外边线与轴线距离 240mm（图 10-13）。

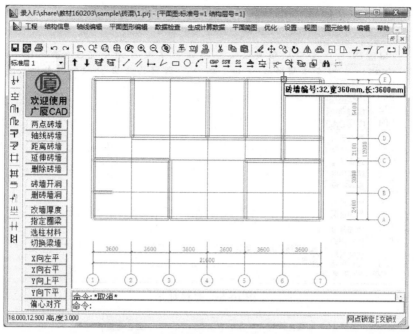

图 10-11　距离砖墙

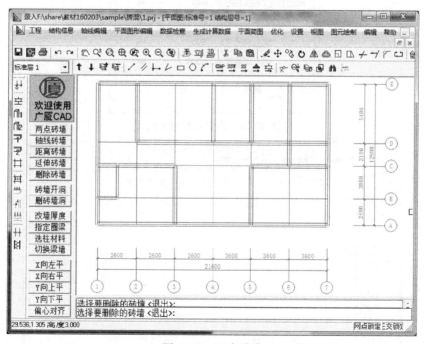

图 10-12　两点砖墙

砖墙开洞：

点按【砖墙开洞】，弹出图 10-14 对话框，输入离墙肢左/右端距离 $X=880\text{mm}$；离墙肢下端距离 $Y=0\text{mm}$；墙上洞宽度 $B=800\text{mm}$；墙上洞高度 $H=2000\text{mm}$，点©轴上靠近①轴任意位置，出现洞口。同理处理其他的墙洞，对砖墙中间开洞的情况，可以直接用鼠标右键开洞，不需要输入离墙肢端距离，如图 10-15 所示。

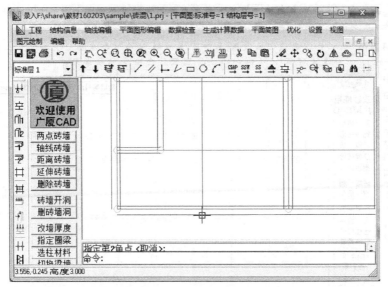

图 10-13　平移对齐

图 10-14　墙上开洞对话框

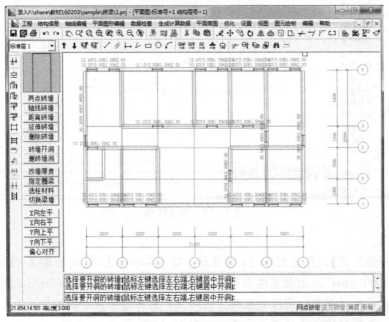

图 10-15　墙上开洞

构造柱录入：

砖混中柱输入方法与混凝土结构中柱的输入方法相同。选取柱截面，录入构造柱，结果如图 10-16 所示。

次梁、悬臂梁和板的录入：

砖混中次梁、悬臂梁和板的输入方法与混凝土结构中次梁、悬臂梁和板的输入方法相同。输入结果如图 10-17 所示。

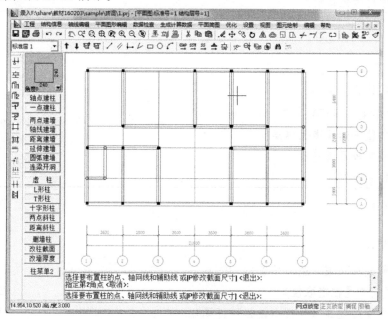

图 10-16　构造柱输入

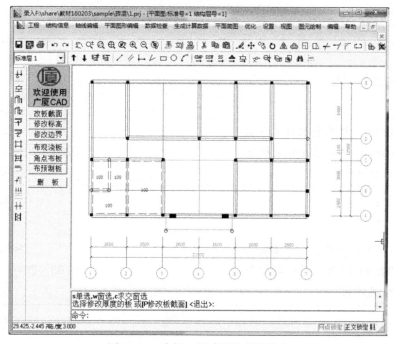

图 10-17　次梁、悬臂梁和板的输入

砖墙荷载

　　顶层砖墙荷载计算

　　女儿墙自重（每单位长度自重）

240 厚 500 高浆砌普通砖	$0.24 \times 0.5 \times 18 = 2.16 \text{kN/m}$
石灰粗砂粉刷层	0.36kN/m
天沟（考虑弯矩影响）	2.48kN/m
合计：	5.0kN/m

板荷载

　　屋面荷载计算

活载：（不上人屋面）	0.50kN/m^2
恒载：二毡三油现浇保温层	2.86kN/m^2
预制板及灌缝重	3.00kN/m^2
板底粉刷	0.36kN/m^2
恒载合计：	6.22kN/m^2

　　楼面荷载计算

　　现浇板荷载标准值（厕所位置）

活载：（按普通住宅取值）	2.00kN/m^2
恒载：小瓷砖地面（包括水泥粗砂打底）	0.55kN/m^2
30mm 1：3 干硬水泥砂浆	$0.03 \times 20 = 0.60 \text{kN/m}^2$
板底粉刷	0.36kN/m^2
恒载合计：	1.51kN/m^2

　　预制板荷载标准值

活载：	2.00kN/m^2
恒载：180mm 厚预制板及灌缝重	2.70kN/m^2
30mm 1：3 水泥砂浆找平	$0.03 \times 20 = 0.60 \text{kN/m}^2$
板底粉刷	0.36kN/m^2
恒载合计：	3.66kN/m^2

恒载：120mm 厚预制板及灌缝重	$\approx 2.00 \text{kN/m}^2$
30mm 1：3 水泥砂浆找平	$0.03 \times 20 = 0.60 \text{kN/m}^2$
板底粉刷	0.36kN/m^2
恒载合计：	2.96kN/m^2

楼面荷载输入结果如图 10-18 所示。

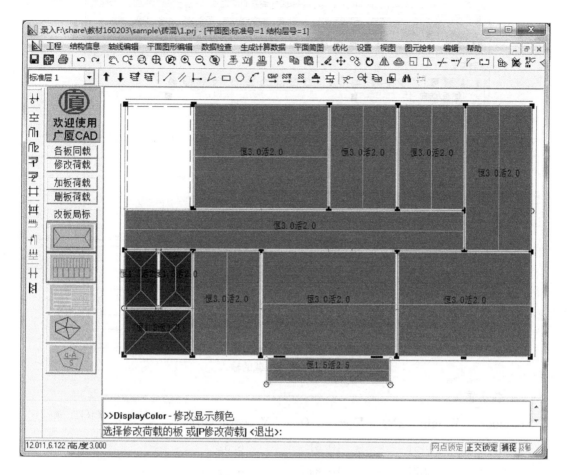

图 10-18　板荷载的输入

梁荷载

次梁上隔墙荷载计算：（次梁无隔墙，不需要
加荷载）

阳台围护墙自重（每单位长度自重）

150 厚 200 高预制钢筋混凝土板条	$0.15 \times 0.2 \times (25+2) = 0.81$ kN/m
琉璃花瓶	$0.12 \times 0.9 \times 13 = 1.40$ kN/m
合计：	2.21 kN/m

次梁荷载输入结果如图 10-19 所示。

在图形录入中水平工具栏 2 中点击【砖混数据导荷】，生成砖混数据。在主菜单点击
【楼板、次梁砖混计算】，打开"楼板次梁砖混计算"软件后，砖混计算已经完毕。关闭
"楼板次梁砖混计算"软件。在主菜单点击【文本方式】—【砖混计算总信息】，弹出所示计
算结果：

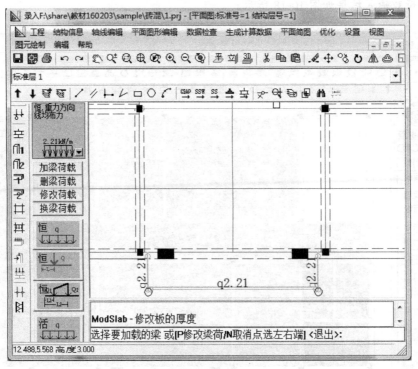

图 10-19　次梁荷载的输入

1. 各层重量

No. Floor	Weight（kN）	X_coord（m）	Y_coord（m）
3	4451	10.61	6.52
2	3871	10.84	6.36
1	4320	10.83	6.18

> 每层质心位置接近，偏心小

底框以上楼层总重量：

（1～4）Floor：　　Total Weight（kN）

12602

> 由于此例题为纯砖混结构，则此处重量为全部楼层重量

2. 砖混底层墙、柱荷载设计值

Floor＝1

柱号	DeadLoad	LiveLoad	$N/f_c \times A$
C＝1	15.91	0.00	0.02
C＝2	15.91	0.00	0.02
C＝3	98.52	10.74	0.16
C＝4	15.91	0.00	0.02
C＝5	10.78	0.00	0.02
C＝6	10.78	0.00	0.02
C＝7	98.52	10.74	0.16

> 纯砖混结构轴压比只作参考，当为底框或混合结构时，需要在 GSSAP 中考虑

232

C=8	15.91	0.00	0.02
C=9	82.76	0.00	0.12
C=10	22.93	0.00	0.01
C=11	480.56	60.01	0.79
C=12	15.91	0.00	0.02
C=13	15.91	0.00	0.02
C=14	15.91	0.00	0.02
C=15	22.93	0.00	0.01
C=16	553.51	66.68	0.90
C=17	223.46	6.67	0.34
C=18	83.67	0.00	0.12
C=19	69.39	38.10	0.16
C=20	15.91	0.00	0.02
C=21	142.90	6.67	0.22
C=22	210.17	33.34	0.36
C=23	15.91	0.00	0.02
C=24	51.06	6.43	0.03
C=25	51.06	6.43	0.03

3. 参考侧向刚度

层号	X 侧向刚度	与下层侧向刚度比
3	2994732	0.99
2	3024370	1.38
1	2192482	

层号	Y 侧向刚度	与下层侧向刚度比
3	6243622	0.94
2	6654496	1.08
1	6188092	

10.3 砖混参数控制

纯砖混结构除需填写砖混总体信息参数外，还要在 GSSAP 总体信息中填写材料信息以及总体信息的其他参数。点击菜单【结构信息】—【砖混总体信息】，弹出对话框如图 10-20 所示。

【结构计算总层数】与 GSSAP 总体信息中的相应参数相同，参见 5.1.1 节。

【结构形式】填 0 为非砖混结构；1 为纯砖混结构；2 为底框结构；3 为砖和框架混合

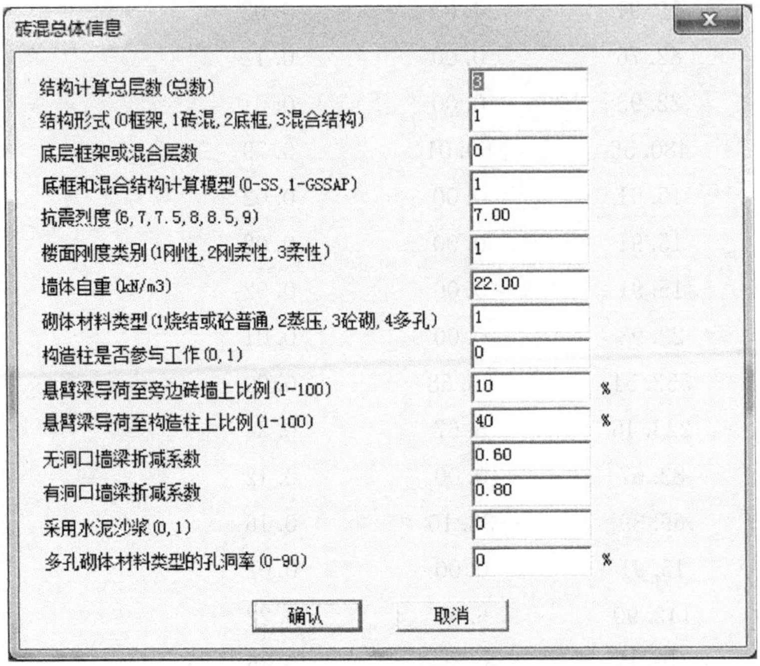

图 10-20　砖混总体信息

结构。

【底层框架或混合层数】结构形式为底框或混合结构时，需输入底框或混合层数。

【底框和混合结构计算模型】目前此处总是填 1（GSSAP）。

【地震设防烈度】和 GSSAP 总体信息中的相应参数相同，本参数只影响纯砖混结果。底框和混合部分的地震设防烈度需要到 GSSAP 总体信息中去填。

【楼面刚度类别】1 刚性、2 刚柔性、3 柔性。一般现浇板楼面设为刚性；木板等材料的楼面设为刚柔性；空洞时设为柔性。

【墙体自重】（单位：kN/m^3）为砌块自重，若考虑抹灰重量可适当增加自重数值。

【砌体材料】（1 烧结普通砖，2 蒸压砖，3 混凝土砌块，4 多孔砖）根据砌体所用材料，分别选择烧结普通砖及烧结多孔砖、蒸压灰砂砖及蒸压粉煤灰砖、单排孔混凝土砌块及轻骨料混凝土砌块、多孔砖砌体。计算时不同砌体材料的抗剪强度和抗压强度不同。

【构造柱是否参与工作】（0 否，1 是）选择 1，程序按混凝土构造柱截面积求出墙段的折算截面积来计算承载力，此时结构应隔开间或每开间设置构造柱，同时根据《砌体规范》对砖砌体和钢筋混凝土构造柱组合墙要求考虑构造柱对砖墙的抗压贡献；选择 0，不考虑构造柱实际截面积，而只根据构造柱数量来考虑承载力是否提高 10%。

【悬臂梁导荷至旁边砖墙上比例】、【悬臂梁导荷至构造柱上比例】在纯砖混和混合结构平面，悬臂次梁上的荷载由构造柱、悬臂梁两边砖墙和与悬臂梁同方向的砖墙三方按设定的比例承担，可按经验设定。软件默认悬臂梁导荷至旁边砖墙上比例 10%，悬臂梁导荷至构造柱上比例 40%。

【无洞口墙梁折减系数】、【有洞口墙梁折减系数】软件导荷时，当输入的墙梁荷载折

234

减系数小于 1.0 时，上部砖墙传递给框架梁的均布恒载和活载乘以折减系数，折减掉的均布荷载将按集中荷载作用在两端柱子上。当梁上墙体无洞口时，按无洞口墙梁折减系数折减；当梁上墙体有一个洞口时，按有洞口墙梁折减系数折减；当梁上墙体洞口大于等于 2 个时，荷载不折减。

【采用水泥砂浆】（0 不采用，1 采用）当用水泥砂浆砌筑时，其抗压强度设计值调整系数为 0.85，抗剪强度设计值调整系数为 0.75，对粉煤灰中型实心砌块抗剪强度调整系数为 0.5。

【孔洞率】（0～99）当砌体材料选用多孔砖时，填写多孔砖的孔洞率。

10.4　砖　混　计　算

砖混模型应生成砖混数据，在图形录入中点击【砖混数据导荷】，生成砖混数据。在主菜单点击【楼板、次梁　砖混计算】，打开"楼板次梁砖混计算"软件。第一次打开软件，软件将自动完成砖混计算。可查看以下计算结果：

1.【抗震验算】软件采用底部剪力法对砖混结构做抗震验算。点击【抗震验算】按钮，软件将显示砖墙的抗震验算结果，其值为抗力和荷载效应比，黄色数据为整片墙体（包括门窗洞口在内）的验算结果，蓝色数据为各门窗间墙段的验算结果，当没有门、窗洞时，此两结果相同。当其值大于等于 1 时，满足抗震强度要求；当其值小于 1 时，此时整片墙抗震验算结果后显示按计算得到的该墙体层间竖向截面中所需水平钢筋的总截面面积（单位为 cm^2），供设计者配筋时使用。

2.【受压验算】显示砖墙受压验算结果。其值为抗力和荷载效应比，当大于等于 1 时满足受压验算，已考虑受压构件承载力的影响系数，黄色数据为各大片墙体（包括门窗洞口在内）的验算结果，蓝色数据为各门窗间墙段的验算结果。

3.【砖墙轴力】和【标准轴力】"砖墙轴力"按钮显示轴力设计值，轴力设计值为"1.2 恒＋1.4 活"和"1.35 恒＋0.98 活"两组数据取大值，用于砖墙受压验算；"标准轴力"按钮显示轴力标准值，轴力标准值为"1.0 恒＋1.0 活"，用于计算砖墙下条形基础的宽度，单位为 kN/m，蓝色数据为各大片墙体（包括门窗洞口在内）每延米轴力值，黑色数据为各门窗间墙段的每延米轴力值。

4.【砖墙剪力】给出剪力设计值，单位为 kN，黄色数据为各大片墙体（包括门窗洞口在内）的剪力设计值，蓝色数据为各门窗间墙段的剪力设计值。

5.【墙高厚比】每墙段显示高厚壁验算结果。

6.【局部受压】每个受压区节点显示验算结果。

10.5　查看砖混计算总信息

在主菜单点击【文本方式】—【砖混计算总信息】查看砖混计算总信息：总信息、层高、材料、各层重量、砖混底层墙、柱荷载设计值、参考侧向刚度。

10.6 生成砖混施工图及砖混基础

在主菜单点击【平法配筋】,在弹出对话框(图7-1)选择【不读空间计算结果】。点击【生成施工图】按钮生成施工图,关闭平法配筋对话框,使用【AutoCAD自动成图】生成施工图。

生成砖墙下条形砌体基础,在【平法配筋对话框】中点击【砖墙下条基控制】,弹出如图10-21所示对话框。填写参数,然后生成施工图,在主菜单中点击老版本施工图软件【平法施工图】,软件将生成一层"条基层"的图纸。

如果是生成砖墙下混凝土条形基础,则参考AutoCAD基础模块中的弹性地基梁设计。

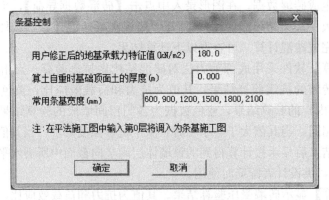

图 10-21 砖墙下条基控制

练习与思考题

1. 叙述纯砖混、底框、混合结构在计算方法上的区别。
2. 纯砖混结构的楼梯能利用广厦软件做抗震计算吗?为什么?

参 考 文 献

［1］ GB 50011—2010 建筑抗震设计规范. 北京：中国建筑工业出版社，2010.

［2］ JGJ 3—2010 高层建筑混凝土结构技术规程. 北京：中国建筑工业出版社，2010.

［3］ GB 50009—2012 建筑结构荷载规范. 北京：中国建筑工业出版社，2012.

［4］ GB 50010—2010 混凝土结构设计规范. 北京：中国建筑工业出版社，2010.

［5］ GB 50007—2011 建筑地基基础设计规范. 北京：中国建筑工业出版社，2011.

［6］ GB 50003—2011 砌体结构设计规范. 北京：中国建筑工业出版社，2011.

［7］ GB 50223—2008 建筑工程抗震设防分类标准. 北京：中国建筑工业出版社，2008.

［8］ GB 18306—2015 中国地震动参数区划图. 北京：中国建筑工业出版社，2015.

［9］ GB 50009—2012 建筑结构荷载规范. 北京：中国建筑工业出版社，2012.

［10］ 沈蒲生. 高层建筑结构设计例题. 北京：中国建筑工业出版社，2004.

［11］ 李国强. 建筑结构抗震设计. 北京：中国建筑工业出版社，2014.

参考文献